A PROTENSÃO PARCIAL DO CONCRETO

MANFRED THEODOR SCHMID

A PROTENSÃO PARCIAL DO CONCRETO

A protensão parcial do concreto
© 2022 Manfred Theodor Schmid
Editora Edgard Blücher Ltda.

Publisher Edgard Blücher
Editor Eduardo Blücher
Coordenação editorial Jonatas Eliakim
Produção editorial Bonie Santos
Preparação de texto Ana Maria Fiorini
Diagramação Taís do Lago
Revisão de texto Bárbara Waida
Revisão técnica Maria Regina Leoni Schmid Sarro
Capa Leandro Cunha

Imagem da capa Ponte sobre o Wilde Gera, Alemanha. Ponte em concreto protendido e aço, com arco de vão de 252 m, construída em perfeita harmonia com a natureza, com protensão centrada no processo de execução por segmentos empurrados. Fotografia adaptada de Tommes, Wikimedia Commons, CC-BY-SA-3.0.

Blucher

Rua Pedroso Alvarenga, 1245, 4º andar
04531-934 - São Paulo - SP - Brasil
Tel.: 55 11 3078-5366
contato@blucher.com.br
www.blucher.com.br

Segundo o Novo Acordo Ortográfico, conforme 5. ed. do *Vocabulário Ortográfico da Língua Portuguesa*, Academia Brasileira de Letras, março de 2009.

Dados Internacionais de Catalogação na Publicação (CIP)
Angélica Ilacqua CRB-8/7057

Schmid, Manfred Theodor
A protensão parcial do concreto / Manfred Theodor Schmid ; revisão técnica de Maria Regina Leoni Schmid Sarro - São Paulo : Blucher, 2022.
178 p. : il., color.

Bibliografia
ISBN 978-65-5506-127-7 (impresso)
ISBN 978-65-5506-125-3 (eletrônico)

1. Engenharia civil 2. Concreto protendido 3. Resistência de materiais I. Título. II. Sarro, Maria Regina Leoni Schmid.

21-4746 CDD 620.1

Índice para catálogo sistemático:
1. Engenharia civil

AGRADECIMENTOS

Presto a minha respeitosa homenagem aos muitos engenheiros que, pelo mundo afora, entendem deste assunto tão interessante e com a ajuda dos quais procurei dele me aproximar. Destaco entre eles o grande engenheiro e professor Fritz Leonhardt, da Universidade Técnica de Stuttgart, na Alemanha, do qual tive a honra de ser aluno, o engenheiro e professor da Universidade Federal do Paraná Paulo Augusto Wendler, e o engenheiro, professor e amigo Erwino Fritsch, da Universidade Federal do Rio Grande do Sul, intransigente batalhador pelo respeito à engenharia estrutural. Os três, infelizmente, de saudosa memória.

Agradeço à minha cara esposa, Maria Thereza, e à nossa família pelos insubstituíveis apoio, interesse e incentivo que há tantos anos vêm me concedendo. Agradeço à filha Maria Regina, engenheira civil e professora universitária, pelo magnífico, mas cansativo trabalho de primorosa revisão e ampliação, e ao filho Aloísio, engenheiro mecânico e também professor universitário, por suas múltiplas manifestações otimistas, construtivas e de estímulo.

Manfred Theodor Schmid

Curitiba, janeiro de 2021

CONTEÚDO

LISTA DE SIGLAS

Sigla	Significado correspondente
P	Força de protensão genérica (negativa por ser de compressão)
P_i	Força de protensão gerada por macacos hidráulicos nas cabeceiras
P_o	Força de protensão após a cravação das cunhas
$P_0^{t=\infty}$	Força de protensão no cabo após as perdas
$P^{(0)}$	Força de protensão correspondente ao pré-alongamento $\varepsilon_p^{(0)}$, sendo $P^{(0)} = A_p \cdot \sigma_p^{(0)}$
R_{cc}	Força resultante de compressão na seção transversal
R_{ct}	Força resultante de tração na seção transversal
N_p	Força normal devida à protensão
Q_p, V_p	Força cortante devida à força de protensão
M_p	Momento fletor gerado pela força de protensão
M_k	Momento solicitante na seção
M_r	Momento de fissuração do qual a seção é capaz
M_d	Momento interno do qual a seção é capaz (momento de cálculo)
M_g	Momento da carga distribuída "g" (carga permanente)
M_{g3}	Momento fletor máximo devido ao carregamento máximo g3 (combinações raras)
M_{g2}	Momento fletor máximo devido ao carregamento usual g2 (combinações frequentes)
M_{g1}	Momento fletor máximo devido ao carregamento mínimo g1 (combinações quase permanentes)
M_{pg}	Momento combinado de protensão e carga distribuída "g"
ΔP_x	Perda de força na armadura de protensão por atrito no cabo
ΔP	Perda da força de protensão (genérica)
$\Delta\sigma_p^{cs}$	Perdas de tensão nas armaduras de protensão devidas à fluência do aço
$\Delta\sigma_p^{r}$	Perda de tensão na armadura de protensão devida à deformação lenta
e	Excentricidade do cabo em relação ao eixo baricentral
f	Flecha da parábola formada pelo cabo de protensão

$x_{R_{cc}}$	Distância da R_{cc} ao centro de gravidade da seção
$x_{R_{ct}}$	Distância da R_{ct} ao centro de gravidade da seção
$x'_{R_{cc}}$	Distância da R_{cc} à borda comprimida
y	Altura do cabo de protensão na seção longitudinal
σ	Tensão = força / unidade de área (genérica)
τ	Tensão tangencial (atua no plano da seção transversal)
σ_I	Tensões principais de tração
σ_{II}	Tensões principais de compressão
σ_c	Tensão de compressão do concreto
$\overline{\sigma_{cc}^{0}}$	Tensão admissível à compressão no concreto, no tempo zero
$\overline{\sigma_{ct}^{0}}$	Tensão admissível à tração no concreto, no tempo zero
$\overline{\sigma_{cc}^{\infty}}$	Tensão admissível à compressão no concreto, no tempo infinito
$\overline{\sigma_{ct}^{\infty}}$	Tensão admissível à tração no concreto, no tempo infinito
σ_{c_s}	Tensão normal de borda, de compressão superior
σ_{c_i}	Tensão normal de borda, de compressão inferior
$\sigma_p^{(0)}$	Tensão correspondente na armadura ativa (estádio Ib), decorrente da aplicação de $P^{(0)}$, $\sigma_p^{(0)} = \sigma_{po} + \alpha\sigma_c^p$
$\sigma_p^{(0)} + \sigma_{px}$	Tensão total na armadura ativa no instante imediatamente anterior à fissuração
σ_{px}	Tensão na armadura ativa, correspondente a ε_{px}
σ_c^p	Tensão devida à P_o na altura do cabo (estádio Ia)
ε_{px}	Deformação da armadura ativa originada do estado de deformação da seção transversal imediatamente anterior à sua fissuração
ε_s	Deformação da armadura passiva originada do estado de deformação da seção transversal imediatamente anterior à sua fissuração
ε_{pyd}	Deformação total da armadura ativa no ELU = $\varepsilon_p^{(0)} + \varepsilon_{px}$
ε_{yd}	Deformação na armadura passiva
$\varepsilon_p^{(0)}$	Deformação na armadura ativa quando for nula a tensão no concreto na fibra de mesma altura; é o pré-alongamento da armadura ativa
$\varepsilon_{c\infty}^{s}$	Retração no tempo infinito
A_c	Área da seção transversal da viga
A_{cc}	Área comprimida da seção

A_{ct}	Área tracionada da seção
A_s	Área da seção transversal da armadura passiva
A_p	Área da seção transversal da armadura ativa
$A_{s,mín}$	Área mínima de armadura passiva na região tracionada da viga
f_c	Resistência à compressão do concreto
f_{ck}	Resistência característica à compressão do concreto
f_{ct}	Resistência do concreto à tração direta
f_{cd}	Resistência de cálculo à compressão do concreto
f_{tk}	Resistência característica à tração do concreto
f_{pt}	Resistência à tração do aço da armadura ativa
f_{py}	Resistência ao escoamento da armadura ativa
f_{pyk}	Resistência característica ao escoamento da armadura ativa
f_{ptk}	Resistência característica à tração da armadura ativa
f_{yk}	Resistência característica à tração da armadura passiva
f_{yd}	Resistência de cálculo à tração da armadura passiva
f_{pyd}	Resistência de cálculo à tração da armadura ativa (tensão correspondente a ε_{pyd})
E_{cs}	Módulo de deformação secante do concreto
E_{si}	Módulo de deformação tangente inicial do concreto (conforme NBR 6118:2014, 8.2.8)
E_s	Módulo de deformação do aço da armadura passiva
E_p	Módulo de elasticidade do aço de protensão
α	Relação adimensional entre módulos de elasticidade do aço de protensão e do concreto ou ângulo de inflexão do eixo da armadura ativa
I_c	Momento de inércia da seção transversal de concreto
I_i	Momento de inércia da seção homogeneizada
E_cI_c	Rigidez da seção considerada
W_i	Módulo de resistência inferior da seção transversal
W_s	Módulo de resistência superior da seção transversal
W_c, W_{cp}	Módulo de resistência na altura do cabo de protensão
W_a	Módulo de resistência na base da mesa da seção transversal
$S_{c,s}$	Momento estático da região acima do eixo baricentral
$S_{c,i}$	Momento estático da região abaixo do eixo baricentral
μ	Coeficiente de atrito aparente entre cabo e bainha
φ_∞	Coeficiente final de deformação lenta
ψ_∞	Coeficiente de relaxação no tempo infinito

INTRODUÇÃO

O presente trabalho visa dar a estudantes e engenheiros interessados uma informação simples, coerente e objetiva sobre a protensão do concreto na sua modalidade mais contemporânea: a *protensão parcial.*

O pensamento aqui exposto se baseia fortemente num precioso, mas pouco conhecido, estudo do colega de saudosa memória, professor e engenheiro Ervino Fritsch, da Universidade Federal do Rio Grande do Sul (UFRGS). Esse estudo dá ao projetista uma orientação inicial para usar na sua estrutura, com liberdade e conveniência, tanto o concreto armado como o concreto parcialmente protendido e o concreto com protensão completa.

Procuramos atualizar o trabalho do professor Ervino com relação à norma NBR 6118:2014 e acrescentamos considerações relativas à protensão com emprego de cabos não aderentes, visando à utilização da cordoalha engraxada.

O Capítulo 1 apresenta o conceito básico de concreto armado protendido, as áreas de conhecimento envolvidas, as modalidades de execução, as verificações necessárias e a grande responsabilidade inerente ao projeto e à execução de estruturas em concreto protendido de modo geral.

No Capítulo 2, analisam-se os materiais principais empregados nas estruturas protendidas: o concreto e o aço de protensão.

No Capítulo 3, faz-se uma apreciação do grau de protensão, isto é, qual a força de protensão que deve receber uma peça estrutural em concreto armado protendido para que atenda à sua finalidade com segurança e economia.

O Capítulo 4 apresenta o embasamento teórico do concreto armado protendido, os esforços solicitantes que decorrem da protensão e a verificação do comportamento das seções transversais nos seguintes estádios: *estádio Ia*, integridade da seção transversal e comportamento elástico dos materiais; *estádio Ib*, momento de fissuração, com comportamento elastoplástico do concreto; *estádio IIa*, fissuração da zona tracionada da seção transversal com comportamento elástico dos materiais, no qual são verificados as estruturas em concreto armado protendido e a fissuração e os deslocamentos lineares; e *estádio IIb*, fissuração da zona tracionada da seção transversal com comportamento plástico dos materiais, domínios IIb e 3 das deformações e verificação da segurança à ruína. Ainda nesse capítulo, estuda-se o controle das fissuras e dos deslocamentos lineares (flechas e deformações) com auxílio do princípio dos trabalhos virtuais.

No Capítulo 5, são estudadas as perdas que ocorrem na força de protensão: as perdas imediatas (atrito ao longo do cabo e cravação junto às ancoragens) e as perdas lentas (retração do concreto e fluência do concreto e do aço).

No Capítulo 6, estuda-se a determinação da força de protensão necessária para atender a carga a ser balanceada.

O Capítulo 7 estuda o caminhamento dos cabos de protensão e as tensões consequentes nas seções transversais.

O Capítulo 8 mostra os cálculos, aproximado e exato, do alongamento da armadura ativa, com exemplo prático.

O Capítulo 9 trata dos hiperestáticos na protensão seguindo um roteiro de cálculo apresentado pelo professor Fritz Leonhardt, da Universidade de Stuttgart, no seu livro *Spannbeton für die Praxis* ("Concreto protendido para a prática", em tradução livre).

O Capítulo 10 apresenta um cálculo-exemplo de uma viga em concreto armado protendido pertencente a um pavimento que se destina a fins comerciais.

O presente trabalho não trata de assuntos que requerem um estudo especial, como o cisalhamento produzido por forças cortantes ou torção, tampouco a parte relativa a pisos, lajes, lajes-cogumelo e cargas dinâmicas. O desenvolvimento matemático aqui apresentado pode ser programado visando facilitar o seu uso.

A protensão parcial do concreto, "uma fascinação", como disse em certa ocasião o grande engenheiro de estruturas Augusto Carlos Vasconcelos, é a nosso ver a solução para a qual convergem, nos dias em curso, o concreto armado e o concreto protendido, diante de um futuro em que talvez tenhamos somente o concreto estrutural.

1 ESTRUTURA X ARQUITETURA

Com colaboração de Maria Regina Leoni Schmid Sarro

Fotografia 1 Edifício Premier (Florianópolis/SC, 2010). Edifício residencial com vigas de transição protendidas. Projeto estrutural de Stabile Estruturas e M. Schmid Engenharia Estrutural. Protensão: Sistema Rudloff. Fotografia do arq. Tuing Ching Chang.

1.1 A DIFERENÇA ENTRE CONCRETO ARMADO E CONCRETO PROTENDIDO[1]

Concreto e aço, os materiais mais empregados na engenharia estrutural, são caracterizados principalmente por suas resistências mecânicas. O concreto apresenta elevada resistência à compressão e baixa resistência à tração. Por isso, uma peça de concreto simples (concreto sem armadura) não pode sofrer esforços de tração, pois não resistiria a eles. Assim, peças de concreto simples só podem ser usadas quando solicitadas somente por esforços de compressão, como é o caso de alguns blocos de fundação, por exemplo.

Diferentemente das peças prioritariamente comprimidas, as vigas são elementos que sofrem flexão. Sua função mais comum, de cobrir espaços ou vãos e transmitir a carga recebida para seus apoios, faz com que, independentemente de outros carregamentos, elas fiquem sujeitas à força da gravidade atuando em seus vãos e balanços. Assim, o primeiro carregamento a solicitar essas peças é o seu próprio peso, e, dependendo do material de constituição das vigas, ele pode ser bastante relevante.

As deformações são uma consequência da flexão – quanto maiores as cargas e/ou menor a rigidez de uma viga, maior a sua probabilidade de ocorrência. As deformações das vigas podem ser um fator limitante na escolha de seus materiais e suas seções transversais. Uma peça sujeita a carregamentos verticais distribuídos e fletida tem o seu eixo longitudinal deformado para baixo, formando uma curva entre os seus vínculos. No ponto de maior deformação entre os vínculos ocorre a flecha máxima da peça, cujos valores devem ser controlados para não extrapolarem os limites estabelecidos em normas técnicas. A flexão é um esforço inevitável em vigas e lajes, e, quando se usa um material inerte em sua constituição, as deformações também são inevitáveis.

A Figura 1.1 mostra os efeitos da flexão em uma viga de concreto retangular. As Figuras 1.1a e 1.1b mostram a seção longitudinal e a seção transversal da viga antes de sofrer os efeitos do carregamento. Na seção longitudinal, a viga foi dividida em diversos retângulos, para que se possa entender o que acontece quando a peça é carregada. A Figura 1.1c ilustra o que acontece com a peça quando o carregamento atua sobre ela: sua metade superior sofre compressão e sua metade inferior sofre tração, e ocorre uma deformação na peça, que resulta na flecha "f" no meio do vão. Entre essas duas metades, a comprimida e a tracionada, encontra-se um eixo que não sofre tração nem compressão, chamado de linha neutra e representado em azul na figura. Como ali não existem esforços de flexão, consequentemente não existe deformação. Os pequenos retângulos usados para a divisão da viga sofrem deformações na flexão: aqueles que estão acima da linha neutra diminuem de tamanho, em virtude dos esforços de compressão, e os que estão abaixo da linha neutra aumentam de tamanho, em virtude dos esforços de tração. Isso pode ser observado na Figura 1.1d, que mostra de forma ampliada os retângulos deformados em comparação com o retângulo sem deformação. Mesmo que a deformação de uma peça seja pequena e não possa ser vista a olho nu, esse comportamento ocorre internamente nela. Quanto mais distante da linha neutra estiver um ponto da peça, maior será

1 Estas definições iniciais baseiam-se, principalmente, na obra referencial de Leonhardt (1962), que permanece válida e atual.

a sua deformação por compressão ou tração. Assim, as regiões sujeitas aos maiores esforços de tração e compressão são, respectivamente, as faces inferior e superior da barra, como pode ser observado no diagrama de tensões normais da viga, representado na Figura 1.1f.

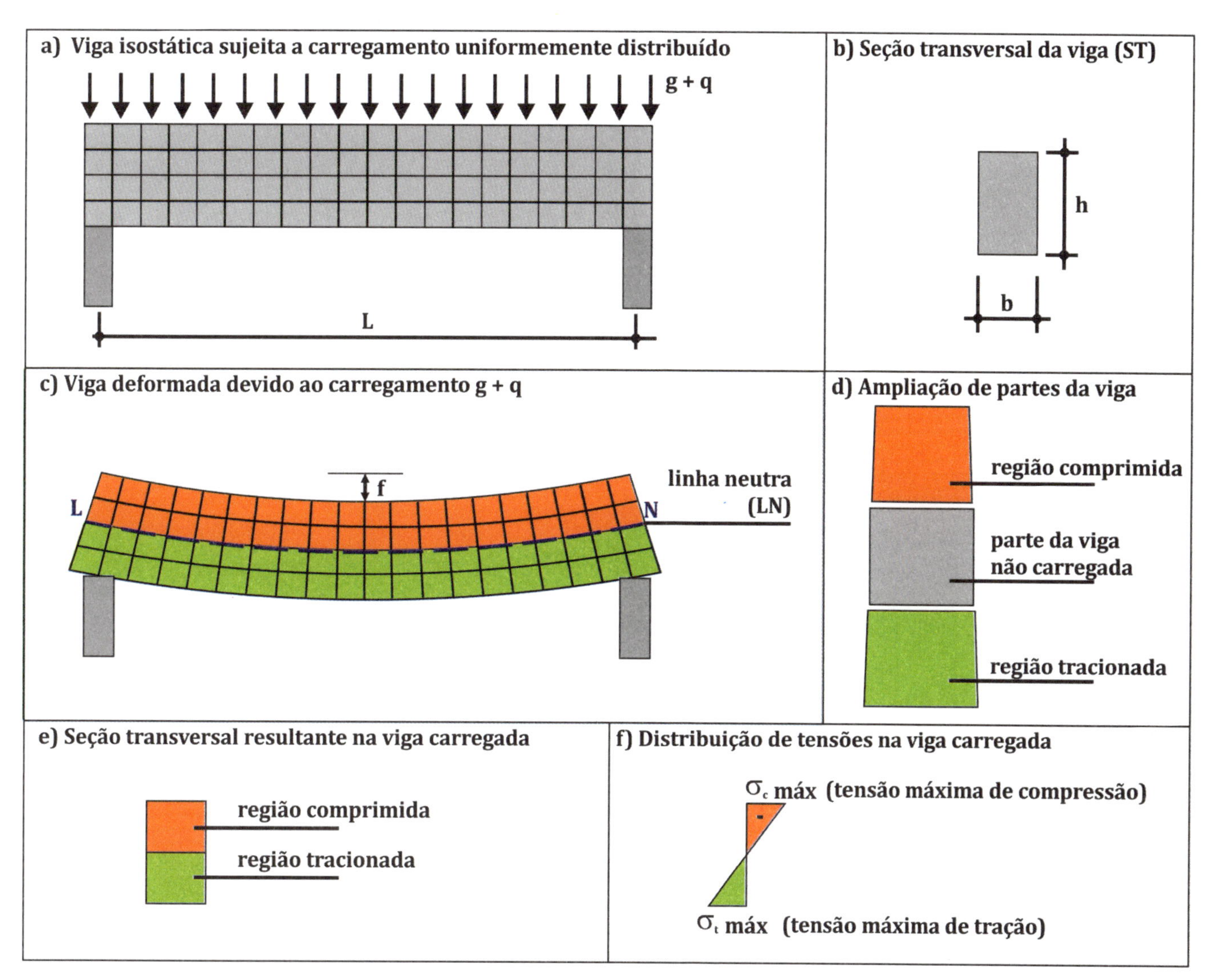

Figura 1.1 Simulação de comportamento de uma barra sujeita à flexão.

Sendo a viga ilustrada na Figura 1.1 de concreto, a deformação resultante da flexão causaria fissuras na sua parte inferior, conforme a Figura 1.2a. Para combater a abertura de fissuras, faz-se a aplicação de barras de aço transversais ao seu sentido de formação, ou seja, se as fissuras abrem-se no sentido vertical, as barras de armadura são dispostas horizontalmente, como se fosse uma costura.

A armadura precisa ser dimensionada para vencer todos os esforços de tração incidentes na peça, mas só isso não garante o seu sucesso nesse papel, pois, para funcionar corretamente, ela deve ser inserida no local correto, onde estão as maiores tensões de tração. A Figura 1.2c mostra o que poderia acontecer à viga se a armadura para combater a tração fosse colocada mais próxima à região da sua linha neutra: as fissuras continuariam a ocorrer. O posicionamento correto de qualquer armadura em uma peça estrutural de concreto é fundamental para o seu funcionamento adequado.

Assim, o concreto armado nada mais é que o concreto reforçado com armaduras em posições e quantidade adequadas para que aço e concreto trabalhem juntos e ofereçam peças seguras. Armaduras previstas em projetos e colocadas, em obra, em locais errados podem resultar não somente em desperdícios, mas também em situações perigosas.

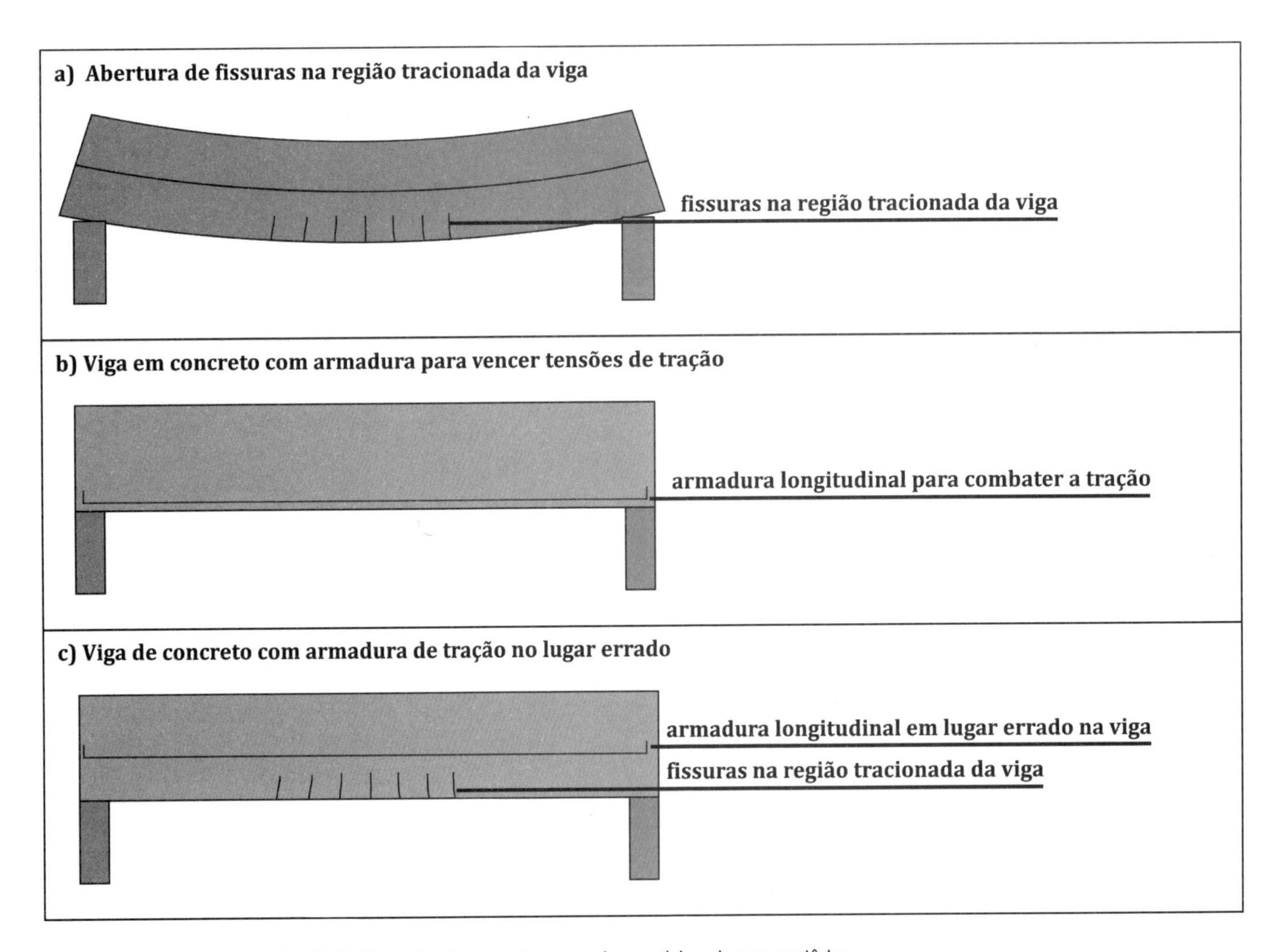

Figura 1.2 Fissuras resultantes da flexão na viga de concreto e armadura posicionada para contê-las.

A flexão é constituída por dois esforços principais que atuam em conjunto em uma barra: o momento fletor e a força cortante, conforme diagramas ilustrados nas Figuras 1.3b e 1.3c.

O momento fletor é responsável pelo giro interno das seções transversais da peça, que resulta na sua flecha. A força cortante, por sua vez, é um esforço de cisalhamento na peça – os carregamentos verticais que a solicitam provocam uma tendência de corte em suas partes. Ela tende a provocar o escorregamento dos pedaços longitudinais e transversais da peça, e o seu combate é feito com uma armadura vertical composta por estribos, cujo distanciamento é função da intensidade do esforço cortante na região. Assim, na viga da Figura 1.3a, os estribos são inseridos ao longo de todo o seu comprimento, mas em maior quantidade nas regiões de maiores forças cortantes, ou seja, na região mais próxima dos apoios, conforme a Figura 1.3e.

As barras longitudinais para vencer a tração e os estribos para vencer o cisalhamento são dispostos ortogonalmente entre si nas vigas. Isso permite pontos de encontro entre diferentes barras, que possibilitam a sua amarração. A amarração é necessária às armaduras para garantir que a concretagem não tire nada do seu lugar devido.

A princípio, essas seriam as principais armaduras necessárias para vencer as deficiências do concreto como material estrutural na viga isostática biapoiada, sem balanços. Contudo, por questões construtivas, a norma brasileira pede que em todos os cantos de estribos seja inserida uma barra longitudinal; por isso, nos cantos superiores, é necessária a presença dessas barras extras. No caso de vigas isostáticas biapoiadas, elas têm, a princípio, uma função construtiva, já que não existe tração naquela região. Assim, a armadura básica da viga da Figura 1.3 seria constituída pela sua armadura inferior, pela sua armadura superior e pelos seus estribos, conforme mostra a Figura 1.3f. A Fotografia 2 mostra um exemplo de montagem desse tipo de armadura, com a execução da amarração entre as diferentes barras.

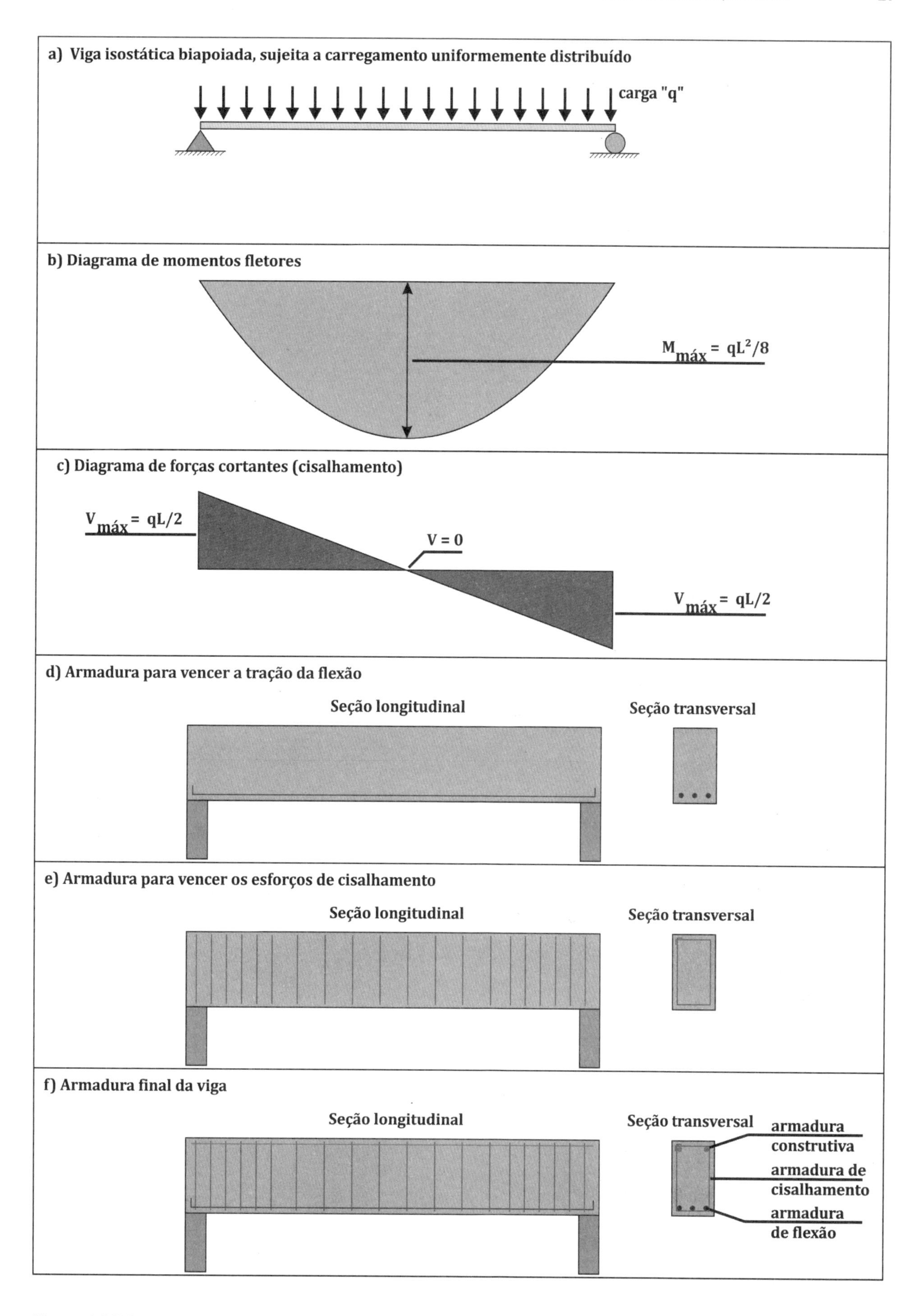

Figura 1.3 Esforços de flexão e armação resultante em viga de concreto armado.

Fotografia 2 Montagem de armadura para viga de concreto armado, em processo de amarração de barras. Fotografia adaptada de Budabar, adquirida de https://br.depositphotos.com/.

A Fotografia 3 mostra um exemplo de armadura de uma laje em concreto armado sendo montada sobre sua forma. Percebem-se nela elementos de grande importância à execução de peças estruturais de concreto, como sua amarração e o uso de espaçadores, que permitem que a armadura não fique encostada na forma. Isso garante um cobrimento de concreto ao redor da armadura, fundamental para a sua proteção ao longo da vida útil da peça.

Fotografia 3 Montagem de armadura para laje de concreto armado, já amarrada e afastada da forma. Fotografia adaptada de Koletvinov, adquirida de https://br.depositphotos.com/.

Um grande inimigo do concreto armado é o seu peso próprio, que é elevado em relação à resistência do material. Além de sua baixa resistência à tração, o concreto é frágil, rompendo-se facilmente mesmo sem grandes deformações, deficiências que podem ser normalmente reduzidas ou evitadas com o aumento da rigidez das peças. Para serem mais rígidas, as vigas maciças precisam ser mais altas; por serem mais altas, são mais pesadas; por serem mais pesadas, são mais deformáveis. A deformação aumenta à medida que se aumentam as cargas e/ou vãos de uma peça. Chega-se a um limite a partir do qual o aumento da altura da peça não é mais uma solução, porque a sua deformação proporcional passa a ser mais alta que o admissível por normas técnicas. Quando a deformação causada pelas cargas é maior que valores admissíveis por normas e mais influente, negativamente, que a rigidez causada por variações em sua seção transversal, o concreto armado deixa de ser uma solução possível para as vigas.

Um dos caminhos para aumentar a rigidez de uma seção transversal de vigas em concreto sem aumentar o seu peso é a consideração de parte da laje maciça de concreto existente sobre elas como mesa colaborante. A ação conjunta de vigas e lajes é prevista na norma NBR 6118:2014, 14.6.2.2, e pode estabelecer um comportamento mais realista na distribuição de esforços internos, tensões, deformações e deslocamentos na estrutura, uma vez que a laje já existe sobre a viga. Armar devidamente a ligação entre vigas e lajes, para possibilitar o funcionamento da seção T às vigas que na realidade são retangulares, pode aumentar consideravelmente a sua rigidez, conforme ilustrado nas Figuras 1.4a e 1.4b. A largura da mesa colaborante é definida pela norma.

Outro caminho possível para aumentar a rigidez de uma viga é a adoção de seções transversais vazadas. A lógica é a mesma da solução citada há pouco – consideração da viga como seção T –, uma vez que tanto a mesa superior das vigas como a adoção de furos no seu interior fazem com que parte do seu material constituinte se afaste do centro de gravidade da sua seção transversal, o que aumenta naturalmente seu momento de inércia. O momento de inércia é uma característica geométrica relacionada à rigidez da peça, e o seu controle permite que se chegue a seções mais resistentes. A Figura 1.4 mostra essa possibilidade – parte-se de uma viga retangular (Figura 1.4a) para vencer o vão de 15,80 m e analisam-se, comparativamente, as opções de seção T (Figura 1.4b), seção retangular mais alta (Figura 1.4c) e seção vazada (Figura 1.4d) para a mesma viga, a partir do seu momento de inércia I_x. Percebe-se que mantendo a mesma área, ou seja, sem acrescentar peso à viga, é possível obter um aumento considerável na rigidez da sua seção transversal. A adoção de seções inteligentes para vigas é uma escolha do projeto arquitetônico, por isso é importante ao arquiteto a compreensão das possibilidades e de suas consequências construtivas.

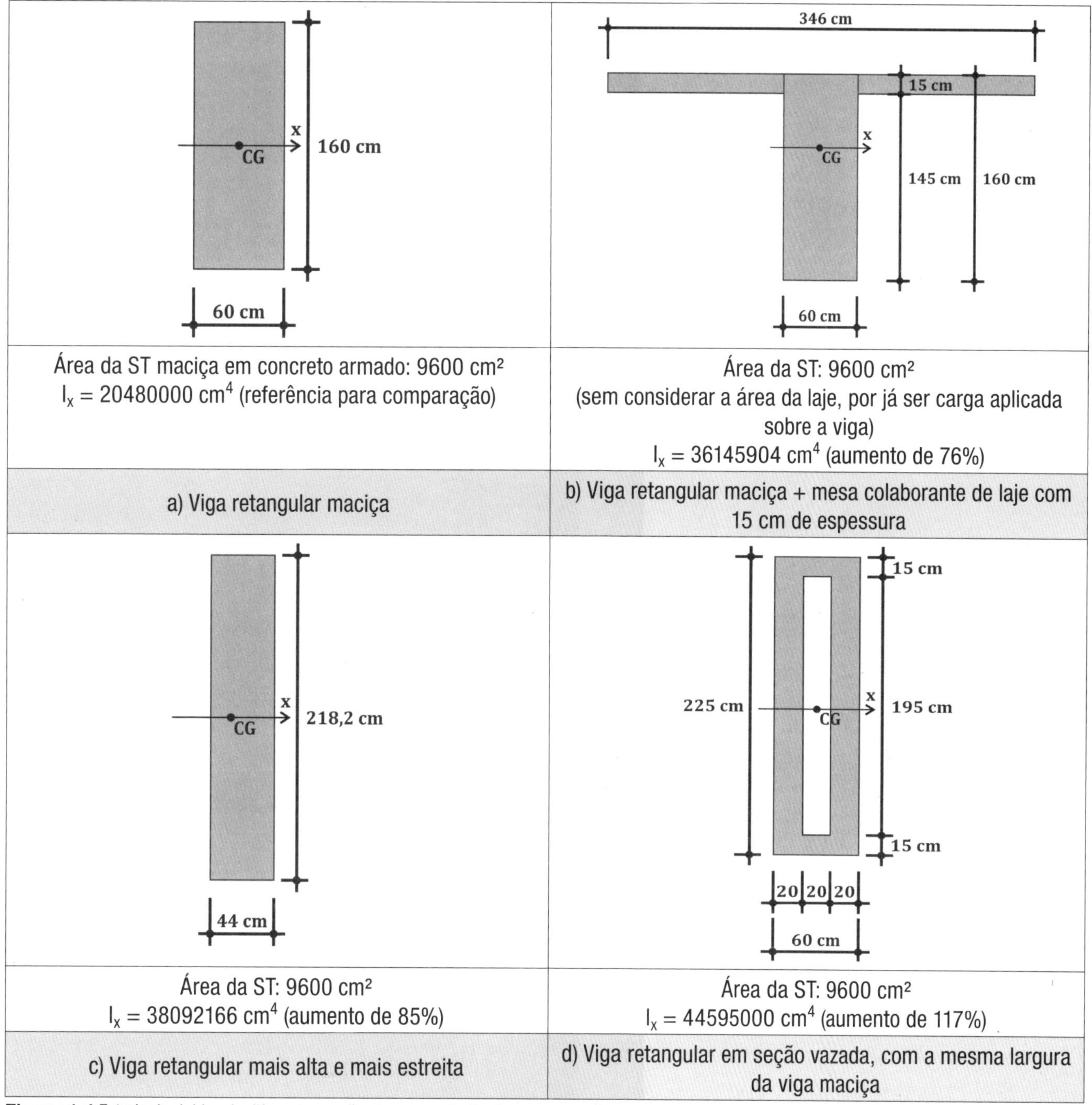

Figura 1.4 Estudo da rigidez de diferentes seções transversais de viga em concreto.

Quando se chega ao limite da capacidade do concreto armado de vencer as deformações em uma viga, uma das soluções possíveis para se manter o concreto como material estrutural na peça é o uso da protensão.

O princípio da protensão visa, no caso do concreto, compensar a sua fraca resistência à tração, comprimindo-o. Protender significa criar tensões internas que se opõem às tensões induzidas pelas cargas externas e melhoram o desempenho da estrutura. A Figura 1.5 ilustra de forma genérica a conceituação associada à protensão aplicada a uma viga de concreto.

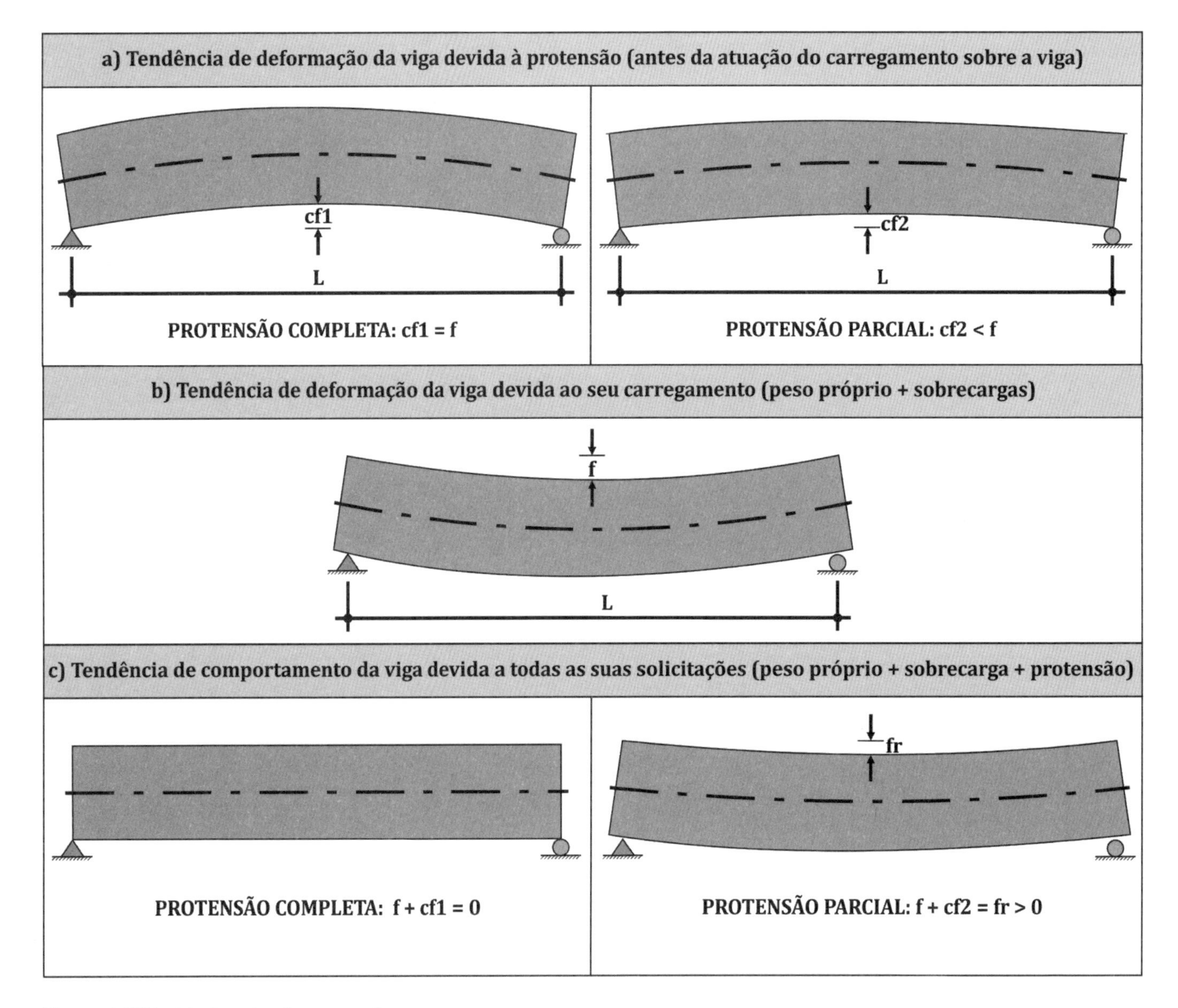

Figura 1.5 Princípio da protensão em uma viga.

A protensão é aplicada de forma a combater forças de tração atuantes na flexão. Ao fazê-lo, ela naturalmente aplica nas peças deformações contrárias àquelas resultantes da atuação de cargas externas. Isso permite a execução de grandes vãos e balanços feitos em concreto protendido, como mostram as Fotografias 4 a 6. Pode-se escolher, no dimensionamento da viga, se a protensão será responsável pela totalidade de cargas solicitantes sobre ela, com protensão total, ou por uma parte dessas cargas somente, com protensão parcial, conforme ilustrado nas Figuras 1.5a, 1.5b e 1.5c. A protensão resulta em um momento fletor contrário àquele gerado pelas cargas que incidem na viga e, consequentemente, as parcelas de cargas não equilibradas pela protensão geram esforços mais baixos, possibilitando à peça ter menores alturas. Assim, a presença da protensão permite às peças fletidas uma seção transversal menor que a necessária às peças em concreto armado, o que pode representar grandes vantagens à arquitetura, como pode ser visto em diversas fotografias[2] mostradas ao longo deste livro.

É importante que se entenda que a protensão, como esforço ativo dentro do concreto, é direcionada a equilibrar as solicitações incidentes sobre

2 As fotografias têm a função de ilustrar possibilidades variadas de aplicação da protensão em estruturas de concreto, de forma genérica, sem necessariamente ter uma ligação direta com o conteúdo apresentado no capítulo no qual estão inseridas.

uma peça. Para permitir uma deformação contrária à deformação natural da peça, é fundamental que os cabos de aço de protensão sejam posicionados no local correto. Além disso, a protensão causa esforços elevados às peças e necessita da presença de armaduras nos pontos onde as tensões são localizadas, para o concreto não fissurar e para a estrutura funcionar de forma adequada. Cabos de protensão e armaduras de reforço devidamente posicionados podem permitir estruturas esbeltas, com flechas reduzidas ou até mesmo zeradas. Cabos de protensão e armaduras de reforço posicionados fora do seu lugar correto podem resultar em verdadeiras catástrofes, aumentando a deformação das peças em vez de combatê-la. Projetistas e construtores precisam ter consciência disso para fazer da protensão uma aliada, e não uma inimiga.

Fotografia 4 Anfiteatro do Parque Villa-Lobos (São Paulo/SP, 2009). Pórtico em concreto protendido, com balanço de 24 m. Projeto arquitetônico do arq. Decio Tozzi; projeto estrutural do eng. Ugo Tedeschi. Fotografia de Mike Peel (www.mikepeel.net), Wikimedia Commons, CC BY-SA 4.0.

Fotografia 5 Santuário Madre Paulina (Nova Trento/SC, 2006). Telhado sustentado por grandes vigas em concreto protendido, com vão de aproximadamente 60 m, permitindo a inexistência de pilares na área de circulação de público do Santuário. Projeto estrutural de OA Engenharia Especial e M. Schmid Engenharia Estrutural. Fotografia adaptada de Vinicius Lannes Duer...; Wikimedia Commons, CC-BY-AS-3.0.

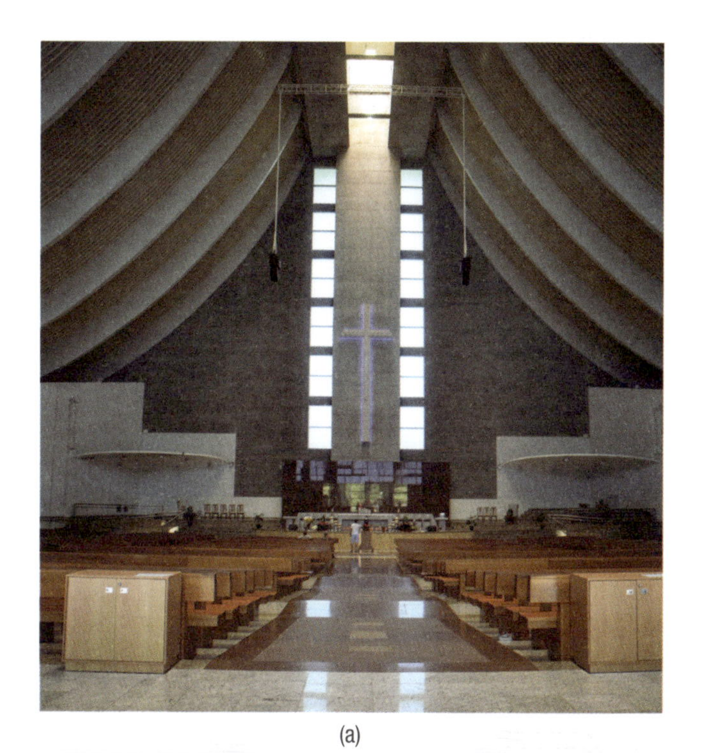

(a)

(b)

Fotografias 6a e 6b Vista interna do santuário mostrando em detalhe as vigas superiores protendidas que sustentam o telhado. Projeto estrutural de OA Engenharia Especial e M. Schmid Engenharia Estrutural. Fotografia adaptada de Gaspar Rocha Gaspar, disponível em https://pixabay.com.

1.2 CRITÉRIOS DE PRÉ--DIMENSIONAMENTO PARA A CONCEPÇÃO ARQUITETÔNICA DE VIGAS PROTENDIDAS

O dimensionamento de elementos estruturais sujeitos à flexão é feito a partir da análise de tensões atuantes sobre as peças. Por definição:

tensão = força/área

Da Resistência dos Materiais, sabe-se que as tensões de flexão na seção transversal de uma viga podem ser analisadas pela expressão:

$$\sigma = M \cdot y/I$$

No caso de seções retangulares e de vigas isostáticas sem balanços, sujeitas a carregamento uniformemente distribuído "q", o momento fletor máximo e o momento de inércia valem, respectivamente:

$$M = qL^2/8 \qquad I = bh^3/12$$

Percebe-se que se as tensões de flexão são diretamente proporcionais ao valor do momento fletor na seção considerada de cálculo, e se o momento fletor é diretamente proporcional ao vão da peça, consequentemente, as tensões de flexão estão diretamente relacionadas ao tamanho do vão considerado. A altura necessária à peça é também diretamente proporcional ao valor do momento fletor. Isso mostra que, de fato, a altura das peças em concreto protendido é menor que a das equivalentes em concreto armado, uma vez que a protensão reduz o valor do momento fletor resultante sobre a peça.

Para efeito de pré-dimensionamento arquitetônico de vigas em concreto armado sujeitas a carregamentos distribuídos, costuma-se adotar alturas que variam entre 8% e 12% do seu vão. Assim, vigas sujeitas a cargas pequenas, como aquelas que servem de apoio para lajes maciças, poderiam, a princípio, ter sua altura adotada como h = 8% ou 10% do seu vão, enquanto vigas com cargas mais elevadas, como aquelas que servem de apoio para lajes nervuradas ou grelhas, poderiam ter sua altura adotada como h = 12% do seu vão. Esses valores servem como uma referência inicial de pré-dimensionamento, mas naturalmente podem ser alterados, dependendo das reais condições de cada peça, do tipo de concreto usado, das relações entre vãos de peças contínuas etc.

Considerando-se que o carregamento de uma viga de concreto costuma ter uma grande parcela advinda do seu peso próprio e que a protensão pode ser usada para combater as tensões resultantes das cargas que são permanentes sobre a viga, é bastante comum a consideração da protensão como responsável por neutralizar um valor de carga próximo à metade da sua carga total. Ao se reduzir a carga incidente na viga pela metade, naturalmente se reduz o seu momento máximo na mesma proporção. Assim, como a altura é diretamente proporcional a esse valor, consequentemente se pode reduzir a sua altura também, numa taxa que pode chegar a 50%, dependendo do caso.

1.2.1 Exemplos de análise estrutural/arquitetônica de vigas em concreto armado/protendido

A Figura 1.6 mostra as pré-formas de um pavimento que se destina a fins comerciais. Trata-se de uma laje maciça de 15 cm em concreto armado, apoiada em vigas protendidas com 15,8 m de vão livre e distanciadas 5 m uma da outra. A viga V-2 será dimensionada no Capítulo 10, com protensão, da forma como está lançada na planta da Figura 1.6. Antes disso, para se entenderem possibilidades arquitetônicas, serão feitas na Figura 1.7 algumas variações no lançamento dos pilares que sustentam essa viga, bem como no seu carregamento, de forma a possibilitar variações no valor do momento máximo da viga. A soma de sobrecarga e revestimento sobre a viga será considerada 3,5 kN/m² (ou ~350 kgf/m²), e a carga das lajes sobre ela equivale a 3,75 kN/m² (ou ~375 kgf/m²). Para efeito de uma análise comparativa entre os momentos fletores da viga, nas diferentes configurações mostradas na Figura 1.7, não será considerado o seu peso próprio, pois ele terá valores diferentes para cada caso.

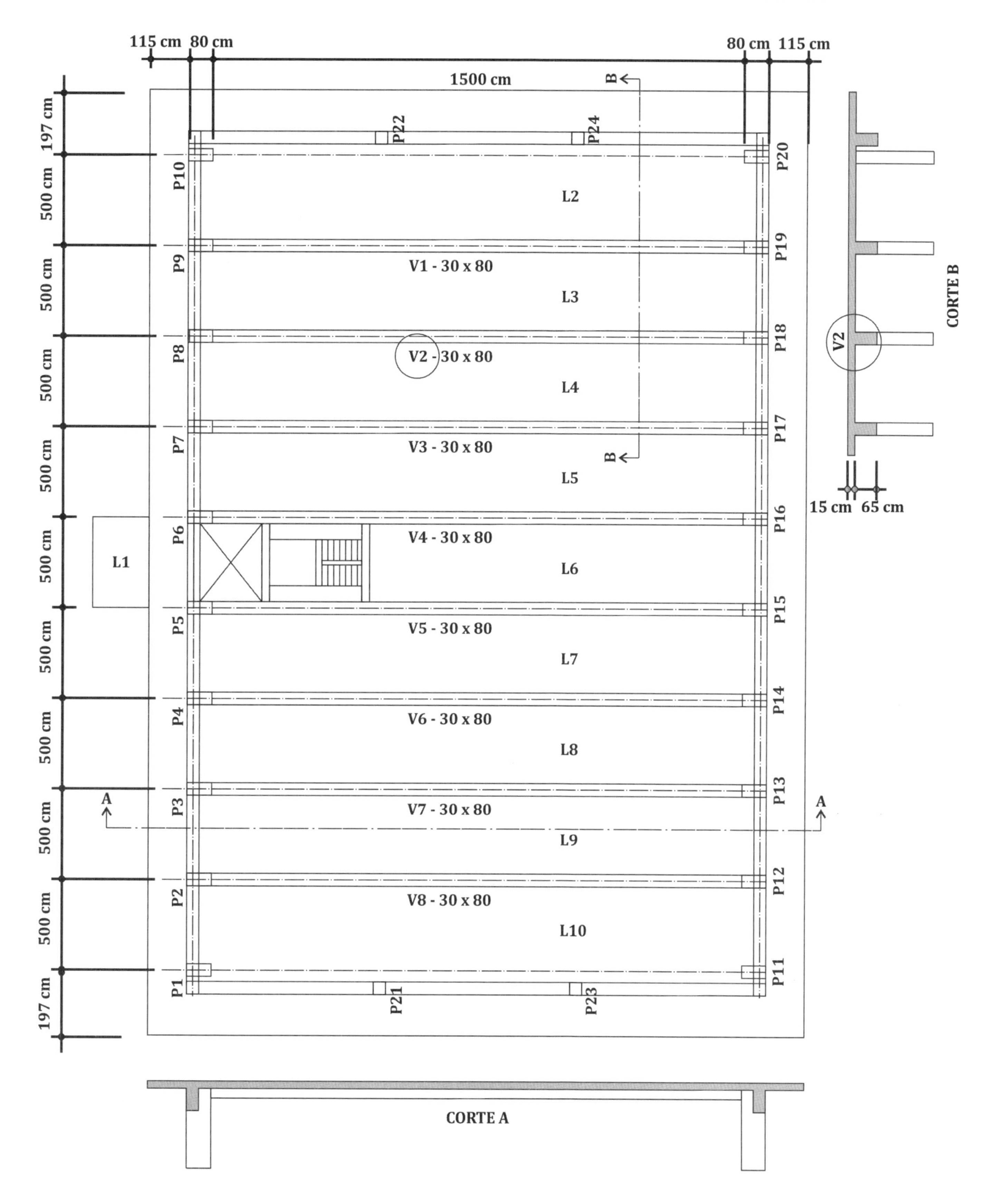

Figura 1.6 Planta de forma e cortes A e B de pavimento tipo, edifício comercial.

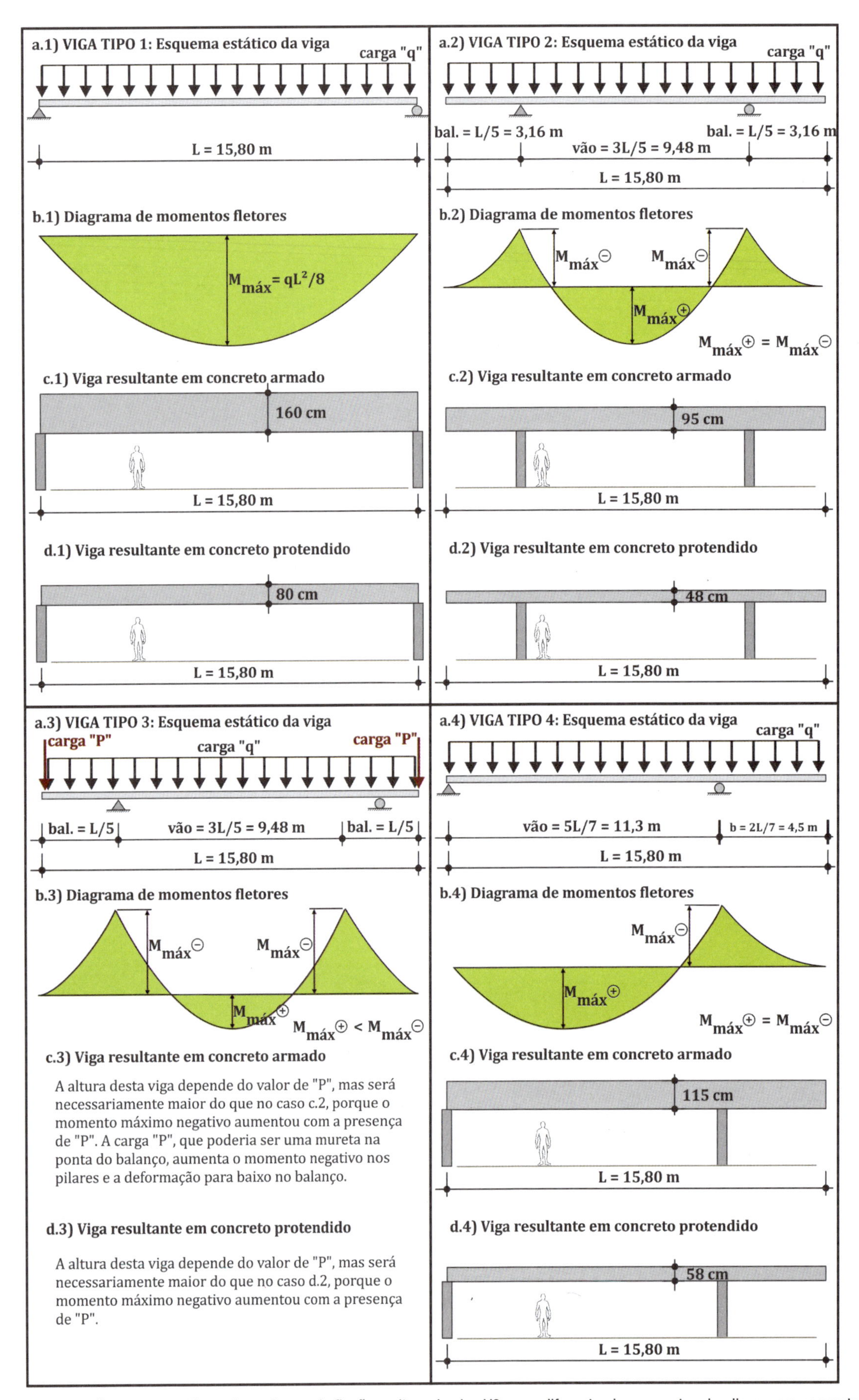

Figura 1.7 Análise comparativa entre esforços de flexão e altura da viga V2, com diferentes lançamentos de pilares, em concreto armado e concreto protendido. As vigas resultantes estão desenhadas em escala, para que suas dimensões possam ser comparadas.

1.2.2 Análise de proporções estruturais do Museu de Arte de São Paulo (MASP)

O edifício do Museu de Arte de São Paulo (MASP), retratado na Fotografia 7, é bastante conhecido por diversas características, entre as quais destacam-se o seu grande vão livre, suas formas geométricas marcantes e a cor vermelha de elementos estruturais. Concebido em 1957, em uma época em que os sistemas de protensão ainda estavam começando a ser desenvolvidos no Brasil, ele apresenta quatro grandes vigas protendidas em sua estrutura principal: duas externas, com vão de 74 m, e duas internas, com vão de 70 m, aproximadamente.

Fotografia 7 Museu de Arte de São Paulo (São Paulo/SP, 1968). Grande vão livre, coberto por laje de concreto atirantada em vigas protendidas internas à edificação, com 70 m de vão, executadas em concreto com fck = 45 MPa. Projeto arquitetônico da arq. Lina Bo Bardi; projeto estrutural do eng. José C. de Figueiredo Ferraz. Fotografia adaptada de rocharibeiro, adquirida de https://br.depositphotos.com/.

As vigas superiores da edificação do MASP, externas ao edifício e pintadas de vermelho, recebem somente a carga da sua cobertura. As vigas internas, representadas na cor cinza na Figura 1.8a, recebem a carga de dois pavimentos do edifício, pois apoiam o piso superior do museu e atirantam o seu piso inferior. Mesmo com toda essa carga, essas vigas têm altura de aproximadamente 5% do vão, valor bastante baixo perante vão e solicitações. A conquista dessa altura reduzida foi possível principalmente pelo uso de dois recursos estruturais bastante importantes à arquitetura: seções transversais vazadas e protensão nas vigas. A forma final adotada pelo MASP foi bastante estudada entre a arquiteta Lina Bo Bardi e o engenheiro Figueiredo Ferraz, responsável pelo projeto estrutural do conjunto. O resultado é uma edificação que equilibra arquitetura e estrutura com tamanha perfeição que ambas se tornam inseparáveis. O edifício apresenta grande objetividade estrutural e uma proporção tão bem resolvida entre seus elementos que é considerado por muitos profissionais uma obra arquitetônica da mais alta qualidade.

A Figura 1.8 faz uma breve análise das proporções da estrutura principal do MASP, na tentativa de mostrar como a solução protendida permitiu o equilíbrio arquitetônico ao conjunto. A Figura 1.8a mostra as dimensões reais adotadas pelo MASP em seus elementos estruturais e na edificação como um todo. A Figura 1.8b exibe uma simulação de como seriam as proporções estruturais das vigas caso elas fossem executadas em concreto armado. Sem levar em consideração o fato de que suas deformações provavelmente seriam inadmissíveis, as vigas possivelmente teriam o dobro de sua altura real, e as vigas internas ocupariam o pé-direito do pavimento superior do edifício. A ilustração do MASP com essas alturas de vigas mostra que elas passam a ter outro peso no conjunto arquitetônico, que perde o equilíbrio tão nítido na solução real. O aumento de altura das vigas atribuiria muito mais peso visual para elas, que teriam um destaque excessivo. Percebe-se, nesse caso, que a protensão propiciou uma solução arquitetônica equilibrada ao projeto.

Aplicando ao edifício do MASP a mesma ideia mostrada na Figura 1.7a.2, com a adoção de vigas com balanços proporcionais ao seu vão, visando igualar os momentos positivos e negativos da peça, chegaríamos a vigas ainda mais esbeltas, pois seria possível uma redução nos seus momentos fletores máximos. Consequentemente, as vigas protendidas poderiam ter uma redução de aproximadamente 1 m de altura. A Figura 1.8c mostra uma simulação disso. Perceba que, apesar da grande economia propiciada às vigas, esta solução mudaria completamente a proposta arquitetônica do MASP, cujo projeto original valoriza um sistema estrutural externo à edificação e permite que o seu interior fique livre para uso. Além disso, a existência do grande vão livre no nível térreo do museu oferece à movimentada avenida Paulista uma grande praça pública, possibilitada justamente graças ao sistema estrutural adotado originalmente e que pode ser observada na Fotografia 8.

Essas comparações permitem que se perceba que o MASP foi projetado com ordem e rigor, com elementos estruturais precisos e em total harmonia com a divisão interna dos seus espaços. A opção pela protensão das vigas foi fundamental para a obtenção de um resultado tão equilibrado ao conjunto da edificação, unindo perfeitamente arquitetura e estrutura.

Fotografia 8 Vista inferior da laje do pavimento inferior do MASP, atirantada por vigas protendidas, mostrando o seu grande vão livre. Fotografia de Felipe Veiga, Wikimedia Commons, CC-BY-SA-3.0.

1.3 FUNCIONAMENTO ESTRUTURAL DAS VIGAS PROTENDIDAS

A Figura 1.9 mostra a ilustração de uma viga em concreto, que receberá internamente uma armadura ativa de protensão. Para isso, suponhamos que, no seu interior, tenha sido instalada uma bainha vazia antes da sua concretagem, na qual será inserida uma barra roscada de aço, dotada de porcas e placas de apoio (ancoragens) em suas extremidades. Após a instalação dessa barra, procede-se ao aperto das porcas, provocando uma força de tração na barra (ação) e, graças às placas de apoio e às ancoragens, uma força de compressão sobre o concreto (reação). Essa força de compressão é a protensão, que ocorre porque, após cessado o esforço de tracionamento da barra, ela tende a voltar à sua posição original.

O efeito da protensão começa a ocorrer após a ancoragem dos cabos no concreto. Por isso, é importante que, no instante da protensão, o concreto da peça que a recebe já tenha adquirido resistência mínima para suportar os novos esforços resultantes na peça, devidos a essa operação.

Imaginando que, de início, a viga esteja sem o seu peso próprio, conforme a Figura 1.9a, a força P aplicada com uma excentricidade "e" dará origem a um momento de protensão M_p, com flexão para cima:

$$M_p = P \cdot e \qquad (1.1)$$

Como consequência da aplicação da protensão, haverá uma compressão maior nas fibras situadas do lado da excentricidade e uma compressão menor ou mesmo uma tração do lado oposto. A contraflecha criada na viga só ocorre porque a armadura de protensão está abaixo da linha neutra e é posicionada

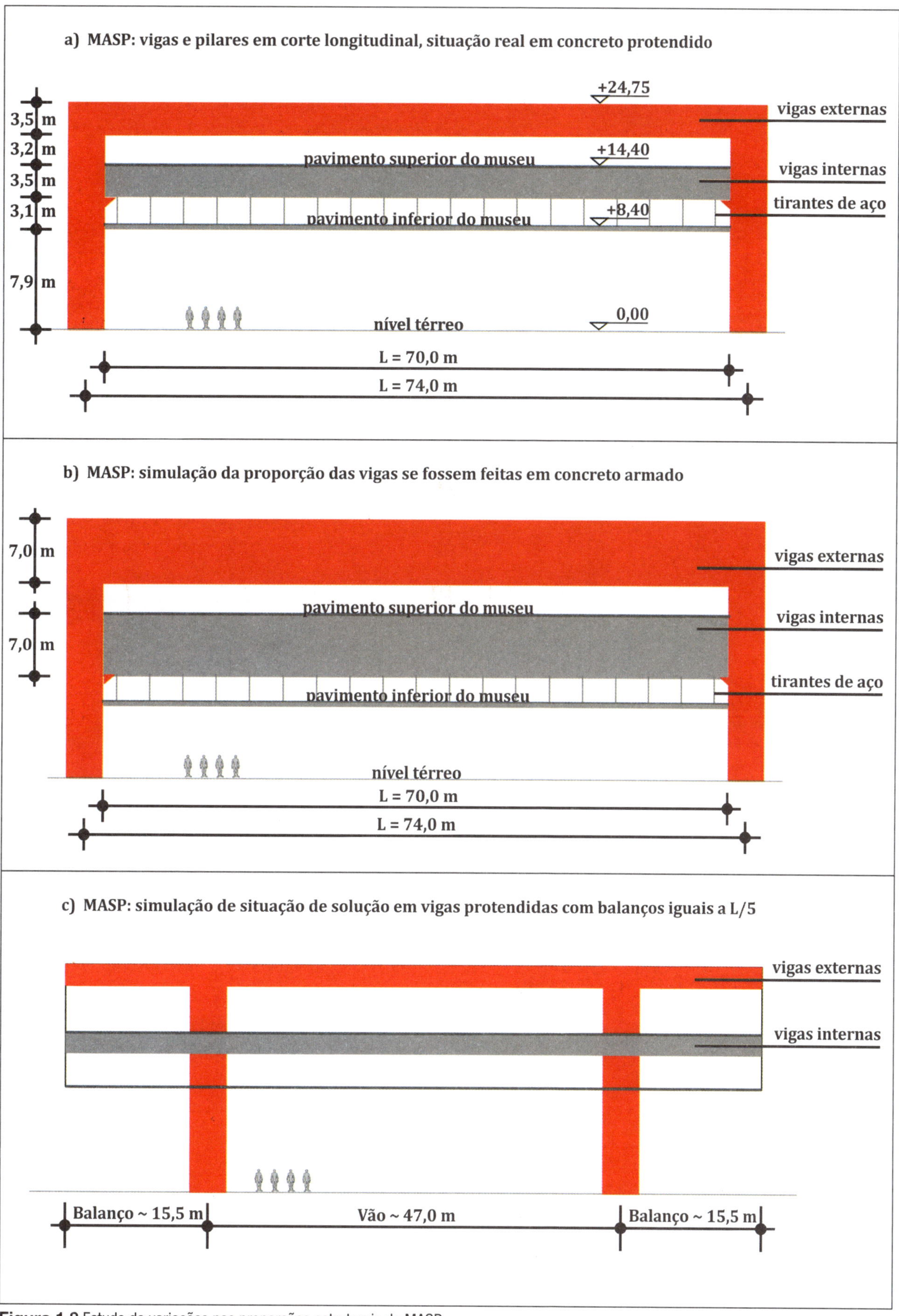

Figura 1.8 Estudo de variações nas proporções estruturais do MASP.

com a excentricidade "e", que possibilita o aparecimento do momento de protensão. A Fotografia 9 mostra um exemplo de viga ainda não carregada com sobrecargas, em que a contraflecha é visível. Caso eventualmente exista uma falha na instalação da armadura ativa e ela seja posicionada no lado contrário de onde ocorre a tração na peça, o resultado é o aumento da flecha no elemento estrutural, o que pode gerar graves consequências à sua segurança, uma vez que se aumentariam as tensões de tração e de compressão já existentes na peça. As consequências de uma falha como essa são imprevisíveis.

Fotografia 9 Transporte de viga pré-moldada protendida para o seu local de instalação. Percebe-se claramente a contraflecha existente na peça. O transporte é bastante delicado, porque a peça está sujeita a elevadas tensões de compressão em sua parte inferior e não pode sofrer solicitações adicionais. Fotografia adaptada de dpfoxfoto, adquirida de https://br.depositphotos.com/.

A Fotografia 10 mostra um processo de montagem cuidadosa de uma viga pré-moldada com protensão excêntrica no próprio canteiro de obras.

Fotografia 10 Ponte na rodovia BR-101 (SC, 2018). Viga pré-moldada de seção "I" em processo de montagem em canteiro de obras. A protensão excêntrica é usada, neste caso, a partir de três cabos, que seguem formato aproximado do diagrama de momentos fletores atuantes na peça carregada. A montagem e a amarração precisa da armadura permitem que a concretagem não tire as barras do seu lugar devido. Construção de Via Arte Construtora de Obras. Fotografia adaptada de Via Arte Construtora de Obras.

As peças protendidas costumam ser esbeltas e bem mais delicadas, proporcionalmente, que as peças em concreto armado para as mesmas condições de carregamentos e vãos. A Fotografia 11 mostra um exemplo disso.

Fotografia 11 Viaduto rodoviário em Trockau, na Alemanha. Viaduto em concreto protendido, com vigas contínuas. Percebem-se a esbeltez das vigas em relação ao seu vão e a variação de momento de inércia na seção de maior momento fletor. Fotografia de heiko119, adquirida de https://br.depositphotos.com/.

Na viga ilustrada na Figura 1.9a, a atuação do peso próprio e de uma sobrecarga crescente resulta na superposição destes carregamentos, o que originará as tensões σ_{g+q+p} nas seções transversais, como ilustram as Figuras 1.9b, 1.9c e 1.9d.

A Figura 1.9b mostra uma situação de protensão completa, na qual a tração resultante dos esforços de flexão devidos às cargas g + q é totalmente compensada pela compressão aplicada pela protensão. A soma dos diagramas de tensões de flexão e de tensões de protensão resulta em tração nula nas fibras inferiores da viga.

A Figura 1.9c ilustra o que acontece quando se aumenta um pouco a carga sobre a viga: as tensões de flexão naturalmente aumentam na viga, e como a protensão continua a mesma, começam a aparecer tensões de tração nas suas fibras inferiores.

Na Figura 1.9d, percebe-se o efeito da protensão parcial, usada para equilibrar uma parte do carregamento da peça. Em virtude do carregamento não equilibrado por ela, aparecem tensões de tração elevadas nas suas fibras inferiores. A protensão normalmente reduz as deformações de flexão resultantes na peça para valores admissíveis por normas técnicas, e as tensões de tração são equilibradas pela inserção de armadura passiva (aço CA 50) na peça, constituindo assim uma solução convencional de concreto armado.

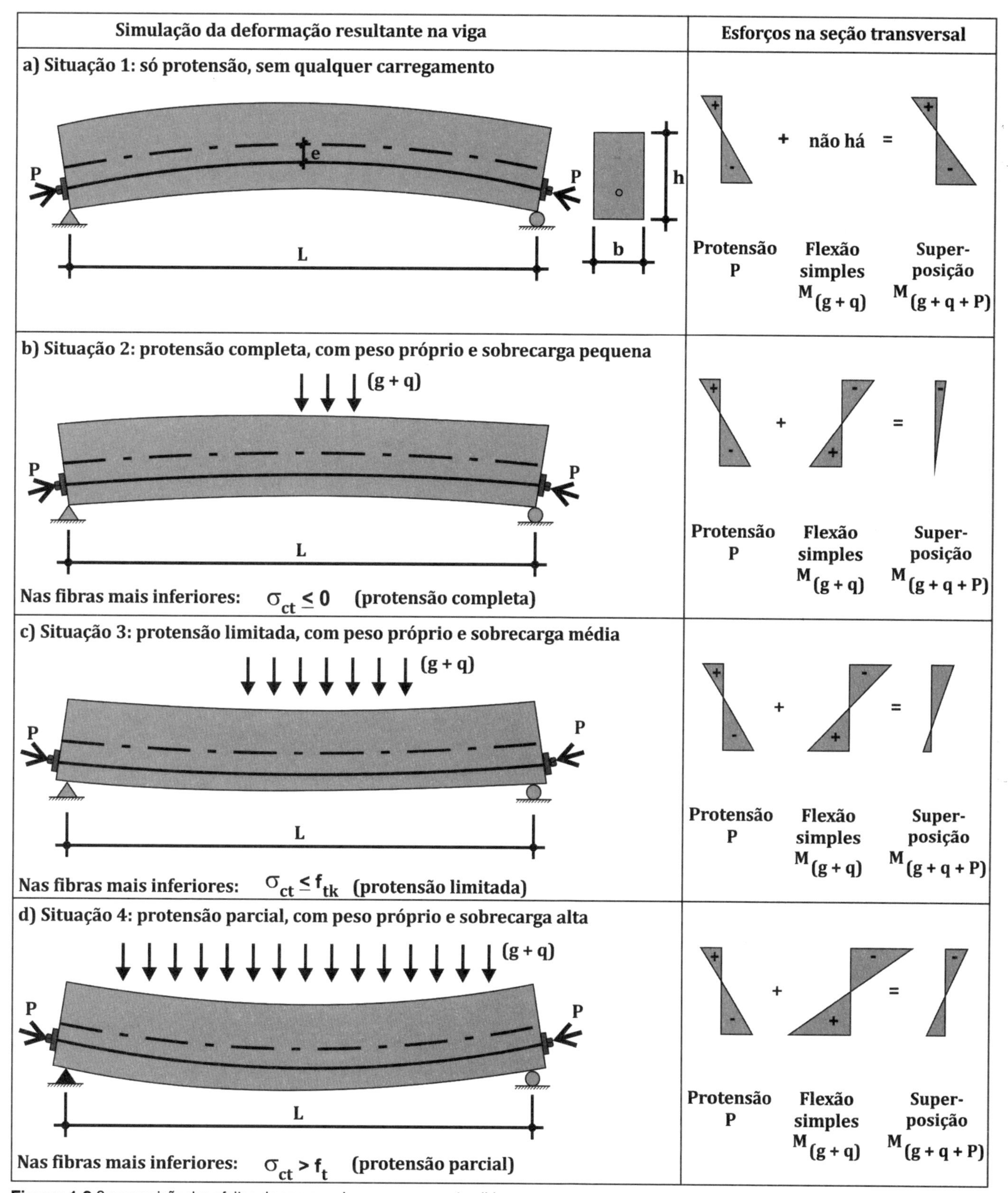

Figura 1.9 Superposição dos efeitos de cargas sobre uma peça protendida.

O Quadro 1.1 ilustra o que dizem as normas ao afirmar que, conhecidas as cargas externas (g + q) e variando a força de protensão P, podem ocorrer as seguintes situações:

Quadro 1.1 Possíveis situações de protensão em um elemento estrutural

Tensões na seção transversal	Esforços internos na seção transversal	Tipo de protensão
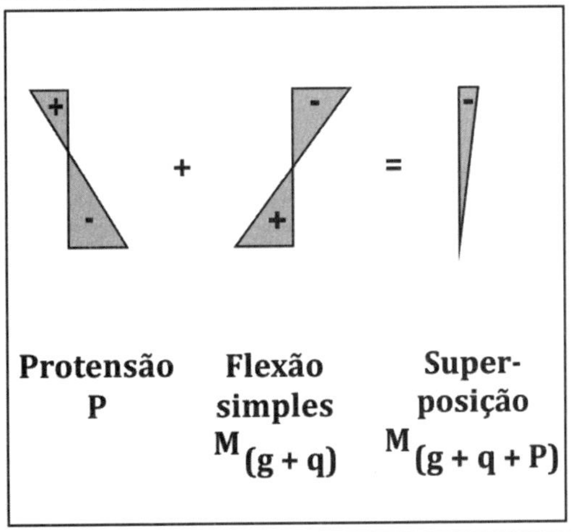 + - / - + = - · Protensão P · Flexão simples $M_{(g+q)}$ · Superposição $M_{(g+q+P)}$	Ausência de tração	Protensão completa
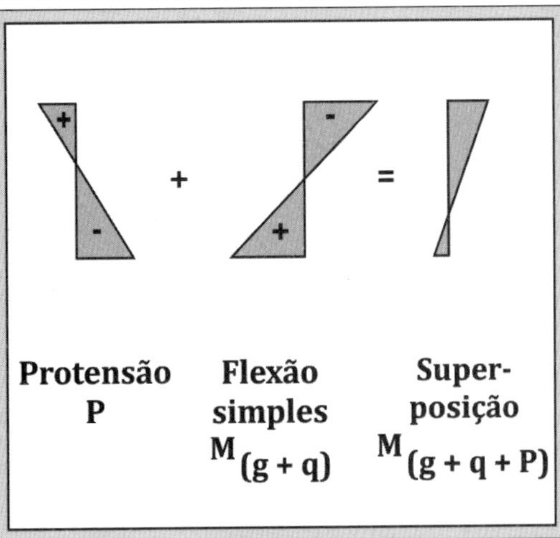 + - / - + = · Protensão P · Flexão simples $M_{(g+q)}$ · Superposição $M_{(g+q+P)}$	Tração menor ou igual à resistência característica do concreto à tração	Protensão limitada
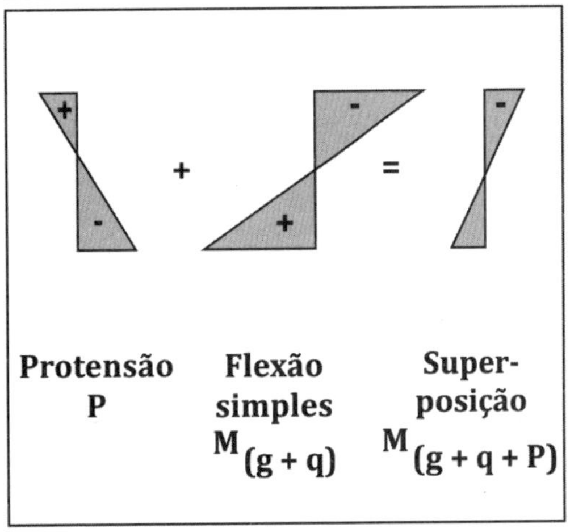 + - / - + = - · Protensão P · Flexão simples $M_{(g+q)}$ · Superposição $M_{(g+q+P)}$	Fissuração do concreto	Protensão parcial

Nota: Os conceitos ilustrados neste quadro, de protensões completa, limitada e parcial, fornecem uma ideia genérica sobre o assunto, que será retomado em detalhe ao longo deste livro, em conformidade com a NBR 6118:2014.

Com o aumento das cargas externas, poderá ocorrer a fissuração da parte inferior pré-comprimida da viga. A capacidade resistente da zona comprimida será verificada como no concreto armado. A verificação da capacidade (momento resistente) de uma seção, em concreto armado ou em concreto protendido, é praticamente a mesma. A diferença está na existência do pré-alongamento da armadura ativa, isto é, uma parte do alongamento passa a existir a partir do instante da protensão, enquanto outra surgirá posteriormente em decorrência do carregamento externo. No concreto armado, o alongamento do aço (CA) provoca a fissuração do concreto, enquanto no concreto protendido o pré-alongamento do aço de protensão (CP) independe do concreto. Esse aspecto é importante porque torna possível o emprego dos aços de alta resistência e grande alongamento (elasticidade), que, de outra maneira, iriam destruir a aderência entre o concreto e o aço.

O aço de protensão, no regime elástico e de acordo com a Lei de Hooke, alonga-se de ΔL_p:

$$\Delta L_p = \frac{PL_p}{A_p E_p} \quad (1.2)$$

Simultaneamente, o concreto se encurta de ΔL_c:

$$\Delta L_c = \frac{PL_c}{A_c E_c} \quad (1.3)$$

A relação P/A_c se refere à tensão do concreto na altura do cabo de protensão:

$$\frac{P}{A_c} = \sigma_c \quad (1.4)$$

O alongamento total no aço de protensão (conforme Capítulo 8) valerá:

$$\Delta L_{total} = \Delta L_p + \Delta L_c \quad (1.5)$$

Os concretos usualmente empregados nas estruturas de concreto protendido deverão apresentar resistência característica à compressão de, no mínimo, 2500 N/cm², ou 25 MPa. A retração e a deformação lenta, fenômenos intrínsecos a esse material, dão origem a uma diminuição de comprimento nas fibras de concreto situadas ao longo dos cabos de protensão e têm como consequência uma redução no pré-alongamento do aço, cujas perdas de tensão assim originadas se denominam perdas progressivas (conforme Capítulo 5). Seus valores variam de 8% a 16% da força inicial. No dimensionamento e na verificação em estruturas de concreto protendido, distinguem-se, pois, duas fases, uma no tempo $t = t_0$, ao ser aplicada a protensão, e outra no tempo $t = t_\infty$, após decorridas as deformações progressivas.

1.4 ÁREAS DE CONHECIMENTO[3]

Analisado no seu todo, o concreto protendido pode ser considerado um magnífico exemplo de aplicação das disciplinas Resistência dos Materiais, Estática das Construções e Concreto Armado, necessitando, porém, de complementação de conhecimentos teórico-práticos, por exemplo, quanto à tecnologia dos materiais empregados, quanto à determinação exata dos esforços atuantes na estrutura e quanto à sua execução na obra.

Em estruturas de concreto protendido, de sua concepção e seu projeto (valores geométricos e carregamentos) até a execução, tudo deve ser exato. Não se admitem aproximações. Só assim haverá, em primeiro lugar, segurança e, depois, vantagens decorrentes de maior leveza, esbeltez e economia da estrutura.

As seções transversais são, de início (tempo t_0), solicitadas pelas ações das forças de protensão, que lhes conferem um estado prévio de tensões normais e tangenciais. A elas se sobrepõem as tensões de ações posteriores (cargas externas, perdas progressivas, temperatura etc.) (tempo $t_0 \rightarrow t_\infty$), e, como já mencionado, a criação deste estado prévio tende a melhorar, por vezes até sensivelmente, o comportamento resistente da estrutura. As tensões normais σ e as tangenciais τ, decorrentes da soma das ações, dão origem às tensões principais de tração σ_I e às de compressão σ_{II}. A determinação de σ_I e σ_{II} se fará em seções transversais e em alturas previamente estabelecidas com o auxílio de expressões da disciplina Resistência dos Materiais, que têm o seu embasamento no comportamento elástico (tração-compressão) e na integridade das seções transversais (estádio Ia). Aos valores numéricos de σ, σ_I, e σ_{II} são impostas limitações estabelecidas em norma (tensões permitidas). Além dessas limitações, as estruturas protendidas são verificadas tendo em vista a sua segurança à ruína (estádio IIb).

As tensões normais resultantes das combinações mais desfavoráveis de ações das cargas, superpostas a uma maior ou menor força de protensão, permitem a definição do chamado grau de protensão.

Tensões normais resultantes das combinações mais desfavoráveis de ações, que comprimem totalmente as seções transversais de uma estrutura, estabelecem e definem a protensão completa. Nas mesmas condições, seções transversais não

3 Para mais informações sobre este tema, ver Fritsch (1985).

completamente comprimidas (com tensões de tração nas fibras de borda, até determinado limite) caracterizam a protensão limitada. Atualmente, admite-se a protensão parcial (norma suíça de 1968, norma alemã de 1985, NBR 6118:2003 em diante), caracterizada pela zona de tração fissurada, tendo na armadura passiva o parâmetro controlador das aberturas de fissuras (estádio IIa). Nos três casos mencionados, porém, deve-se levar em conta as combinações de ações segundo a norma brasileira NBR 6118:2014, Tabela 13.4.

O conceito da protensão parcial acaba com a separação que existia entre concreto armado e concreto protendido, podendo-se falar em concreto estrutural com armadura ativa (protendida) e armadura passiva (frouxa), ficando abrangida toda a faixa de valores situados entre o concreto armado (protensão nula) e o concreto com protensão completa.

1.5 MODALIDADES DE EXECUÇÃO DO CONCRETO PROTENDIDO

A protensão das estruturas é realizada distendendo-se fios, cordoalhas ou barras de aço por meio de dispositivos mecânicos (em geral, macacos hidráulicos) e transferindo-se para as estruturas, em áreas predeterminadas, os esforços decorrentes destas distensões, sempre acompanhadas do controle de alongamentos da armadura.

O presente trabalho abordará a protensão do concreto realizada por meio de fios ou cordoalhas. A maneira como se realiza a transferência das forças define duas modalidades de execução: com aderência inicial e com aderência posterior.

1.5.1 Concreto protendido com aderência inicial (pré-tensão)

A armadura de protensão A_p (fios ou cordoalhas) é distendida numa pista de protensão, tendo numa das extremidades ancoragens passivas e na outra ancoragens ativas. Com o auxílio do macaco hidráulico, a distensão fio por fio ou cordoalha por cordoalha é feita pela extremidade de ancoragens ativas, até que seja atingido o alongamento previsto. O prefixo "pré" da palavra pré-tensão diz que os elementos tensores são postos em tensão previamente ao endurecimento do concreto. Obedecendo à geometria de forma desejada, faz-se a concretagem envolvendo A_p com aderência imediata entre o concreto e o aço já distendido. Após o endurecimento do concreto (eventualmente acelerado com o auxílio de cura térmica ou a vapor), as ancoragens de cabeceira são desativadas (corte dos elementos tensores com disco de corte), transferindo-se, por aderência, ao concreto as forças de protensão ancoradas nas cabeceiras da pista.

Conforme se pode observar na Figura 1.10, a protensão se implanta mediante a aderência de A_p nos trechos extremos dos elementos estruturais. Do encurtamento elástico dos elementos resultará uma perda, imediata, mas pequena, da força de protensão aplicada.

Como a protensão é a mesma ao longo de toda a pista, normalmente se concreta uma peça longa, a qual é posteriormente cortada conforme comprimentos comerciais e tecnicamente viáveis para a peça em questão.

1.5.2 Concreto protendido com aderência posterior (pós-tensão)

Na pós-tensão, os elementos tensores são tracionados e ancorados nas extremidades da própria peça de concreto após ter este atingido resistência suficiente. As armaduras utilizadas nas operações de pós-tensão são constituídas por fios ou cordoalhas paralelas (por vezes dispostas em torno de mola central) ou ainda por barras, mas sempre no interior de bainhas normalmente metálicas e providas de ancoragens nas extremidades. O conjunto assim formado, atendendo à geometria do projeto estrutural, é colocado e fixado na forma, antes da concretagem.

Dada a estanqueidade da bainha, a armadura de protensão nela alojada não entra em contato com o concreto durante a concretagem, podendo alongar-se livremente ao ser aplicada a protensão após a cura do concreto. Eventuais falhas de estanqueidade e a consequente entrada de nata de cimento dentro da bainha, nesta fase, poderiam resultar no bloqueio dos fios ou cordoalhas por ocasião da protensão do cabo.

Após o endurecimento do concreto, a armadura de protensão é tensionada por meio de macacos hidráulicos apoiados diretamente no elemento estrutural. Os macacos são retirados depois de transferida a força de protensão às ancoragens, e destas ao concreto. Os comprimentos de armadura

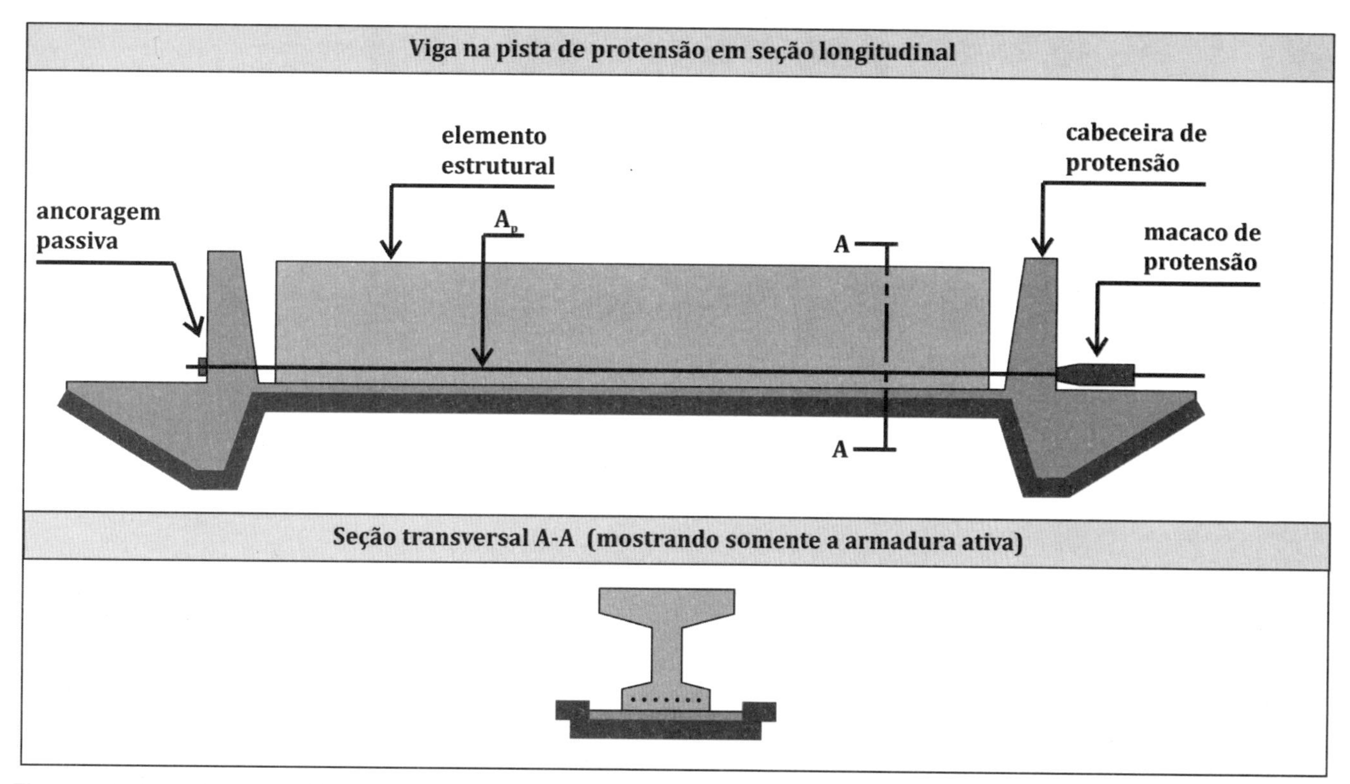

Figura 1.10 Ilustração esquemática da protensão com aderência inicial (pré-tensão).

excedentes (além das ancoragens) são cortados; faz-se o arremate dos nichos e a seguir a injeção das bainhas com nata ou pasta de cimento (fator água/cimento de aproximadamente 0,40).

A Figura 1.11 mostra de forma esquemática os principais elementos desta forma de protensão.

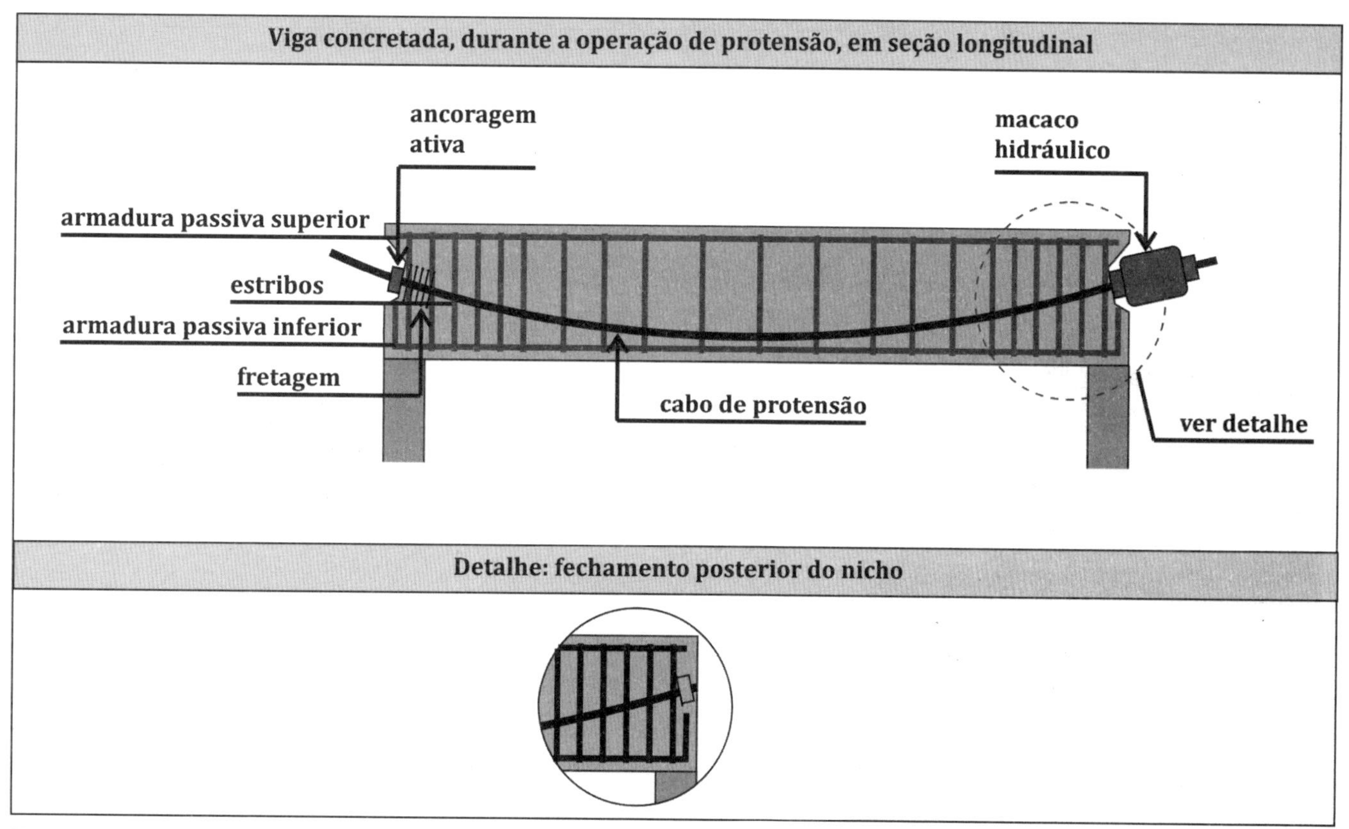

Figura 1.11 Ilustração esquemática da protensão com aderência posterior.

No concreto protendido com aderência posterior, o atrito entre bainha e armadura, que ocorre quando esta é tensionada, origina perdas de força que, junto com as perdas de cravação nas ancoragens, configuram as perdas imediatas. Seu valor varia de 6% a 12%, conforme exposto no Capítulo 5.

As Fotografias 12a e 12b exemplificam a aplicação de protensão aderente no concreto na execução de pisos de aeroportos. Nesses casos, com o aumento de resistência à tração do concreto, causado pela protensão, pode-se chegar a placas relativamente finas e grandes, espaçando suas juntas, que podem ser um ponto fraco do pavimento aeroportuário. Além disso, a protensão pode possibilitar que as placas sejam impermeáveis.

(a)

(b)

Fotografias 12a e 12b Aeroporto Afonso Pena (Curitiba/PR, 1994). Primeiro pátio de aeronaves em concreto protendido no Brasil, com fck de 30 MPa e placas com espessura de 20 cm (contra a espessura de 25 cm que havia sido obtida no projeto do mesmo pátio em concreto simples). A protensão permite às placas uma impermeabilidade à passagem de água, protegendo assim a sub-base e o subleito da influência de intempéries. Projeto estrutural de Manfred T. Schmid. Protensão: Sistema Rudloff. Fotografias de Mariordo (Categoria: Aeroporto Internacional Afonso Pena), Wikimedia Commons, CC BY-SA 3.0.

1.5.3 Concreto pós-tendido sem aderência

A situação é semelhante à anterior, mas, no lugar de bainhas, cada cordoalha já se encontra engraxada e encapada por um tubo plástico, não tendo, portanto, nenhum contato direto com o concreto e podendo sofrer livremente alongamento ao ser tensionada após o endurecimento do concreto. Os cabos neste caso não serão injetados, mas os nichos das ancoragens deverão ser fechados com pasta de cimento ou graxa, a fim de garantir a preservação das ancoragens por tempo indeterminado. Também nesta modalidade ocorrem perdas na cravação e perdas por atrito (baixo) entre a cordoalha e sua capa protetora. Aqui, salienta-se a importância da execução correta, pois a não existência da aderência transfere toda a responsabilidade da protensão às ancoragens, que devem ser preservadas.

A não aderência requer considerações próprias no dimensionamento das peças. Com a falta da aderência entre aço e concreto, deixa de existir uma característica valiosa, que é o trabalho conjunto desses dois materiais. Mesmo assim, a solução se presta bastante bem para determinadas estruturas (lajes e pisos protendidos), razão pela qual será analisada no decorrer do presente trabalho.

1.6 POSSIBILIDADES DE EXECUÇÃO DO CONCRETO PROTENDIDO CONFORME A POSIÇÃO DOS CABOS DE PROTENSÃO

1.6.1 Protensão interna

É a forma de protensão mais comum, na qual a armadura de protensão é posicionada no interior da peça e concretada com ela. Apresenta a vantagem de fornecer à armadura ativa uma proteção natural, feita pelo concreto ao seu redor, conforme ilustrado na Figura 1.12.

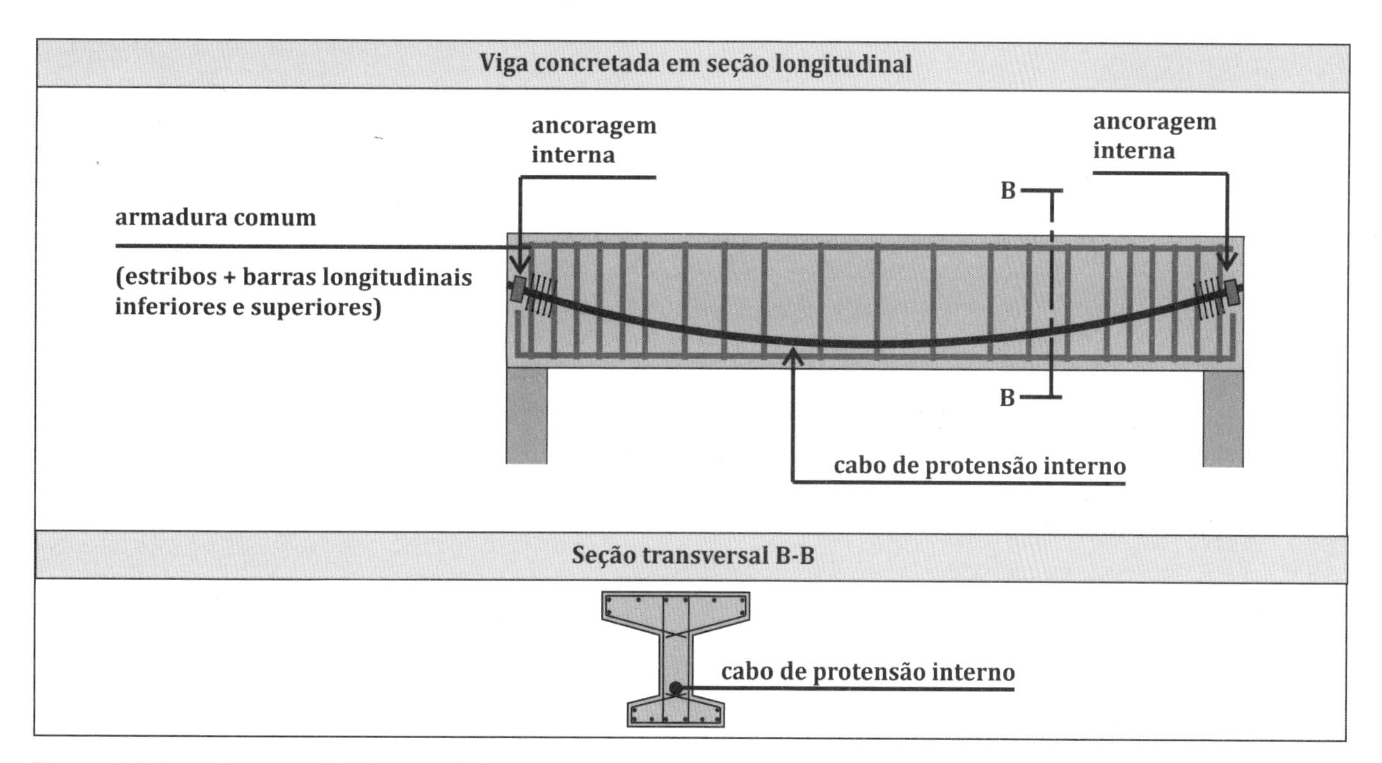

Figura 1.12 Ilustração esquemática da protensão interna.

1.6.2 Protensão externa

É a forma de protensão na qual a armadura de protensão é colocada exteriormente a uma peça já concretada, conforme ilustrado na Figura 1.13.

É bastante usada em reforços estruturais, principalmente em casos nos quais se deseja atribuir a uma peça resistência maior que a prevista em seu projeto inicial. Normalmente, é feita com cordoalhas não aderentes.

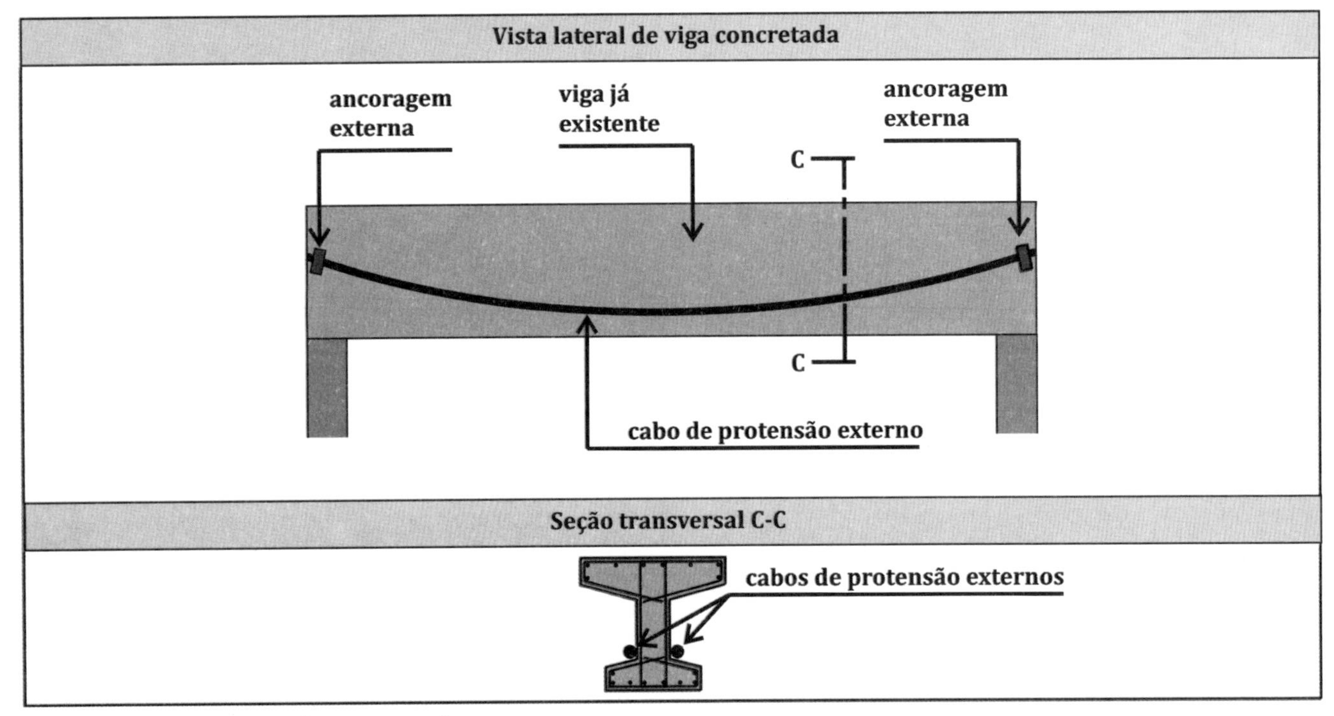

Figura 1.13 Ilustração esquemática da protensão externa.

1.6.3 Protensão excêntrica

É a forma de protensão na qual existe uma distância entre a armadura ativa e o centro de gravidade da seção transversal da peça, conforme ilustrado nas Figuras 1.10 a 1.13. Por conta disso, a aplicação da protensão cria na peça um momento interno de protensão, capaz de provocar giros internos na peça. A protensão excêntrica devidamente aplicada pode combater deformações indesejadas de flexão, causadas por cargas elevadas ou grandes vãos. Essa forma de protensão pode ser executada com cabos retos, como é o caso da pré-tensão (pré-fabricação), ou curvos, nos casos em que o traçado do cabo procura seguir o formato do diagrama de momentos fletores.

A vantagem de adotar os cabos de protensão seguindo o formato do diagrama de momentos fletores é que assim se pode aplicar a protensão exatamente nos locais onde haverá a incidência de tração nas peças estruturais. O momento de protensão, devido à excentricidade da armadura ativa, aplica-se gradualmente na peça, à medida que os momentos fletores aumentam de valor. Assim, as maiores excentricidades do cabo são aplicadas justamente nos pontos de momentos fletores máximos – se os momentos forem positivos, a armadura ativa fica abaixo da linha neutra, e se forem negativos, ela fica posicionada acima da linha neutra da peça.

1.6.4 Protensão centrada

É a forma de protensão na qual os cabos são retos e sua resultante passa pelo centro de gravidade da seção transversal da peça, conforme ilustrado na Figura 1.14. É usada em situações nas quais se deseja inserir uma força interna em uma ou mais peças, muitas vezes, porém, sem provocar o momento de protensão, como ocorre na união de peças pré-fabricadas isoladamente, de forma a torná-las um elemento contínuo. A Fotografia 13 mostra um exemplo de aplicação da protensão centrada para a união de peças previamente fabricadas, que compõem uma ponte em concreto. Nesse caso, a união é feita pela passagem de cabos internamente à seção das peças.

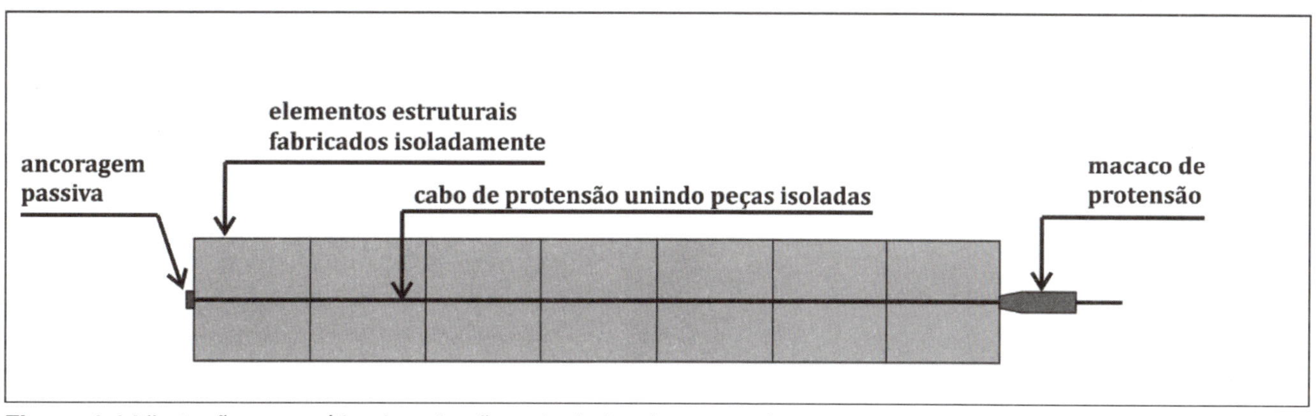

Figura 1.14 Ilustração esquemática da protensão centrada de cabo reto usada para unir peças isoladas.

Fotografia 13 Construção de ponte em concreto com a união de peças pré-fabricadas por meio de protensão centrada. Fotografia de levkro, adquirida de https://br.depositphotos.com/.

Fotografia 14 Edifício de 51 andares em construção, com pilares protendidos para combater parte dos esforços de vento (Camboriú/SC, 2019). Projeto estrutural de Engest Engenharia de Estruturas e M. Schmid Engenharia Estrutural. Fotografia de Incorporadora Cequinel.

A protensão centrada é eventualmente aplicada a torres e pilares de grande altura. Esses elementos normalmente não são protendidos, uma vez que funcionam essencialmente à compressão. Contudo, ao se tratar de peças muito esbeltas, a protensão às vezes é necessária para combater esforços de flexão causados pelo vento. As Fotografias 14, 15a e 15b mostram a construção de um edifício com 51 andares, no qual a protensão em pilar tem o importante papel de segurar parte da movimentação do vento, resultante da alta esbeltez do edifício. Outra aplicação interessante da protensão centrada se dá nas pontes cuja superestrutura é executada por segmentos empurrados, como mostra a fotografia usada na capa do livro. Já a Fotografia 16 mostra uma torre de telecomunicações protendida, construída em 1956, na Alemanha, e ativa até hoje.

Fotografia 15a Detalhes de montagem e execução da protensão de pilar em edifício de 51 andares, para combater parte dos esforços de vento (Camboriú/SC, 2019). Preparação da armadura, já com armadura de fretagem na região da ancoragem.

Fotografia 15b Macaco de protensão posicionado na peça. Projeto estrutural de Engest Engenharia de Estruturas e M. Schmid Engenharia Estrutural. Fotografias de Luiz Dalsasso Neto.

Fotografia 16 Torre de telecomunicações de Stuttgart, protendida para combater os efeitos do vento. Foi a primeira torre de telecomunicações em concreto do mundo, inaugurada em 1956, com altura de 216,61 m. Projeto estrutural de Fritz Leonhardt. Fotografia de Boarding2Now, adquirida de https://br.depositphotos.com/.

Esta magnífica obra de engenharia, a primeira no seu gênero e na sua época, foi projetada e executada sob orientação do grande engenheiro e professor da Universidade de Stuttgart Fritz Leonhardt, nascido na própria cidade de Stuttgart e ao qual o autor presta aqui, como ex-aluno e amigo, a sua modesta, mas sincera homenagem. Manifesta sua apreciação também por todos os demais engenheiros, arquitetos e especialistas de várias áreas que participaram na criação desta bela obra, e também o notável desempenho da construtora Wayss und Freytag, filial de Stuttgart, na qual teve a satisfação de ser estagiário por dois anos, podendo apreciar e muito aprender com personalidades da engenharia alemã da época.

A torre foi concluída em 1956, tem o fuste em concreto armado (B 400) e a fundação em concreto protendido, esta formada por troncos de cone, uma laje plana de fundo e um grande anel protendido envolvendo todo o conjunto. A fundação se apoia diretamente no solo a 8,45 m de profundidade. O fuste tem diâmetro inferior de 10,8 m, diâmetro superior de 5,04 m e espessura de parede de 60 cm e 19 cm, respectivamente. Possui, a cada 10 m de altura, um enrijecimento interno, e abriga dois elevadores para 16 pessoas cada, com velocidade de 4 m/s. Foi difícil encontrar para a cabeça da torre uma aparência agradável, eficiente, que oferecesse mínima reação ao vento e, no conjunto, não desse a impressão de ser pesada, e sim de fazer parte visualmente da própria atmosfera.

A cabeça é uma "gaiola" com diâmetro maior de 15,10 m, altura de 13,74 m, para quatro andares com acabamento externo completamente liso, onde se instalaram a Emissora Sul-Alemã de Televisão, dois restaurantes e um café. Há ainda a laje panorâmica.

A extremidade superior da torre está a 160,94 m de altura e tem fixada no seu topo uma torre treliçada metálica emissora, perfazendo uma altura total de 211,0 m. A fundação da torre é formada por um anel em concreto protendido com 27 m de diâmetro e que circunda uma laje plana, também protendida, transmitindo ao solo as cargas verticais da torre e a ação do vento sobre ela (foi considerado um vento de até 145 km/h).

O projeto da torre que foi estudado em modelos teve a anuência e a aprovação de vários arquitetos consultados.

1.7 VERIFICAÇÕES EM ATENDIMENTO AOS ESTADOS-LIMITE[4]

As verificações de estruturas em concreto armado e protendido deverão atender a critérios de segurança estabelecidos nos estados-limite definidos nas normas, fundamentadas em métodos semiprobabilísticos com coeficientes diferenciados de segurança.

Os estados-limite de utilização ou serviço (ELS) visam à segurança das estruturas ao uso, estabelecendo limites convencionais para os valores das tensões de trabalho, dos momentos de descompressão e de fissuração, das aberturas das fissuras e dos deslocamentos lineares (deflexões) da estrutura.

Os ELS se relacionam à durabilidade e à aparência das estruturas, ao conforto do usuário e à boa utilização funcional das estruturas.

O estado-limite último (ELU) visa à segurança das estruturas à ruína, estabelecendo limites convencionais para os valores do encurtamento do concreto, responsável por sua ruptura, e do alongamento do aço, responsável por sua deformação plástica excessiva.

O Quadro 1.2 e a Figura 1.15 mostram esquematicamente as fases do comportamento de uma estrutura com relação aos estados-limite.

1.8 OUTRAS VERIFICAÇÕES NECESSÁRIAS NO CONCRETO PROTENDIDO

A força de protensão P deve ser considerada uma força externa aplicada à estrutura. Assim, a região das ancoragens pelas quais a força passa do aço para o concreto é uma região de perturbação que pode ser analisada pelo princípio de Saint-Venant. Nessa situação, a distribuição de tensões não pode ser calculada pela Resistência dos Materiais, por causa de sua maior complexidade. Surgem nesta região, também, tensões de tração transversais à direção da força de protensão (tensões de fendilhamento). O cabo de protensão ou elemento tensor, não sendo retilíneo, irá gerar, ao longo de seu percurso, componentes transversais com evidente efeito sobre a estrutura, que devem ser verificadas. É necessária armadura específica para vencer essas tensões.

1.9 A GRANDE RESPONSABILIDADE EM ESTRUTURAS PROTENDIDAS

Enquanto no concreto armado as tensões extremas talvez venham a ser atingidas com o carregamento total da estrutura, no concreto protendido elas o são já de início, em virtude da própria protensão. Por isso se diz, jocosamente, que com a protensão ocorre uma verdadeira prova de carga dos materiais, e que no final da operação de protensão se atingem tensões que, de um modo geral, nunca mais se repetirão.

Se o excesso de aço no concreto armado pode até aumentar a segurança, no concreto protendido o excesso (ou falta) de armadura ativa (protensão) pode levar a deformações excessivas e até mesmo à ruína da estrutura. Efeitos similares podem ocorrer quando a armadura ativa não é posicionada adequadamente. Como as peças protendidas são normalmente esbeltas e estão sujeitas a uma força de protensão elevada, muitas vezes com excentricidade pequena, se alterarmos essa excentricidade em apenas alguns centímetros, os momentos devidos à protensão poderão sofrer grandes variações, podendo inclusive inverter de sentido. Assim, em casos de execução inadequada, a colaboração positiva da protensão no combate aos esforços da peça pode tornar-se um esforço negativo e criar situações de perigo potencial às estruturas. Daí a importância da execução correta e precisa na obra.

Casos de acidentes estruturais devidos à construção inadequada ou a projetos pouco cuidadosos com relação aos efeitos da protensão em todas as fases de uma obra são conhecidos mundialmente. Dada a elevada responsabilidade necessária na sua utilização, o concreto protendido é um campo da engenharia que deveria ser tratado somente por engenheiros com experiência e conhecimento específico, em todas as suas etapas (projeto, materiais constituintes, execução, manutenção etc.).

4 Conforme ABNT NBR 6118:2014, 3.2, 10.3, 10.4.

Fotografia 17 Edifício Castello Branco (Curitiba/PR, 1978). Edificação em concreto protendido com grande vão livre. Projeto arquitetônico do arq. Oscar Niemeyer; projeto estrutural de TESC Técnica de Estruturas. Fotografia de Thomas Pfeiffer.

1.10 VANTAGENS DO CONCRETO PROTENDIDO[5]

a) Os materiais componentes (aço de protensão e concreto), possuindo características mecânicas superiores, permitem estruturas com vãos maiores, menor peso próprio e maior esbeltez que as similares em concreto armado, como mostra a estrutura ilustrada na Fotografia 18.

b) A protensão, atuando constantemente na peça, comprime o concreto ininterruptamente, diminuindo a sua tração, fato que leva a melhor desempenho, menos fissuras e maior durabilidade.

c) As seções transversais protendidas se mantêm homogêneas por mais tempo – no estádio Ia, apresentam maior capacidade resistente que as correspondentes em concreto armado.

d) As deformações de peças em concreto protendido são menores que no concreto armado e na estrutura metálica, conforme mostram os valores a seguir:

No concreto protendido:	Na estrutura metálica:
$\frac{\sigma}{E_c} = \frac{100}{300000} = \frac{0,33}{1000}$	$\frac{\sigma}{E_s} = \frac{2100}{2100000} = \frac{1}{1000}$

(valores genéricos, somente para efeito de comparação)

e) Em igualdade de alturas, as deformações em estruturas protendidas podem valer apenas 1/4 das correspondentes em concreto armado. Isso viabiliza seu uso em casos de altas solicitações de cargas. A Fotografia 19 mostra um caso apreciável de uso da protensão em vigas de transição com cargas altíssimas, fundamental para evitar deformações excessivas na estrutura.

f) As seções transversais protendidas, enquanto homogêneas, isto é, no estádio Ia, apresentam capacidade resistente maior que as seções iguais, mas já fissuradas, de concreto armado.

g) As estruturas em concreto protendido possuem elevada resistência à fadiga, uma vez que a protensão diminui ou mesmo elimina as inversões de sinal nas tensões provocadas por cargas oscilantes.

h) As estruturas em concreto protendido possuem uma surpreendente capacidade de autorrecuperação após um carregamento excessivo, desde que o material não tenha entrado em escoamento.

Fotografia 18 Ponte Castielertobel (Castiel, Grisons, Suíça, 2004). Viaduto em concreto protendido, com grandes vãos e estrutura esbelta. Fotografia de Andres Passwirth, Wikimedia Commons, CC-BY-AS-3.0.

5 Conforme Leonhardt (1962).

Fotografia 19 Edifício Pátio Victor Malzoni (São Paulo/SP, 2012). A parte central do edifício, elevada do chão e com 8 pavimentos e 44 m de vão, passa sobre uma casa bandeirista do século XVIII, tombada pelo Patrimônio Histórico, razão pela qual o projeto não poderia considerar a existência de pilares nas proximidades da casa. A solução mais viável encontrada foi a adoção de quatro vigas de transição para a estruturação da parte central da edificação. As vigas são maciças, em concreto protendido com fck = 50 MPa, com altura de 6 m cada, chegando a vencer momentos de 60000 tfm. Projeto arquitetônico de Botti Rubin Arquitetos; projeto estrutural do eng. Mario Franco. Fotografia de Vitormarigo, adquirida de https://br.depositphotos.com/.

Quadro 1.2 Estados-limite nas peças em concreto protendido

	Alcançado por	Limites convencionais	Denominação	Estádios	Grau de protensão
Estado-limite de serviço (ELS): segurança ao uso	a) tensões-limite	a) tensões de trabalho	a) ELS de tensões admissíveis	a) Ia	a) completa
	b) descompressão	b) momento de descompressão	b) ELS de descompressão	b) Ia	b) completa
	c) fissuração	c) momento de fissuração	c) ELS de fissuração	c) Ib	c) limitada
	d) deformações inaceitáveis	d) deformações permitidas	d) ELS de deformação excessiva	d) IIa	d) parcial
Estado-limite último: ruína (ELU)	a) ruptura do concreto	a) encurtamento do concreto (ε_{cu})	a) ELU	a) IIb	
	b) deformação plástica excessiva do aço	b) alongamento da armadura (ε_{su})	b) ELU	b) IIb	

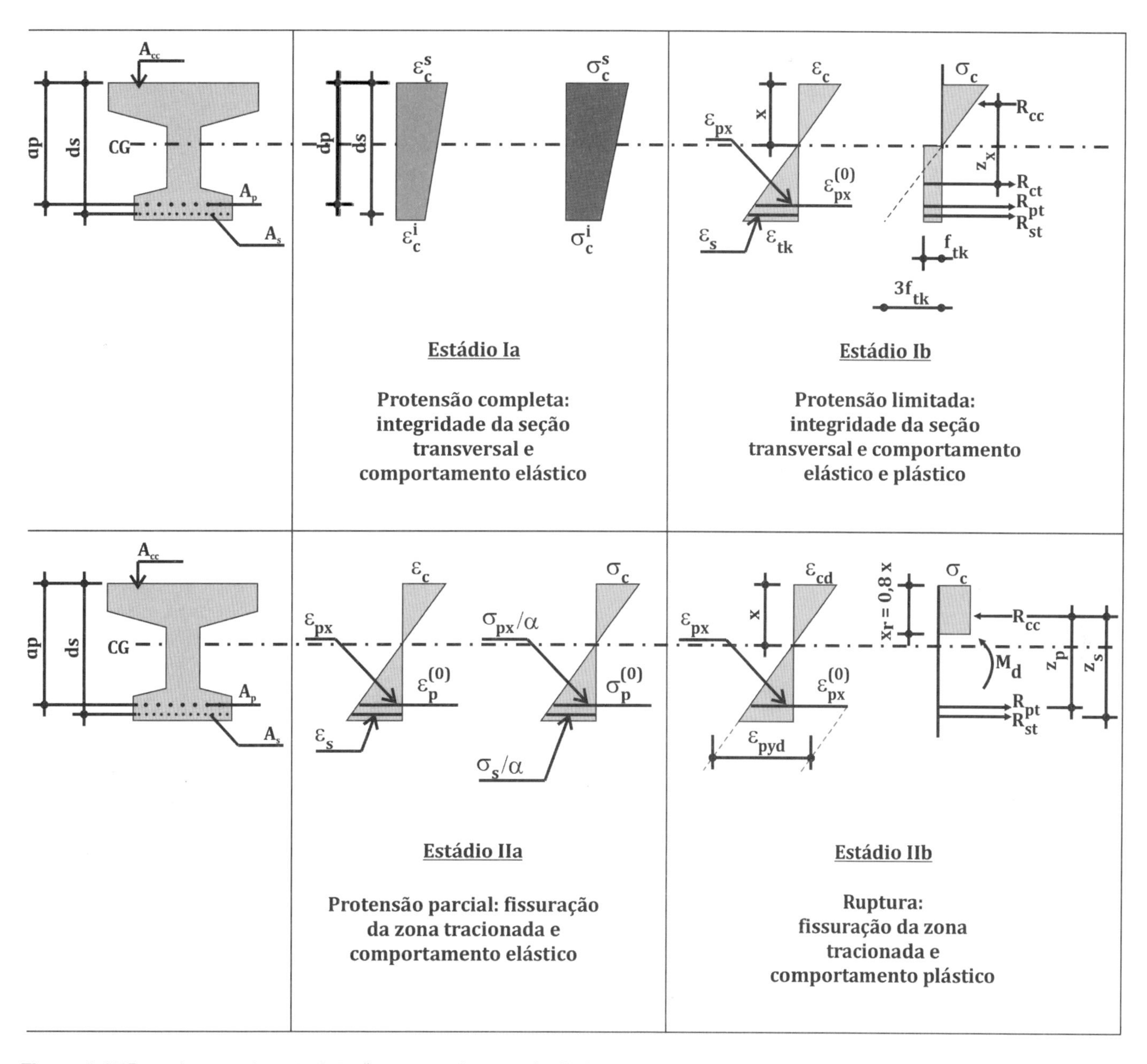

Figura 1.15 Fases de comportamento da seção transversal nos estados-limite.

2 MATERIAIS EMPREGADOS NO CONCRETO PROTENDIDO

Fotografia 20 Viaduto rodoviário em construção com o recurso de aplicação de protensão centrada e posterior passagem de cabos para a atuação da protensão excêntrica. Fotografia adaptada de Ievkro, adquirida de https://br.depositphotos.com/.

Uma peça protendida de concreto, moldada *in loco*, é constituída basicamente dos seguintes elementos principais, além do próprio concreto:

1) fios ou barras de aço de protensão tipo CP;
2) armadura passiva de aço tipo CA;
3) bainhas em aço ou plástico;
4) barras de aço para concreto armado, devidamente dobradas;
5) ancoragens metálicas para fixação do aço de protensão;
6) componentes de ancoragens, normalmente em isopor ou madeira;
7) calda de cimento preparada especificamente para a função de injeção de cabos aderentes, quando necessário;
8) espaçadores para garantir a montagem de armaduras passivas e ativas em sua posição correta.

As características e os processos de obtenção desses elementos envolvem uma enorme quantidade de estudos, ensaios e conclusões, que podem ser de fácil acesso, mas nem sempre de fácil compreensão. Por isso, serão aqui abordados os principais conceitos de cálculo estrutural relacionados ao aço de protensão e ao concreto, principalmente no que diz respeito a resistência e deformabilidade, aspectos fundamentais em elementos estruturais.

2.1 AÇOS DE PROTENSÃO (FIOS E CORDOALHAS)[1]

2.1.1 Características fundamentais

a) *Resistência elevada*: importante para que sejam minimizadas as perdas na força de protensão devidas à retração e à deformação lenta do concreto, bem como à deformação plástica (fluência) do próprio aço. Como o módulo de deformação longitudinal do aço varia pouco (19000 kN/cm² a 21500 kN/cm²), sua deformabilidade ε depende quase que exclusivamente da tensão à tração permitida, ou seja, da resistência do aço. Quanto maior essa resistência, tanto maior a deformabilidade elástica:

$$\varepsilon = \frac{\sigma}{E} \tag{2.1}$$

Em virtude da retração de deformação lenta, o concreto sofre um encurtamento que varia de 0,5 mm/m a 1,5 mm/m (ar seco, edificações) e de 0,3 mm/m a 1,0 mm/m (ar úmido, pontes). Em consequência, o aço de protensão perderá, em edificações, de 10 kN/cm² a 30 kN/cm² de tensão, conforme demonstrado a seguir.

Para ε = 0,5 mm/m:

$$\sigma = \varepsilon \cdot E = \frac{0{,}5}{1000}\,20000 = 10\frac{\text{kN}}{\text{cm}^2}\left(1000\,\frac{\text{kgf}}{\text{cm}^2}\right)$$

Para ε = 1,5 mm/m:

$$\sigma = \varepsilon \cdot E = \frac{1{,}5}{1000}\,20000 = 30\frac{\text{kN}}{\text{cm}^2}\left(3000\,\frac{\text{kgf}}{\text{cm}^2}\right)$$

Consequentemente, o aço CP 190 RB, cuja tensão permitida (ABNT, 2014, 9.6.1.2.1) é de 0,74 f_{ptk}, ou seja, 140,6 kN/cm², terá uma perda na força de protensão de 21%.

b) *Boa ductilidade*: fundamental para que o aço não se rompa facilmente por fragilidade.

c) *Boa aderência*: importante para garantir a aderência do aço de protensão ao concreto, no caso de pré-tensão, e à nata de injeção endurecida, no caso de pós-tensão com cabos aderentes.

d) *Baixa relaxação*: necessária para que as perdas graduais de tensão devidas à fluência do aço sejam o mais baixas possível. Essas perdas são naturais a sistemas em estado de tensão e deformação constante.

e) *Boa resistência à fadiga*: necessária, uma vez que a responsabilidade pela segurança da estrutura está em grande parte direcionada ao aço de protensão, e uma eventual ruptura sua por fadiga poderia ser catastrófica.

f) *Boa resistência à corrosão*: importante porque o aço de protensão, quando solicitado por tensões de tração, torna-se mais suscetível a corrosão.

g) *Disponibilidade em comprimentos grandes*: importante para reduzir o número de emendas e as perdas.

1 Baseado em Leonhardt (1962), Fritsch (1985) e Vasconcelos (1980).

h) *Manutenção da elasticidade*: fundamental, porque o aço de protensão não pode perder sua elasticidade, mesmo quando submetido a tensões elevadas ou excessivas.

i) *Preço competitivo e fácil manuseio.*

2.1.2 Classificação dos aços de protensão (fios e cordoalhas)

2.1.2.1 Quanto ao processo de fabricação

A elevada resistência nos aços de protensão compostos por fios e cordoalhas pode ser obtida de três maneiras:

a) Por meio de ligas adequadas (alta resistência natural).

b) Por estiramento a frio (trefilação em temperatura ambiente) com encruamento e maior resistência.

c) Por tratamento térmico e termomecânico.

Existem dois tipos de aço de protensão, conforme o seu processo de fabricação: os de relaxação normal (RN) e os de relaxação baixa (RB). Nos processos de relaxação normal, os aços são considerados aliviados. São inicialmente trefilados e posteriormente retificados por tratamento térmico, que visa aliviá-los das tensões internas provenientes da trefilação. Nos processos de relaxação baixa, os aços são considerados estabilizados. Recebem um tratamento termodinâmico (aquecimento a 400° C e estiramento até ε_{pl} = 0,01), o que melhora suas características elásticas, aumenta sua resistência e reduz sua relaxação.

Atualmente, são produzidos no Brasil fios para protensão tanto aliviados (RN) como estabilizados (RB), enquanto as cordoalhas são produzidas somente no processo de relaxação baixa. Como comparação, nos fios aliviados, as perdas máximas por relaxação após 1000 horas a 20 °C para carga inicial de 80% da carga de ruptura chegam a uma taxa de 8,5%. Já nos fios estabilizados, sob as mesmas condições de carregamento, as perdas caem para menos da metade desse valor, chegando a uma taxa de 3% (ARCELORMITTAL, 2015).

Alguns sistemas de protensão trabalham com barras roscadas de alta resistência, também usadas para a constituição de tirantes. As barras são protendidas e ancoradas individualmente, e a ancoragem é feita por uma porca e uma placa, ambas metálicas. O sistema de barras não será abordado no presente trabalho.

2.1.2.2 Quanto à apresentação

Os aços trefilados produzidos no Brasil são apresentados da seguinte maneira:

- sob forma de fios lisos ou entalhados de 4 mm a 9 mm de diâmetro, tanto aliviados (RN) como estabilizados (RB), com módulo de elasticidade médio de 210 kN/mm^2;
- como cordoalhas de 3 e 7 fios estabilizadas (RB), conforme ilustrado na Figura 2.1, as quais também são apresentadas engraxadas e plastificadas individualmente, com módulo de elasticidade de 202 kN/mm^2 ± 3%;
- como cordoalhas especiais para uso em pontes estaiadas, estabilizadas, com módulo de elasticidade nominal de 195 kN/mm^2.

Na cordoalha de 7 fios, há um fio retilíneo central no qual se enrolam os 6 externos. Os fios são emendados desencontradamente por solda de topo, o que permite a confecção de cordoalhas bastante longas (até 600 m), fornecidas ao usuário em rolos sem núcleo (*reelless coil*).

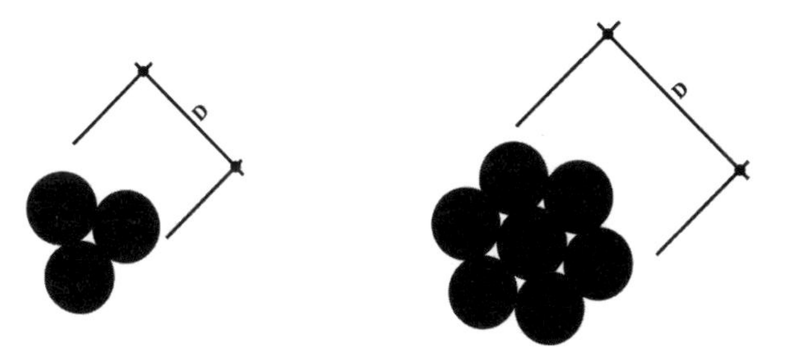

Figura 2.1 Seção transversal das cordoalhas de 3 e 7 fios, indicando a medida tomada como diâmetro nominal.

2.1.2.3 Quanto à resistência e à forma de fornecimento

Existem as seguintes categorias:

a) Fios aliviados (RN) e estabilizados (RB): podem ser CP 145 RB, CP 150 RB, CP 170 RB, CP 170 RN, CP 175 RB, CP 175 RN, CP 190 RB, com diâmetros nominais variando de 4 mm a 9 mm.

b) Cordoalhas de 3 e 7 fios estabilizadas (RB): podem ser CP 190 RB de 3 fios, com diâmetro nominal variando de 6,5 mm a 11,1 mm; CP 190 RB de 7 fios, com diâmetro nominal dos fios igual a 9,5 mm, 12,7 mm, 15,2 mm ou 15,7 mm;

e CP 210 RB de 7 fios, com diâmetro nominal dos fios igual a 12,7 mm ou 15,2 mm.

c) Cordoalhas de 7 fios engraxadas e plastificadas: podem ser CP 190 RB, com diâmetro nominal igual a 12,7 mm, 15,2 mm ou 15,7 mm; ou CP 210 RB, com diâmetro nominal igual a 12,7 mm, 15,2 mm ou 15,7 mm.

d) Cordoalhas especiais para pontes estaiadas: podem ser CP 177 RB, com diâmetro nominal igual a 12,7 mm ou 15,7 mm; e CP 190 RB, com diâmetro nominal igual a 15,7 mm.

As letras CP significam concreto protendido, e os números designam a categoria, fornecendo o limite nominal de resistência à tração f_{ptk} em kN/cm^2. O valor f_{ptk} é a resistência característica, ou seja, o valor mínimo de resistência que ocorre em 95% dos corpos de prova ensaiados. Os índices significam:

p = protensão;

t = tração;

k = característico;

y = escoamento.

Assim, um aço CP 190 tem resistência f_{ptk} = 190 kN/cm^2.

Para apreciação das características dos aços de protensão em comparação com aços empregados em concreto armado, é interessante que se analise o diagrama tensão-deformação (diagrama σ-ε) para cargas de curta duração, conforme Figura 2.2. Diferentemente do aço comum usado em concreto armado, os aços de alta resistência não possuem patamar de escoamento, mas dois pontos de referência:

- $f_{p0,01}$ = tensão correspondente à deformação permanente ε_{pl} = 0,01%. É o ponto no qual o diagrama deixa de ser retilíneo.
- $f_{p0,2}$ = tensão correspondente à deformação permanente ε_{pl} = 0,2%. É o limite convencional de escoamento. Corresponde a um alongamento de 1% (Figura 2.2).

É interessante observar que nos aços CA existe o patamar de escoamento com grandes deformações para pequeno acréscimo de carga. Essa característica não é desejável para a protensão, que busca materiais capazes de absorver com baixa deformabilidade as elevadas tensões envolvidas no processo.

2.1.3 Valores-limite da força na armadura de protensão[2]

Sejam:

- P_i = força na armadura de protensão no tempo t_0 na extremidade livre do macaco, antes da cravação, compensando perdas no equipamento, conforme Figura 2.3;
- P_0 = força na armadura de protensão no tempo t_0 junto à ancoragem, após a transferência da força de protensão ao concreto e após a cravação das cunhas, conforme Figura 2.4;
- P_∞ = força na armadura de protensão no tempo t_∞ após decorridas todas as perdas (perdas imediatas e progressivas);
- f_{pyk} = resistência característica ao escoamento do aço da armadura ativa;
- f_{ptk} = resistência característica à tração do aço da armadura ativa.

Tem-se, então:

- $\sigma_{pi} = P_i / A_p$ = tensão no aço de protensão na situação da Figura 2.3
- $\sigma_{po} = P_0 / A_p$ = tensão no aço de protensão na situação da Figura 2.4

Por ocasião da operação de protensão, tem-se:

Armadura pré-tracionada, aço RB:

$$\sigma_{pi} \leq 0{,}77\ f_{ptk} \qquad \sigma_{pi} \leq 0{,}85\ f_{pyk}$$

Armadura pós-tracionada, aço RB:

$$\sigma_{pi} \leq 0{,}74\ f_{ptk} \qquad \sigma_{pi} \leq 0{,}82\ f_{pyk}$$

Armadura pós-tracionada, aço RB não aderente:

$$\sigma_{pi} \leq 0{,}80\ f_{ptk} \qquad \sigma_{pi} \leq 0{,}88\ f_{pyk}$$

2 Baseado em ABNT NBR 6118:2014, 9.6.1.2.

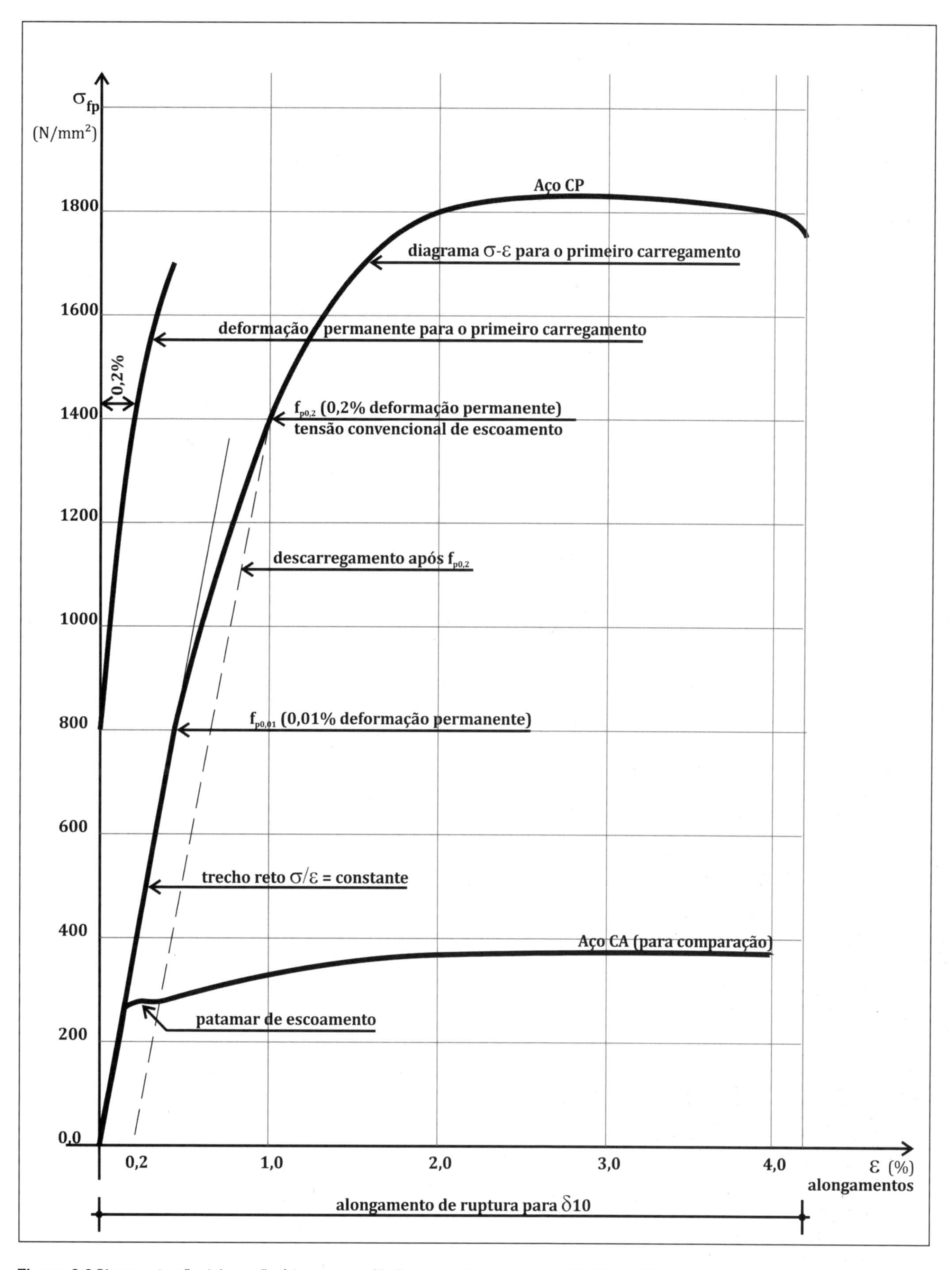

Figura 2.2 Diagrama tensão-deformação típico para aço CP. Fonte: adaptada de Leonhardt (1962, p. 16).

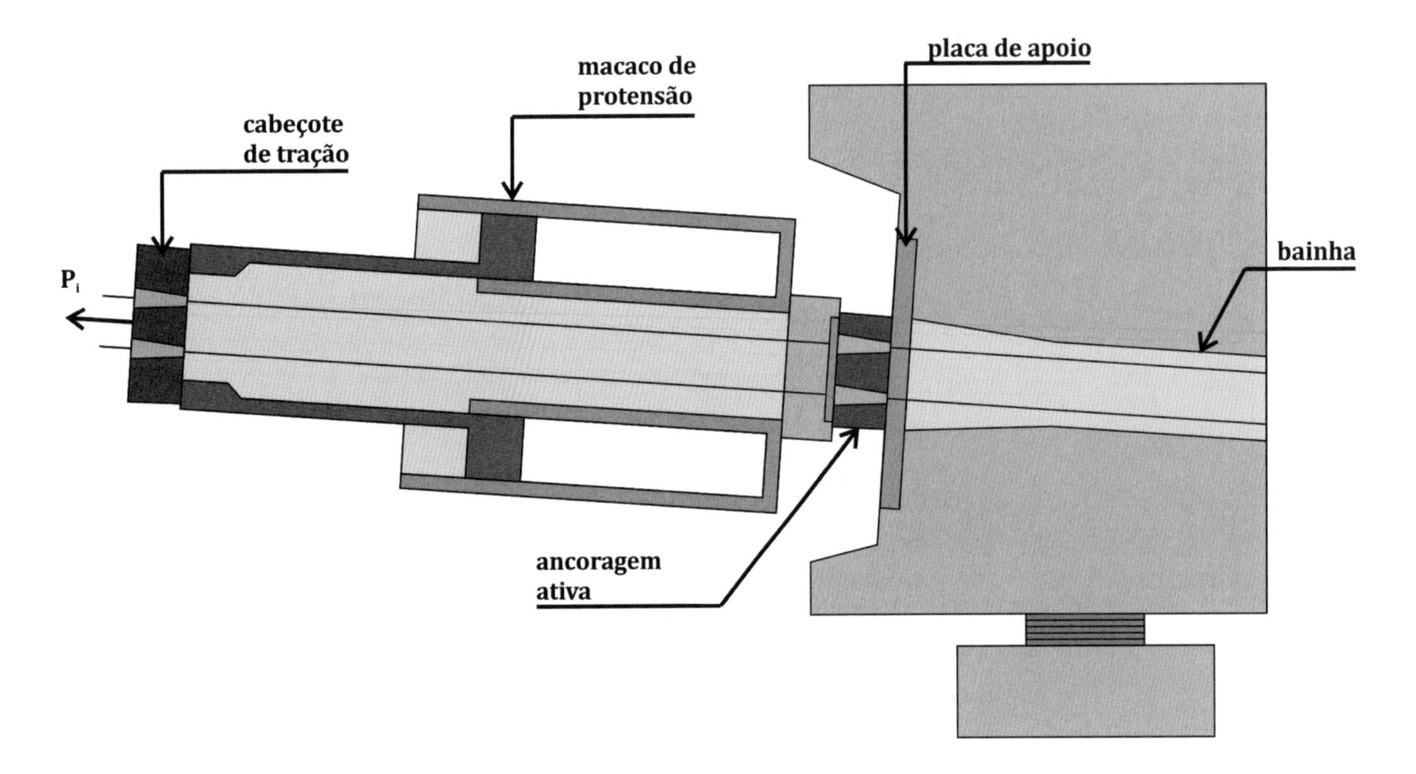

Figura 2.3 Esquema genérico de protensão: situação durante a protensão, com macaco posicionado e aberto.

Ao término da operação de protensão, conforme a mesma norma, a tensão não deve superar os limites aqui estabelecidos.

Após ocorridas as perdas progressivas (conforme Capítulo 5), na situação "em carga", como a protensão atua ao contrário da carga externa, seu efeito deve ser diminuído pelo coeficiente de ponderação γ_p = 0,9, aplicado aos valores-limite aqui indicados (VASCONCELOS, 1980). A fim de ser atenuada a relaxação do aço, é conveniente que

$$\sigma_{p\infty} \leq 0{,}65\ f_{ptk} \qquad (2.2)$$

No caso do aço CP 190, tem-se, por exemplo:

$$\sigma_{p\infty} \leq 0{,}65 \cdot 1900 = 1235\ \frac{N}{mm^2}$$

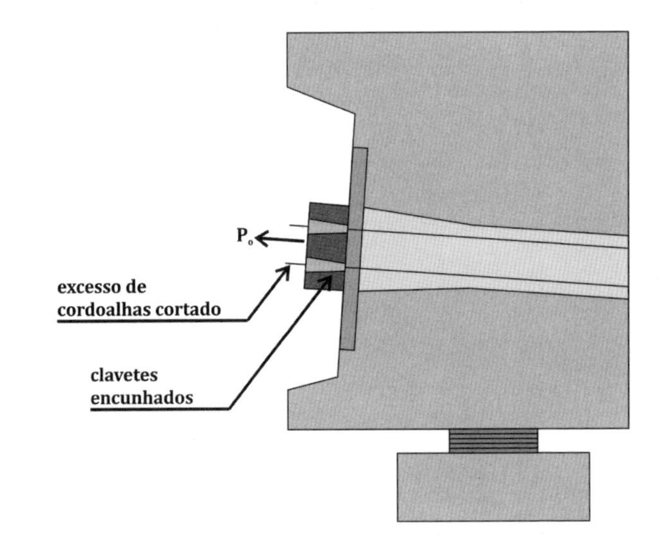

Figura 2.4 Esquema genérico de protensão: situação da peça protendida, após a cravação das cunhas.

2.1.4 Fluência e relaxação dos aços de protensão[3]

Fluência do aço é o alongamento que este sofre no decorrer do tempo, quando mantido sob tensão constante.

Relaxação é a perda de tensão das armaduras ativas, mantidas sob deformação constante, originada por migrações e reagrupamentos atômicos nas estruturas moleculares dos aços. Como já mencionado, existem tratamentos térmicos que diminuem essa relaxação e conduzem aos chamados aços de baixa relaxação (RB). A Figura 2.5 mostra o diagrama tensão-deformação do aço CP 190 de relaxação baixa, comumente usado no Brasil.

3 Baseado em Fritsch (1985).

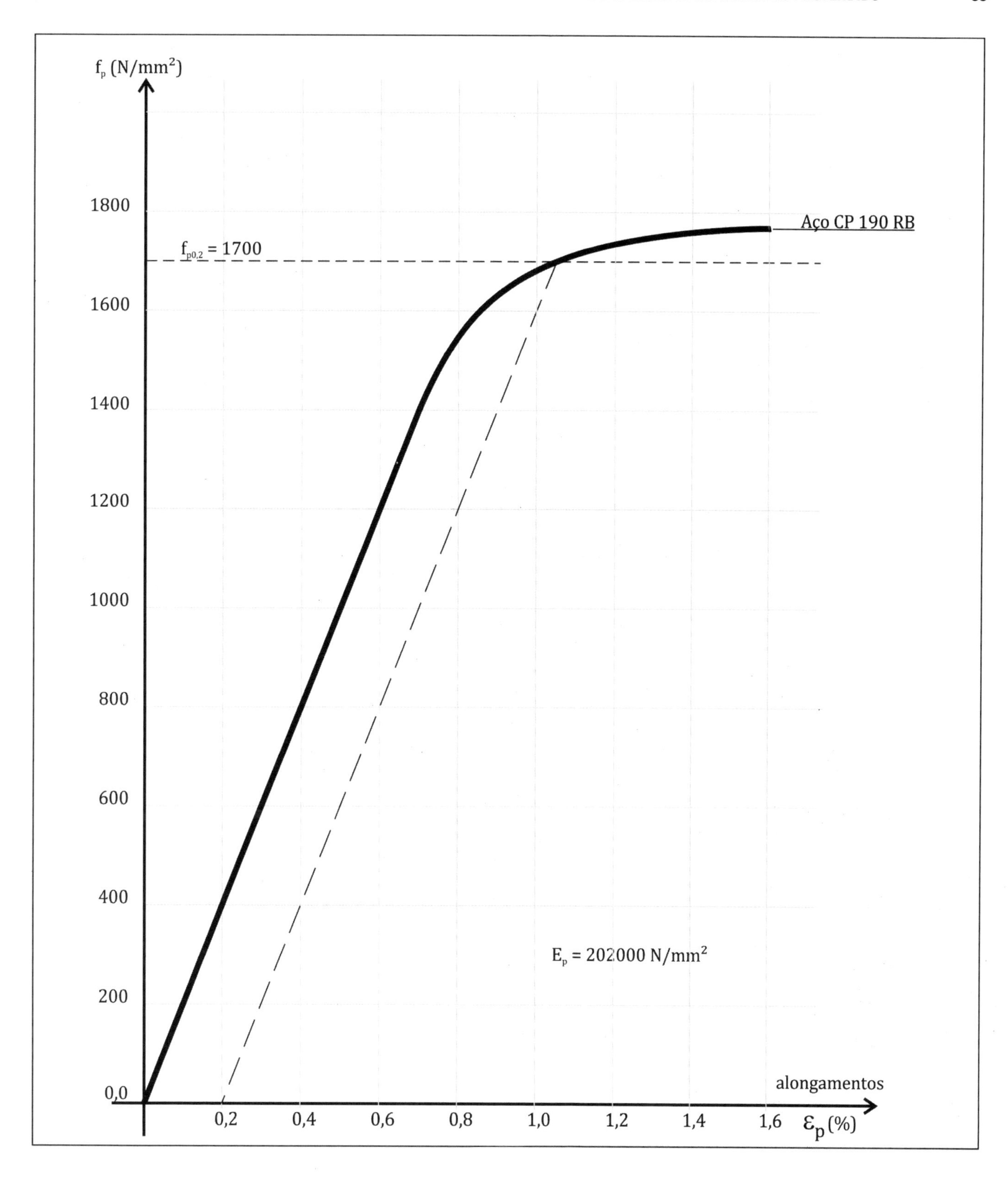

Figura 2.5 Diagrama tensão-deformação de cordoalhas CP 190 RB.

É interessante notar que a armadura ativa numa estrutura protendida, embora esteja presa às ancoragens ou mesmo aderida ao longo de todo o seu comprimento (no caso da pré-tensão), não atende ao estado de deformação constante, já que o concreto, em virtude da retração e da deformação lenta, sofre um encurtamento, dando origem a uma perda de tensão $\Delta\sigma_p^r$ na armadura ativa. O valor dessa perda pode ser obtido por meio da seguinte fórmula, de comprovação experimental (CEB-FIP, 1978):

$$\Delta\sigma_p^r = \psi_\infty(\sigma_{po} - 2\Delta\sigma_p^{cs}) \quad (2.3)$$

em que

$$\psi_\infty = 2\psi_{1000h} \quad (2.4)$$

O coeficiente de relaxação sob comprimento constante ψ_{1000h} traduz a perda de tensão obtida mediante ensaio com 1000 horas de duração, submetendo-se a armadura a tensões de 50% a 80% de sua resistência característica f_{ptk}. A tensão $\sigma_{po} = P_o/A_p$ na armadura ativa (conforme 2.1.3) resultará da força de protensão efetiva, após ocorridas as perdas imediatas. De sua relação com f_{ptk} resultarão os valores correspondentes dos coeficientes de relaxação ψ_{1000h}, conforme a Tabela 2.1.

Tabela 2.1 Coeficientes de relaxação ψ_{1000h}, em porcentagem

σ_{po}	Cordoalhas		Fios	
	RN	RB	RN	RB
0,5 f_{ptk}	0	0	0	0
0,6 f_{ptk}	3,5	1,3	2,5	1,0
0,7 f_{ptk}	7,0	2,5	5,0	2,0
0,8 f_{ptk}	12,0	3,5	8,5	3,0

Fonte: ABNT (2014), Tabela 8.4.

De σ_{po} será subtraído o valor correspondente à perda de tensão $\Delta\sigma_p^{cs}$ devida à retração e à deformação lenta (o cálculo de $\Delta\sigma_p^{cs}$ será apresentado no Capítulo 5).

O Código Modelo CEB-FIP 2010 (CEB-FIP, 2010) sugere que a perda de tensão por relaxação do aço seja estabelecida a partir de um ensaio feito a 20 °C, num período de 1000 horas e com uma tensão de 0,7 f_{ptk}, o que resulta em uma perda de 2,5% em cordoalhas e fios. Para temperaturas acima de 20 °C, a perda aumenta. Caso o período venha a ser significativo, devem ser efetuados testes especiais de relaxação. Para temperaturas abaixo de 20 °C, podem-se admitir as mesmas perdas que ocorrem a 20 °C.

A Figura 2.6 mostra as perdas por relaxação em porcentagem, para diferentes temperaturas constantes em °C, em um período de zero a trinta anos.

2.1.5 Corrosão dos aços de protensão[4]

A corrosão decorre de um processo eletroquímico e se instala quando existe um potencial elétrico proveniente da umidade junto com um agente químico ou oxigênio. Formam-se, então, sulcos de corrosão nos quais as tensões aumentam acentuadamente, enquanto diminui a seção transversal do aço.

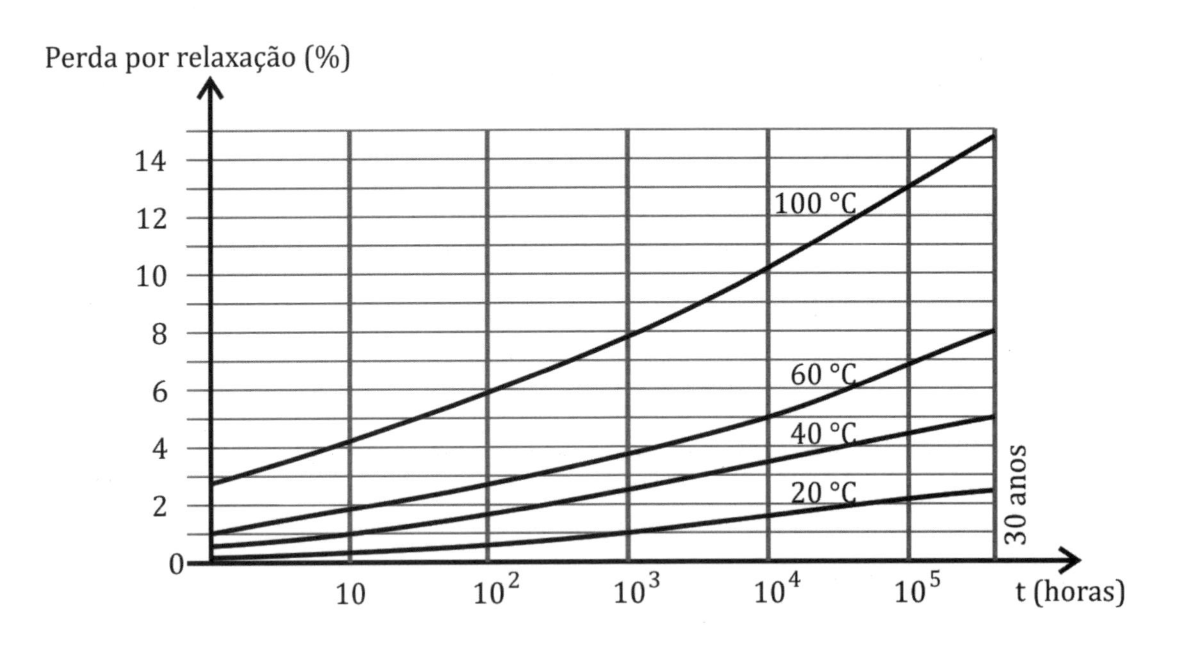

Figura 2.6 Perdas por relaxação para diferentes temperaturas (em °C). Fonte: adaptada de Comité Euro-International du Béton (2010), item 5.3.6.1, p. 196.

4 Baseado em Leonhardt (1962) e Fritsch (1985).

Agentes químicos (cloretos, nitratos, sulfatos e alguns ácidos) são perigosos, pois neutralizam a ação anticorrosiva do cimento. O cloreto de cálcio, às vezes usado como retardador de pega, é perigoso. A ação negativa dos cloretos se acentua na cura a vapor, quando pode ocorrer penetração de cloretos dissolvidos em água por capilaridade. A areia da praia contém sal/cloreto e não pode ser usada para concreto protendido.

Mais perigosa, porém, é a corrosão intercristalina que pode ocorrer no aço tensionado. É a corrosão sob tensão (*stress corrosion*), cuja ocorrência, todavia, exige a presença simultânea de três fatores: a umidade, a tensão de tração e um agente químico. O aço atacado por esse tipo de corrosão não apresenta sinais ou sintomas externos, mas rompe-se bruscamente (por fragilidade), até mesmo sob tensão bastante baixa.

O perigo deste tipo de corrosão pode ser quase totalmente controlado e eliminado se forem observadas as exigências e as precauções apresentadas na norma DIN 4227, adiante expostas.

2.1.5.1 Proteção do aço de protensão contra a corrosão enquanto não é feita a injeção[5]

Cumpre observar os seguintes itens:

a) O tempo entre a confecção do cabo e sua injeção com nata de cimento deve ser o menor possível. Em geral, a injeção é feita logo após a protensão, mas o intervalo de tempo depende das condições locais.

b) Sendo possível evitar a ação da umidade (também da água de condensação), podem ser adotados os seguintes intervalos de tempo entre a confecção e a injeção dos cabos de protensão: até 12 semanas, das quais até 4 semanas na forma (antes da concretagem) e até 2 semanas após a protensão.

c) Não sendo possível observar as condições descritas nos itens anteriores, devem ser tomadas medidas especiais de proteção passageira contra a corrosão, ou então deve ficar comprovado não estar ocorrendo corrosão prejudicial.

d) Uma medida especial é, por exemplo, fazer circular ar seco e limpo periodicamente pelas bainhas.

e) É preciso cuidar para que as medidas adotadas não prejudiquem o aço, a nata de injeção e a futura aderência do aço ao concreto.

f) A cordoalha engraxada e plastificada não é injetada e oferece excelente proteção contra a corrosão. Como ela não fica aderida ao concreto, o seu revestimento de polietileno não pode ser danificado. A não aderência requer considerações de dimensionamento próprias.

A norma DIN citada ainda observa que uma ferrugem superficial, que possa ser limpa com um pano seco, é inofensiva. O aço de protensão deve ser estocado em ambiente coberto, arejado e seco, distante do chão e de substâncias prejudiciais. Durante a confecção de cabos, não deve ser arrastado no chão sujo.

2.2 CONCRETO[6]

Concreto é um material de natureza complexa, um pseudossólido constituído basicamente pela mistura devidamente proporcionada de um aglomerante hidráulico com agregado e água, podendo também ter em sua mistura aditivos e adições. Ao longo do tempo, o concreto endurece em virtude de reações químicas entre o aglomerante e a água. Suas propriedades marcantes são a elevada resistência à compressão (15 MPa a 50 MPa em concretos comuns ou mais de 50 MPa em concretos de alto desempenho) e a baixa resistência à tração (aproximadamente 10% do valor anterior).

O concreto é estudado mundialmente e está em constante evolução. Em 1969, por exemplo, usou-se na construção do Museu de Arte de São Paulo (MASP) concreto com f_{ck} igual a 45 MPa, na época considerado de alto desempenho, possibilitando a construção do vão de 74 m para as maiores vigas da edificação. Já o Edifício E-Tower, construído também em São Paulo entre 2001 e 2005, usou nos pilares concreto com f_{ck} médio de 125 MPa (HELENE; HARTMANN, 2003), classificado como concreto de alto desempenho (CAD). Foi um recorde da engenharia brasileira, que resultou em diversas vantagens: resistência elevada da estrutura, facilidade de execução sem falhas de concretagem, durabilidade elevada, fluência bastante reduzida, deformações menores, dimensões reduzidas dos

5 DIN 4227:1995, 6.5.2.

6 Baseado em Fritsch (1985).

pilares e, consequentemente, aproveitamento maior do espaço interno útil.

O uso de concretos com resistência elevada justifica-se por razões econômicas e de durabilidade em edifícios altos, principalmente para elementos protendidos ou para reduzir a seção de pilares muito volumosos. O aumento da resistência do concreto pode resultar em uma diminuição considerável do volume de concreto.

Cada concreto, dependendo do seu f_{ck}, é diferente e deve ter suas características, vantagens e desvantagens respeitadas, tanto em projeto como na execução. A NBR 6118, 8.2.8 (ABNT, 2014), estabelece, por exemplo, valores diferentes para o módulo de elasticidade e outros elementos de cálculo de concretos com f_{ck} entre 20 MPa e 50 MPa e de concretos com f_{ck} entre 55 MPa e 90 MPa. A confecção de concretos especiais de alto desempenho requer estudos adequados e maior cuidado de execução.

O conhecimento técnico do concreto pode conduzir as edificações a elevado grau de sofisticação, como atesta extensa bibliografia nacional e internacional sobre o assunto. Ao se tratar da sua aplicação em elementos protendidos, é necessário o aprofundamento de conceitos, em relação ao concreto armado, sendo preciso considerar não só a resistência do concreto, mas também a sua deformabilidade através do tempo (retração e deformação lenta), característica esta que tem como consequências perdas na força de protensão e possíveis deformações na própria estrutura.

2.2.1 Resistência

2.2.1.1 Resistência à compressão

A resistência à compressão é, para fins de projeto, a propriedade mais importante do concreto. O seu estudo já foi magnificamente desenvolvido por autores nacionais e internacionais, da mais alta competência. Outras propriedades, como resistência à tração, resistência aos estados múltiplos e maturidade, podem ser relacionadas à resistência à compressão.

a) Resistência característica

A resistência do concreto é uma variável aleatória, associando-se a cada valor uma densidade de probabilidade. Quando 95% dos corpos de prova ensaiados apresentarem resistência superior a um determinado valor, este será o valor da resistência característica, representada por f_{ck}.

A resistência de cálculo f_{cd}, em data igual ou superior a 28 dias, vale:

$$f_{cd} = \frac{f_{ck}}{\gamma_c} \tag{2.5}$$

Não havendo menção especial da idade, supõe-se que ela seja de 28 dias. Porém, como no concreto protendido quase sempre é necessário protender antes dos 28 dias (lajes protendidas, por exemplo, são protendidas já aos 7 dias), torna-se necessário conhecer a resistência f_{cj} (resistência aos j dias).

Para a resistência de cálculo f_{cd} adota-se, para a idade de j dias, a seguinte expressão (ABNT, 2014, 12.3.3):

$$f_{cd} = f_{ckj}/\gamma_c = \beta_1 f_{ck}/\gamma_c \tag{2.6}$$

em que

$$\beta_1 = \exp\left\{ s \left[1 - \left(\frac{28}{t} \right)^{1/2} \right] \right\} = \frac{f_{ckj}}{f_{ck}} \tag{2.7}$$

sendo s = 0,38 para cimento CP III e IV; s = 0,25 para cimento CP I e II; s = 0,20 para cimento CP V-ARI; j = idade efetiva do concreto em dias.

O controle da resistência à compressão do concreto deve ser feito aos j dias e aos 28 dias, a fim de confirmar os valores de f_{ckj} e f_{ck} adotados.

Com relação à resistência, a NBR 8953 (ABNT, 2015, 4.2) classifica os concretos para fins estruturais em 2 grupos. No grupo I situam-se os concretos de classes C20, C25, C30, C35, C40, C45 e C50, com resistência à compreensão variando entre 20 MPa e 50 MPa, respectivamente. No grupo II situam-se os concretos de classes C55, C60, C70, C80, C90 e C100, com resistência à compreensão variando entre 55 MPa e 100 MPa, respectivamente.

Os concretos com classe de resistência inferior a C20 (20 MPa) não são considerados estruturais.

b) Variação da resistência com a idade

Apesar de a resistência indicada em projetos se referir ao valor f_{ck}, obtido com $\beta_1 = 1$ (28 dias), em alguns casos de análises de estruturas prontas, é importante ter um valor da evolução da resistência à compressão do concreto com a idade, passado algum tempo da sua construção.

Não existe uma curva de resistência de aplicação universal, uma vez que esse aumento de resistência depende de vários fatores (por exemplo, das condições de cura do concreto). Como referência, a Figura 2.7 reproduz em um gráfico valores de β_1 calculados ao longo de 150 dias, obtidos pela fórmula (2.7), para concretos feitos com cimento CP III-IV (s = 0,38) e CP V-ARI (s = 0,20), respectivamente.

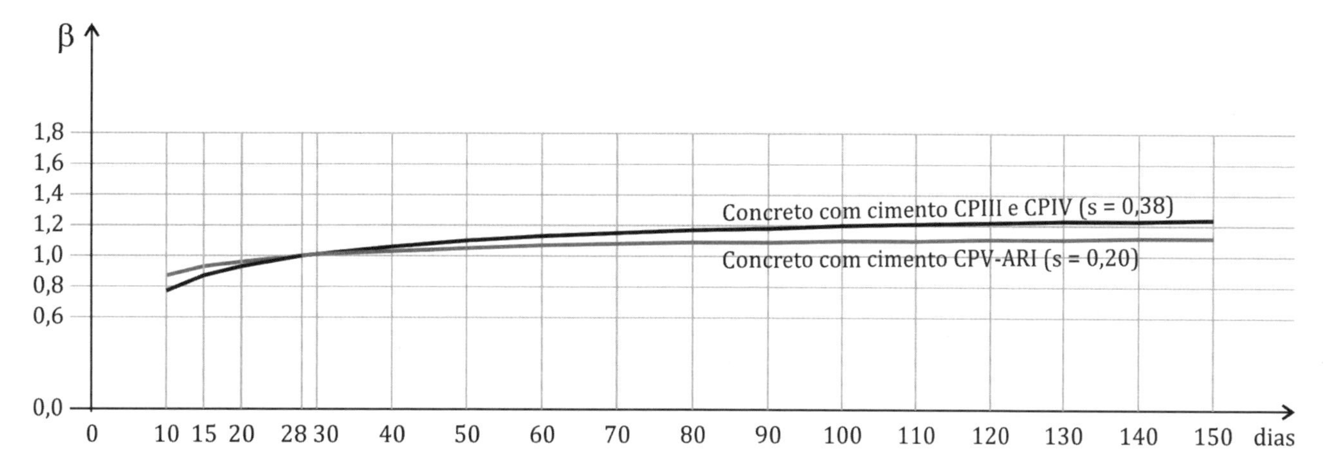

Figura 2.7 Variação da resistência do concreto com a idade.

2.2.1.2 Resistência à tração

A resistência à tração é uma característica de pouco interesse para o concreto armado, mas valiosa para o concreto protendido. O concreto armado é um sistema estrutural naturalmente fissurado. Já no concreto protendido, nos estádios Ia e Ib, a resistência à tração do concreto entra nas equações de equilíbrio das seções mais solicitadas. Aplicação interessante disso ocorre nos pavimentos protendidos para pisos, pátios e pistas.

Distinguem-se três tipos de resistência à tração:

- *resistência à tração axial*, considerada na protensão de tirantes e pilares;
- *resistência à tração por fendilhamento*, considerada, por exemplo, atrás das ancoragens de protensão;
- *resistência à tração na flexão*, considerada, por exemplo, na protensão de pisos industriais, pavimentos rodoviários e pavimentos aeroportuários. É determinada submetendo-se à flexão até a ruptura uma viga de concreto simples de seção transversal quadrada, com lados de 15 cm e comprimento de 70 cm, solicitada por duas cargas concentradas conforme a Figura 2.8. Na falta de ensaios, a resistência à tração axial (direta) média pode ser avaliada, segundo a NBR 6118, 8.2.5 (ABNT, 2014), pelas seguintes expressões:

Para concretos de classes até C50:

$$f_{ct,m} = 0{,}3\ f_{ck}^{\frac{2}{3}} \qquad (2.8)$$

Para concretos de classes C55 até C90:

$$f_{ct,m} = 2{,}12\ \ln(1 + 0{,}11\ f_{ck}) \qquad (2.9)$$

sendo:

$$f_{ctk,i} = 0{,}7\ f_{ct,m} \quad \text{e} \quad f_{ctk,s} = 1{,}3\ f_{ct,m}$$

em que $f_{ct,m}$ e f_{ck} são expressos em megapascal (MPa).

Essas expressões podem também ser usadas para idades diferentes de 28 dias, desde que $f_{ckj} \geq 7$ MPa.

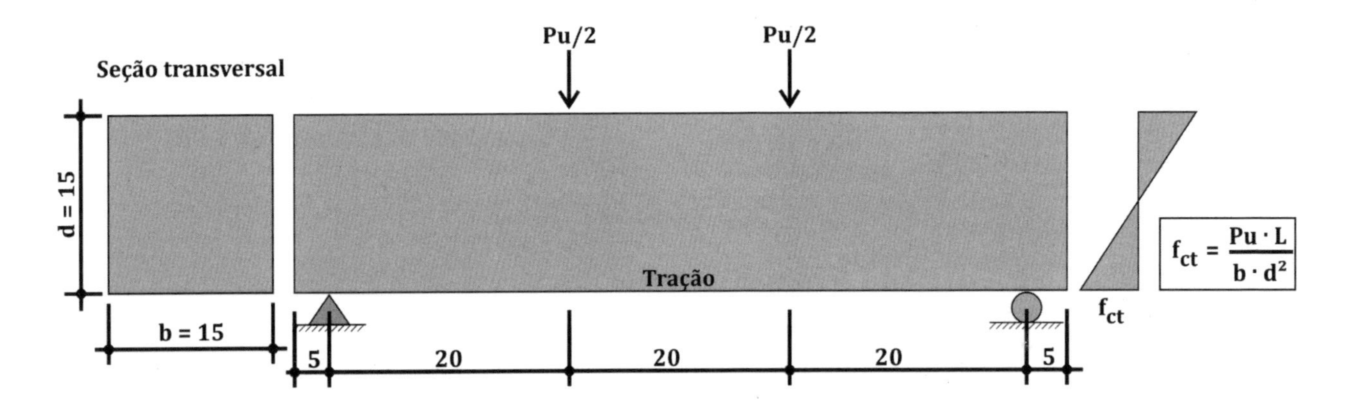

Figura 2.8 Ensaio de resistência à tração na flexão.

2.2.1.3 Peso específico

Para concreto estrutural com porcentagem normal de armadura, pode-se adotar:

$$\gamma = 25 \text{ kN/m}^3$$

2.2.2 Deformações do concreto

No concreto endurecido podem ocorrer três tipos de deformações:

- *deformações elásticas*: devem-se a carregamento externo ou variação de temperatura; desaparecem completamente ao ser retirada a carga. Deformações puramente elásticas ($E = \sigma/\varepsilon$) só acontecem com tensões baixas e de curta duração;
- *deformações plásticas*: provenientes de cargas elevadas de curta duração; não desaparecem totalmente com a retirada da carga; e
- *deformações progressivas*: expansão, retração e deformação lenta. A expansão e a retração (*shrinkage*) independem do carregamento e devem-se à variação da umidade no gel do cimento. A deformação lenta (*creep*) pode ser elástica ou plástica e deve-se à variação do volume de gel de cimento, ocasionada pelo carregamento/descarregamento do concreto.

2.2.2.1 Diagrama tensão-deformação[7]

De acordo com a ABNT (2014), "para tensões de compressão menores que 0,5 f_c, pode-se admitir uma relação linear entre tensões e deformações, adotando-se para o módulo de elasticidade o valor secante". Para análises no estado-limite último, pode ser empregado o diagrama tensão-deformação ilustrado na Figura 2.9, no qual se tem:

$$\sigma_c = 0{,}85\, f_{cd}\left[1 - \left(1 - \frac{\varepsilon_c}{\varepsilon_{c2}}\right)^n\right] \qquad (2.10)$$

em que:

- para $f_{ck} < 50$ MPa, $n = 2$;
- para $f_{ck} > 50$ MPa:

$$n = 1{,}4 + 23{,}4\,[(90 - f_{ck})/100]^4 \qquad (2.11)$$

Ainda de acordo com a ABNT (2014), os "valores a serem adotados para os parâmetros ε_{c2} (deformação específica de encurtamento do concreto no início do patamar plástico) e ε_{cu} (deformação específica de encurtamento do concreto na ruptura) são definidos a seguir":

- para concretos de classes até C50:

$$\varepsilon_{c2} = 2{,}0\ ‰$$

$$\varepsilon_{cu} = 3{,}5\ ‰$$

- para concretos de classes C55 até C90:

$$\varepsilon_{c2} = 2{,}0\ ‰ + 0{,}085\ ‰ \cdot (f_{ck} - 50)^{0{,}53} \qquad (2.12)$$

$$\varepsilon_{cu} = 2{,}6\ ‰ + 35\ ‰ \cdot [(90 - f_{ck})/100]^4 \qquad (2.13)$$

7 ABNT NBR 6118:2014, 8.2.10.1.

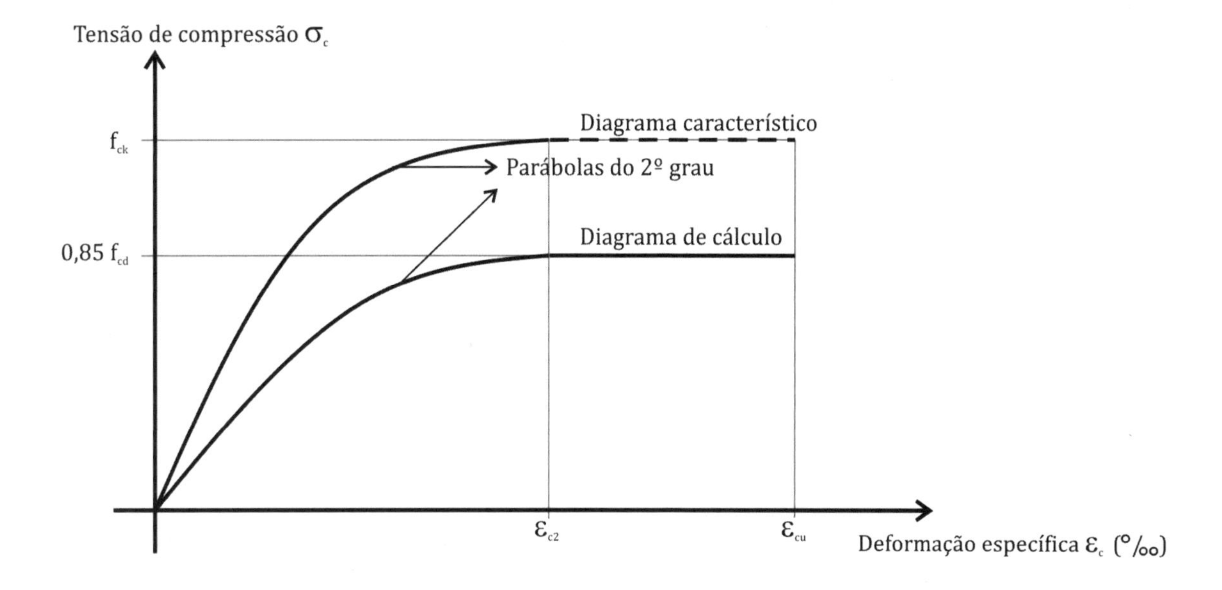

Figura 2.9 Diagrama tensão-deformação idealizado para o concreto. Fonte: adaptada de ABNT (2014), Figura 8.2.

2.2.2.2 Módulo de deformação do concreto

Para uma determinada classe de concreto, o valor de E_c é apenas um valor médio porque pode variar em função da natureza dos agregados, do fator água/cimento, do traço e da maturidade do concreto. Para grandes estruturas ou estruturas já existentes, o módulo de deformação deve ser obtido segundo ensaio descrito na NBR 8522. Para fins de estimativa e também para o cálculo de perdas de protensão, podem-se usar as seguintes expressões (ABNT, 2014, 8.2.8):

para f_{ck} de 20 MPa a 50 MPa

$$E_{ci} = \alpha_E \cdot 5600\sqrt{f_{ck}} \quad (2.14)$$

para f_{ck} de 55 MPa a 90 MPa

$$E_{ci} = 21{,}5 \cdot 10^3 \cdot \alpha_E \left(\frac{f_{ck}}{10} + 1{,}25\right)^{\frac{1}{3}} \quad (2.15)$$

em que:

α_E = 1,2 para basalto e diabásio

α_E = 1,0 para granito e gnaisse

α_E = 0,9 para calcário

α_E = 0,7 para arenito

E_{ci} e f_{ck} são dados em megapascal (MPa)

Em análises elásticas de projeto e verificações de estados-limite de serviço (ELS), usa-se o módulo secante:

$$E_{cs} = \alpha_i \cdot E_{ci} \quad (2.16)$$

em que:

$$\alpha_i = 0{,}8 + 0{,}2 \cdot \frac{f_{ck}}{80} \leq 1{,}0 \quad (2.17)$$

A Tabela 2.2 apresenta valores estimados arredondados, que podem ser usados no projeto estrutural.

Tabela 2.2 Valores estimados de módulo de elasticidade em função da resistência característica à compressão do concreto (considerando o uso de granito como agregado graúdo)

Classe de resistência	C20	C25	C30	C35	C40	C45	C50	C60	C70	C80	C90
E_{ci} (GPa)	25	28	31	33	35	38	40	42	43	45	47
E_{cs} (GPa)	21	24	27	29	32	34	37	40	42	45	47
α_i	0,85	0,86	0,88	0,89	0,90	0,91	0,93	0,95	0,98	1,00	1,00

Fonte: ABNT (2014) Tabela 8.1.

2.2.2.3 Deformações progressivas

Como já mencionado, as deformações progressivas são de grande importância para o concreto protendido porque significam perdas da força de protensão, alterando, portanto, as tensões normais nas diferentes seções da estrutura. O cálculo das perdas progressivas (incluindo a da relaxação do aço) será apresentado em capítulo apropriado.

2.2.2.3.1 Retração do concreto[8]

A retração é o encurtamento do concreto devido à evaporação da água desnecessária à hidratação do cimento que compõe as pré-misturas secas de concreto estrutural. O fator água/cimento suficiente para essa hidratação do cimento seria aproximadamente a/c = 0,15, mas, para que ofereça condições físicas adequadas para sua trabalhabilidade, é necessário que se tenha a/c ≥ 0,40. A evaporação do excesso de água, retido no interior da massa na fase de endurecimento, dá origem à formação de meniscos nos vasos capilares do concreto. Uma das teorias explicativas do fenômeno da retração diz que as forças moleculares circunscritas aos meniscos e atuantes nas direções das paredes dos vasos capilares resultam no encurtamento do concreto. Como a retração ocorre na fase de endurecimento do concreto, ela é de natureza irreversível, isto é, os encurtamentos são plásticos. Como variáveis que influem no valor da retração $\varepsilon^s{}_c$ do concreto e, consequentemente, no valor das perdas de tensão nas armaduras ativas devidas ao fenômeno, tem-se:

- umidade relativa do ambiente U (50% a 80%);
- consistência do concreto medida pelo abatimento (2 cm a 6 cm);
- maturidade do concreto;
- espessura fictícia do elemento estrutural:

$$b_{fic} = \gamma \frac{2A_c}{U_c} \qquad (2.18)$$

em que A_c = área da seção transversal da peça; γ = coeficiente que depende da umidade relativa do ambiente (ABNT, 2014, Anexo A, Tabela A.1); U_c = perímetro em contato com a atmosfera (incluindo perímetro interior).

A maturidade do concreto representa sua idade térmica e tem como expressão:

$$M = \Sigma t_d(T_m + 10^0) \qquad (2.19)$$

em que T_m = temperatura média diária em graus Celsius; t_d = número de dias sob esta temperatura.

A idade do concreto é considerada efetiva quando o endurecimento se faz à temperatura de 20 °C. Nos demais casos, tem-se a idade fictícia dada em dias pela expressão indicada a seguir (ABNT, 2014, Anexo A, A.2.4.1):

$$t = \alpha \sum_i \frac{T_i + 10}{30} \Delta t_{ef,i} \qquad (2.20)$$

em que T_i = temperatura média diária do ambiente em graus Celsius; α = coeficiente dependente da velocidade de endurecimento do cimento (ABNT, 2014, Anexo A, Tabela A.2); $\Delta t_{ef,i}$ = período em dias durante o qual a temperatura média diária do ambiente, T_i, pode ser admitida constante.

A determinação das perdas de tensão nas armaduras protendidas devidas à retração do concreto se fará normalmente para o tempo $t = \infty$, ao qual corresponde o valor final $\varepsilon^s_{c\infty}$ do fenômeno. Diversas normas, utilizando as variáveis aqui relacionadas, apresentam métodos gráfico-numéricos para a determinação de $\varepsilon^s_{c\infty}$. Dada a natureza intrínseca do fenômeno, vinculada ao caráter aleatório de suas variáveis, a exatidão dos valores determinados é discutível.

Em consequência disso e visando à simplicidade, sugere-se o uso da Tabela 2.3.

Tabela 2.3 Valores característicos superiores de deformação específica de retração

Umidade média ambiente			40%		55%		75%		90%	
Espessura fictícia $2A_c/u$ (cm)			20	60	20	60	20	60	20	60
$\varepsilon_{cs}(t_\infty, t_0)$ ‰	t_0 dias	5	−0,53	−0,47	−0,48	−0,43	−0,36	−0,32	−0,18	−0,15
		30	−0,44	−0,45	−0,41	−0,41	−0,33	−0,31	−0,17	−0,15
		60	−0,39	−0,43	−0,36	−0,40	−0,30	−0,31	−0,17	−0,15

Fonte: adaptada de ABNT (2014), 8.2.11, Tabela 8.2.

8 Baseado em Fritsch (1985).

A_c é a área da seção transversal, e u, o perímetro da seção em contato com a atmosfera. Os valores da tabela são relativos à temperatura do concreto entre 10 °C e 20 °C e válidos para concretos plásticos e de cimento Portland comum.

2.2.2.3.2 Deformação lenta do concreto[9]

A deformação lenta é o encurtamento do concreto devido à ação de forças (tensões de compressão) permanentemente aplicadas. As forças atuantes sobre elementos estruturais de pouca idade são absorvidas distintamente pela textura do material e pela água sob pressão contida nos vasos capilares durante o processo de evaporação da água. Caberá à textura do material absorver parcelas continuamente crescentes das forças atuantes, com consequentes deformações de encurtamento. Também aqui, como o concreto está em fase de endurecimento, as deformações são plásticas, irreversíveis.

As variáveis que influenciam a deformação lenta ε_c^c do concreto e, consequentemente, os valores das perdas de tensão nas armaduras ativas em virtude deste fenômeno são as mesmas que foram apontadas no estudo da retração do concreto, dada a semelhança no comportamento intrínseco dos dois fenômenos.

As forças atuantes sobre elementos estruturais de concreto darão origem a deformações elastoplásticas, caracterizadas por dois valores determinados isoladamente: a deformação elástica inicial ε_{c0} e a deformação plástica progressiva ε_c^c. Decorrido o tempo $(0 < t < \infty)$ de atuação permanente de forças, a deformação resultante será:

$$\varepsilon_{ct} = \varepsilon_{c0} + \varepsilon_c^c = \varepsilon_{c0} + \varepsilon_c^c \varepsilon_{c0} / \varepsilon_{c0}$$

Sendo válida a relação:

$$\frac{\varepsilon_c^c}{\varepsilon_{c0}} = \varphi$$

tem-se:

$$\varepsilon_{ct} = \varepsilon_{c0} + \varphi \varepsilon_{c0}$$

em que $\varphi\varepsilon_{c0}$ = deformação plástica; φ = coeficiente de deformação lenta.

Tal valor permite expressar a deformação plástica do concreto ε_c^c em função de sua deformação elástica ε_{c0}:

$$\varepsilon_c^c = \varphi \varepsilon_{c0} \quad (2.21)$$

Conhecido o valor do coeficiente de deformação lenta φ, teremos como deformação resultante:

$$\varepsilon_{ct} = \varepsilon_{c0} (1 + \varphi) \quad (2.22)$$

Tabela 2.4 Valores característicos superiores do coeficiente de fluência do concreto

Umidade média ambiente			40%		55%		75%		90%	
Espessura fictícia $2A_cl_u$ (cm)			20	60	20	60	20	60	20	60
$\varphi(t_\infty, t_0)$ para concreto das classes C20 a C45	t_0 dias	5	4,6	3,8	3,9	3,3	2,8	2,4	2,0	1,9
		30	3,4	3,0	2,9	2,6	2,2	2,0	1,6	1,5
		60	2,9	2,7	2,5	2,3	1,9	1,8	1,4	1,4
$\varphi(t_\infty, t_0)$ para concreto das classes C50 a C90		5	2,7	2,4	2,4	2,1	1,9	1,8	1,6	1,5
		30	2,0	1,8	1,7	1,6	1,4	1,3	1,1	1,1
		60	1,7	1,6	1,5	1,4	1,2	1,2	1,0	1,0

Fonte: ABNT (2014), 8.2.11, Tabela 8.2.

9 Baseado em Fritsch (1985).

A determinação das perdas nas armaduras protendidas devidas à deformação lenta do concreto pode ser feita normalmente para o tempo $t = \infty$, admitindo-se estabelecido o fenômeno quando φ assume o valor final φ_∞. Contornando os métodos gráfico-numéricos, sugerimos a Tabela 2.4, na qual t_0 é a idade do concreto em dias, após iniciado o seu carregamento.

As Tabelas 2.3 e 2.4 podem ser usadas nos casos normais que não exigem grande precisão. No caso da deformação lenta, os valores da Tabela 2.3 podem ser adotados quando $\sigma_c \leq 0{,}5\ f_{cj}$, por ocasião do carregamento aos j dias. Em casos especiais, como construções em balanços sucessivos em que se combinam concretos de idades diferentes, há necessidade de informações mais detalhadas (ver NBR 6118:2014, Anexo A).

Os valores das Tabelas 2.3 e 2.4 foram calculados para concretos de consistência plástica e temperatura ambiente média de 20 °C. Caso a temperatura média seja outra, a idade térmica do concreto deverá ser corrigida para:

$$T_{t20} = \frac{\Sigma t_d\ (T_m + 10\ °C)}{30\ °C} \qquad (2.23)$$

em que T_m = temperatura média diária em graus Celsius; e t_d = número de dias sob esta temperatura.

Para espessuras fictícias entre 200 mm e 600 mm, os valores das Tabelas 2.3 e 2.4 podem ser interpolados linearmente.

A Figura 2.10 mostra a variação da deformação lenta do concreto através do tempo. Vê-se que sua duração é de aproximadamente 5 anos.

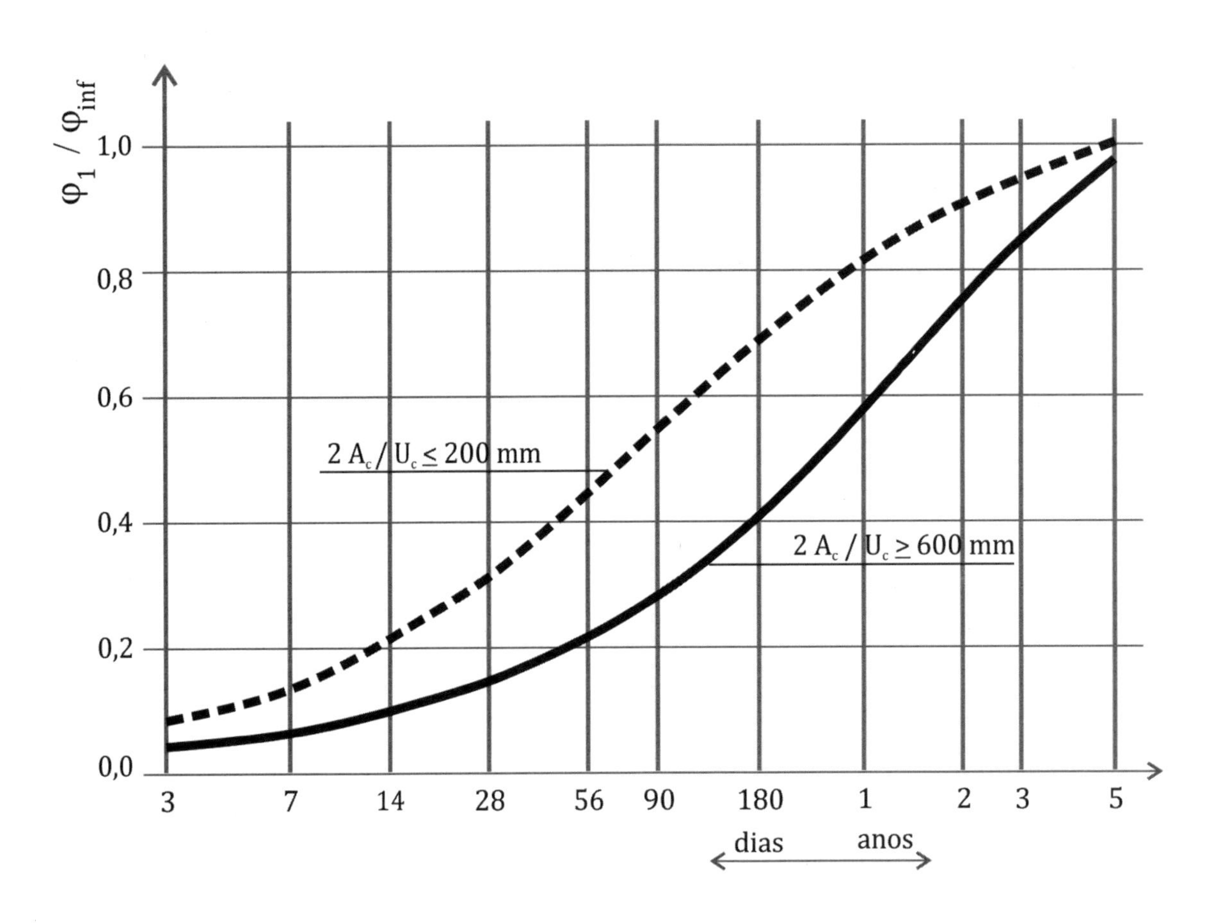

Figura 2.10 Variação da deformação lenta com a idade.

2.2.3 Tensões permitidas[10]

As tensões normais admissíveis de borda se expressarão por meio das resistências características dos concretos à compressão ($f_{cj} \rightarrow f_{ck}$) e à tração ($f_{ctj} \rightarrow f_{ctk}$), afetadas por coeficientes de minoração γ, distintos.

Conforme a ABNT NBR 6118:2014, 17.2.4.3.2, no estádio I (tempo t = 0), para $\gamma_p = 1{,}1$ e $\gamma_f = 1{,}0$, a tensão máxima de compressão na seção de concreto é:

$$\overline{\sigma_{cc}^{t=0}} \leq 0{,}70\ f_{cjk} \qquad (2.24)$$

e a tensão máxima de tração do concreto não pode ultrapassar 1,2 vez a resistência f_{ctm}:

$$\overline{\sigma_{ct}^{t=0}} \leq 1{,}2\ f_{ctm}$$

Conforme a ABNT NBR 6118:2014, 8.2.5, a resistência à tração para concretos de classe até C50 pode ser calculada por:

$$f_{ctm} = 0{,}3\ f_{ck}^{2/3},\ \text{com } f_{ck} \text{ em MPa}$$

Tem-se, portanto:

$$\overline{\sigma_{ct}^{t=0}} \leq 1{,}2\ f_{ctm} = 1{,}2 \times 0{,}3\ f_{ck}^{2/3} = 0{,}36\ f_{ck}^{2/3} \qquad (2.25)$$

No tempo t = ∞ (ABNT, 2014, 8.2.11):

$$\overline{\sigma_{cc}^{t=\infty}} \leq 0{,}50\ f_{ck} \qquad (2.26)$$

Protensão completa	Para combinações raras:	$\sigma_{ct}^{\infty} \leq f_{ctk}$ (2.27)	ELS-F
	Para combinações frequentes:	$\sigma_{ct}^{\infty} \leq 0$ (2.28)	ELS-D
Protensão limitada	Para combinações frequentes:	$\sigma_{ct}^{\infty} \leq f_{ctk}$ (2.29)	ELS-F
	Para combinações quase permanentes:	$\sigma_{ct}^{\infty} \leq 0$ (2.30)	ELS-D
Protensão parcial	Para combinações frequentes:	$W_k \leq 0{,}2$ mm	ELS-W
	Para combinações quase permanentes:	$W_k \leq 0{,}2$ mm	ELS-W

em que ELS-F = estado-limite de formação de fissuras; ELS-D = estado-limite de descompressão; ELS-W = estado-limite de abertura das fissuras.

Em caráter de pré-dimensionamento, é aceitável o seguinte critério: no tempo t = 0, ocasião em que atuam o peso próprio g e a protensão inicial, podem ser adotadas, em função das resistências características do concreto de maturidade M, as seguintes tensões normais:

Tensão de compressão:

$$\overline{\sigma_{cc}^{t=0}} \leq \frac{f_{cjk}}{\gamma_{ci}}\ \text{com } \gamma_{ci} = 1{,}5 \qquad (2.31)$$

Tensão de tração:

$$\overline{\sigma_{ct}^{t=0}} \leq \frac{f_{cjk}}{\gamma_{ti}}\ \text{com } \gamma_{ti} = 1{,}0 \qquad (2.32)$$

No tempo t = ∞, ocasião em que atuam todas as ações previstas no projeto, serão adotadas as seguintes tensões normais:

Tensão de compressão:

$$\overline{\sigma_{cc}^{t=\infty}} \leq \frac{f_{ck}}{\gamma_{cf}}\ \text{com } \gamma_{cf} = 2{,}0 \qquad (2.33)$$

Tensão de tração:

$$\overline{\sigma_{ct}^{t=\infty}} \leq \frac{f_{tk}}{\gamma_{tf}}\ \text{com } \gamma_{tf} \geq 1{,}5 \qquad (2.34)$$

10 Baseado em Fritsch (1985).

3 GRAU DE PROTENSÃO

Fotografia 21 Viaduto em Atlanta (Estados Unidos, 2019). Construção de viaduto com vigas protendidas pré-fabricadas de grande esbeltez. Fotografia de Blulz60, adquirida de https://br.depositphotos.com/.

3.1 CONSIDERAÇÕES GERAIS

O presente capítulo se constitui, de certo modo, na chave que permite a compreensão do conceito de concreto estrutural, ou seja, concreto armado protendido.

Na prática diária, por certo, não é importante saber que o grau de protensão de uma estrutura vale 0,4 ou 0,8; mais importante é o conceito do qual decorre uma solução interessante e útil, que coloca o concreto armado e o concreto protendido sobre um denominador comum, permitindo otimizações, constituindo a protensão parcial do concreto.

O Capítulo 1 mostrou que os esforços solicitantes atuando sobre seções transversais de estruturas protendidas definem estádios de comportamento (elástico, elastoplástico e plástico) das fibras que compõem as zonas delimitadas pela linha neutra (LN), estádios estes convencionalmente subordinados aos estados-limite de serviço (ELS) e último (ELU). Assim, dadas as solicitações externas, uma determinada seção pode se encontrar no estádio Ia, Ib, IIa ou IIb (Figura 1.15), conforme a maior ou menor intensidade de protensão que a ela for aplicada.

Com relação ao comportamento da peça, para estar no *estádio Ia*, a seção deve estar toda sob compressão. No *estádio Ib*, a seção pode sofrer tração até o limite de resistência f_{ct}. No *estádio IIa*, a seção se encontra fissurada e procede-se ao controle da abertura das fissuras. O *estádio IIb* pode ocorrer com ou sem protensão.

3.2 DEFINIÇÕES DO NÍVEL DE PROTENSÃO

Quadro 3.1 Níveis de protensão

Nível de protensão	Ocorrência	Limite
Protensão completa, nível 3	Ocorre quando a descompressão não é atingida na direção dos elementos tensores. Entenda-se por descompressão a situação em que a tensão de tração no concreto na borda do lado da armadura de protensão é nula.	Para combinações raras, não é ultrapassado o limite ELS-F (fissuração); para combinações frequentes, não é ultrapassado o limite ELS-D (descompressão).
Protensão limitada, nível 2	Ocorre quando as tensões principais de tração não ultrapassam a resistência à tração do concreto.	Para combinações frequentes, não é ultrapassado o limite ELS-F; para combinações quase permanentes, não é ultrapassado o limite ELS-D.
Protensão parcial, nível 1	Ocorre quando não há limitação nas tensões de tração do concreto, mas sim nas das armaduras. Controlam-se as fissuras.	Para combinações frequentes, o limite ELS-W (abertura de fissuras) pode ocorrer com $w_k \leq 0{,}2$ mm.

Fonte: adaptado de ABNT (2014), Tabela 13.4.

O posicionamento da NBR 6118 (ABNT, 2014) a respeito do grau de protensão será comentado no item 3.5.

Embora sem finalidade prática, o grau de protensão pode ser quantificado numericamente e é uma referência citada por vários autores. Pode se relacionar ao ELU e ao ELS.

3.2.1 Grau de protensão no ELU

Com relação ao estado-limite último (ELU), pode-se estabelecer o grau mecânico de protensão dado pela expressão:

$$\lambda = A_p \cdot 0{,}9\ f_{ptk}/(A_s f_{yk} + A_p \cdot 0{,}9\ f_{ptk}) \qquad (3.1)$$

em que:

A_p = seção transversal do aço de protensão;

A_s = seção transversal da armadura passiva;

f_{ptk} = resistência característica da armadura ativa;

f_{yk} = resistência característica da armadura passiva;

λ = quinhão de resistência que na ruptura cabe à armadura protendida.

Essa é uma definição simples, que não considera os efeitos favoráveis da protensão nos estados-limite de utilização (por exemplo, a contraflecha gerada pela protensão).

3.2.2 Grau de protensão no ELS

Com relação ao estado-limite de serviço (ELS), o grau de protensão pode ser dado pela expressão:

$$K = M_p/M_g \qquad (3.2)$$

em que M_p = momento fletor devido à protensão; M_g = momento fletor da carga permanente.

A carga balanceada pela protensão permite o controle de deformações para um determinado ELS.

Está comprovado que a seção transversal protendida apresenta, no ELS, um desempenho melhor que a não protendida, e o momento de descompressão permite determinar aproximadamente a carga balanceada pela protensão, isto é, a carga para a qual o deslocamento linear transversal (flecha) da estrutura é pequeno. No estado-limite de ruína ou estado-limite último (ELU) praticamente não existe diferença entre concreto armado e concreto protendido.

3.3 PONDERAÇÕES SOBRE O GRAU DE PROTENSÃO

Tem-se observado que a protensão completa, tão recomendada nos primeiros tempos do concreto protendido, muitas vezes não oferece a melhor solução para o desempenho da estrutura. Quando ela é aplicada em casos em que a carga acidental é consideravelmente maior que a carga permanente, podem ocorrer situações indesejadas em ocasiões de ausência da carga acidental. Nesses casos, as tensões na zona pré-comprimida da seção transversal serão provavelmente elevadas, podendo ocorrer deformação negativa na estrutura e, possivelmente, aparecer o esforço de tração na futura zona de compressão da seção carregada. Como a protensão completa induz ao emprego de pouca armadura passiva na peça, poderão então aparecer fissuras para as quais não se previu armadura passiva suficiente. As tensões de tração podem também ocorrer em virtude de um desvio do diagrama real de momentos em relação ao calculado, por conta da ocorrência de retração e variações de temperatura.

Outro fator negativo da protensão completa é o consequente aumento da deformação lenta do concreto, com a qual aumentam as perdas de protensão e, consequentemente, as deformações.

Em contraposição, na protensão limitada e na protensão parcial pode-se ter o estádio Ia (seção homogênea) para grande parte das cargas em serviço. Nessa situação, se ocorrem fissuras, elas tendem a ser pequenas e bem distribuídas.

Há, porém, estruturas nas quais não se admitem fissuras e para as quais a protensão completa é a mais indicada, como paredes de reservatórios, lajes impermeáveis, tirantes e balanços sucessivos.

Interessante e útil é a experiência feita neste sentido pelo professor Hugo Bachmann (BACHMANN, 1982), ensaiando diversas lajes, todas com a mesma seção de 100 cm × 30 cm, variando de uma para outra o grau de protensão K, mas de modo a obter no final sempre a mesma capacidade de carga: 1,8 (g + q) (Figuras 3.1 e 3.2).

Bachmann obteve um mínimo de armadura (ativa + passiva) para K = 0,6 e constatou que mesmo com um K pequeno, as fissuras foram menores e mais bem distribuídas do que sem protensão. Para K = 0,3, houve uma redução de aproximadamente 40% na flecha.

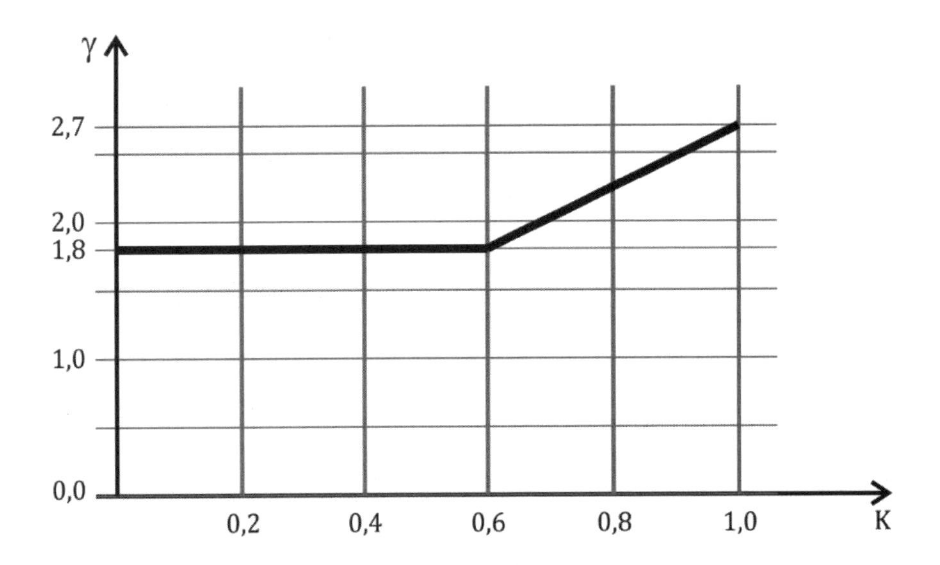

Figura 3.1 Taxa de armadura passiva e ativa em comparação com o K. Fonte: adaptada de Bachmann (1982).

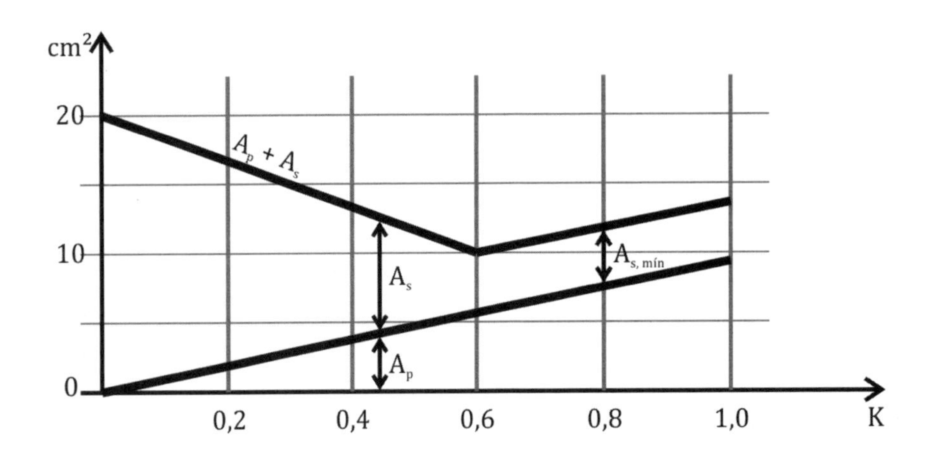

Figura 3.2 Taxa de armadura passiva e ativa em comparação com o K. Fonte: adaptada de Bachmann (1982).

3.4 COMO ESCOLHER O GRAU DE PROTENSÃO

Como já foi mencionado, o número que define o grau de protensão é apenas uma referência. O que é importante é saber o que se pretende da estrutura, conseguir que esta tenha um desempenho perfeito e seja econômica. Assim, por exemplo, é de interesse que as lajes de um edifício permaneçam planas, ou seja, sem deformações, quando sob ação apenas das cargas quase permanentes. Para estas, a flecha será pequena ou nula, o que significa protensão completa (ausência de tração) enquanto atuarem apenas as cargas quase permanentes. Já no caso de pontes, nas quais a carga em serviço costuma ser de 20% a 40% da carga total, evita-se a ocorrência de tensões de tração para esta carga e controlam-se as fissuras para a carga total.

Em tirantes, é conveniente que $K > 1$, e em algumas estruturas a referência está no limite imposto à deformação, isto é, fixa-se o grau de protensão em função do quanto a estrutura pode ou não se deformar, uma vez que a protensão, até certo ponto, permite este controle ao projetista.

3.5 O QUE DIZ A NORMA BRASILEIRA ABNT NBR 6118:2014

A partir da classe de agressividade ambiental (CAA), a NBR 6118 (ABNT, 2014, 13.4.2) dá ao projetista indicações para a escolha do grau de protensão, ou seja, do tipo de concreto estrutural, conforme a Tabela 3.1.

Considerar:

- ELS-F: estado em que se inicia a formação de fissuras.
- ELS-D: estado no qual, em um ou mais pontos da seção transversal, a tensão normal é nula, não havendo tração no restante da seção.
- ELS-W: estado em que as aberturas de fissuras se apresentam iguais aos máximos especificados na Tabela 3.1.

Tabela 3.1 Exigências de durabilidade relacionadas à fissuração e à protensão da armadura, em função das classes de agressividade ambiental

<table>
<tr><th>Tipo de concreto estrutural</th><th>Classe de agressividade ambiental (CAA) e tipo de protensão</th><th>Exigências relativas à fissuração</th><th>Combinação de ações em serviço a utilizar</th></tr>
<tr><td>Concreto simples</td><td>CAA I a CAA IV</td><td>Não há</td><td>–</td></tr>
<tr><td rowspan="3">Concreto armado</td><td>CAA I</td><td>ELS-W $w_k \leq 0{,}4$ mm</td><td rowspan="3">Combinação frequente</td></tr>
<tr><td>CAA II e CAA III</td><td>ELS-W $w_k \leq 0{,}3$ mm</td></tr>
<tr><td>CAA IV</td><td>ELS-W $w_k \leq 0{,}2$ mm</td></tr>
<tr><td>Concreto protendido, nível 1 (protensão parcial)</td><td>Pré-tração com CAA I ou pós-tração com CAA I e II</td><td>ELS-W $w_k \leq 0{,}2$ mm</td><td>Combinação frequente</td></tr>
<tr><td rowspan="3">Concreto protendido, nível 2 (protensão limitada)</td><td rowspan="3">Pré-tração com CAA II ou pós-tração com CAA III e IV</td><td colspan="2">Verificar as duas condições abaixo</td></tr>
<tr><td>ELS-F</td><td>Combinação frequente</td></tr>
<tr><td>ELS-D</td><td>Combinação quase permanente</td></tr>
<tr><td rowspan="3">Concreto protendido, nível 3 (protensão completa)</td><td rowspan="3">Pré-tração com CAA III e IV</td><td colspan="2">Verificar as duas condições abaixo</td></tr>
<tr><td>ELS-F</td><td>Combinação rara</td></tr>
<tr><td>ELS-D</td><td>Combinação frequente</td></tr>
</table>

Fonte: adaptada de ABNT (2014), Tabela 13.4.

3.6 DETERMINAÇÃO DE ABERTURAS DE FISSURAS E DE DESLOCAMENTOS LINEARES

3.6.1 Controle da fissuração

Visando obter bom desempenho relacionado à proteção da armadura quanto à corrosão e à aceitabilidade sensorial dos usuários, busca-se controlar a abertura de fissuras em elementos estruturais de concreto (ABNT, 2014, 13.4.1).

Pela norma brasileira, o controle da fissuração pode ser feito por meio da limitação da abertura das fissuras ou sem a verificação da sua abertura, mas atendendo ao estado-limite de fissuração, conforme os itens 3.6.1.1 e 3.6.1.2 a seguir reproduzidos.

3.6.1.1 Controle da fissuração através da limitação da abertura estimada de fissuras[1]

O valor da abertura das fissuras pode sofrer a influência de restrições às variações volumétricas da estrutura, difíceis de serem consideradas nessa avaliação de forma suficientemente precisa. Além disso, essa abertura sofre também a influência das condições de execução da estrutura.

Por essas razões, os critérios apresentados a seguir devem ser encarados como avaliações aceitáveis do comportamento geral do elemento, mas não garantem avaliação precisa da abertura de uma fissura específica.

Para cada elemento ou grupo de elementos das armaduras passiva e ativa aderente (excluindo-se os cabos protendidos que estejam dentro de bainhas), que controlam a fissuração do elemento estrutural, deve ser considerada uma área A_{cr} do concreto de envolvimento, constituída por um retângulo cujos lados não distem mais de 7,5 ϕ do eixo da barra de armadura [...].

NOTA: É conveniente que toda a armadura de pele ϕ_i da viga, na sua zona tracionada, limite a abertura de fissuras na região A_{cri} correspondente, e que seja mantido um espaçamento menor ou igual a 15 ϕ.

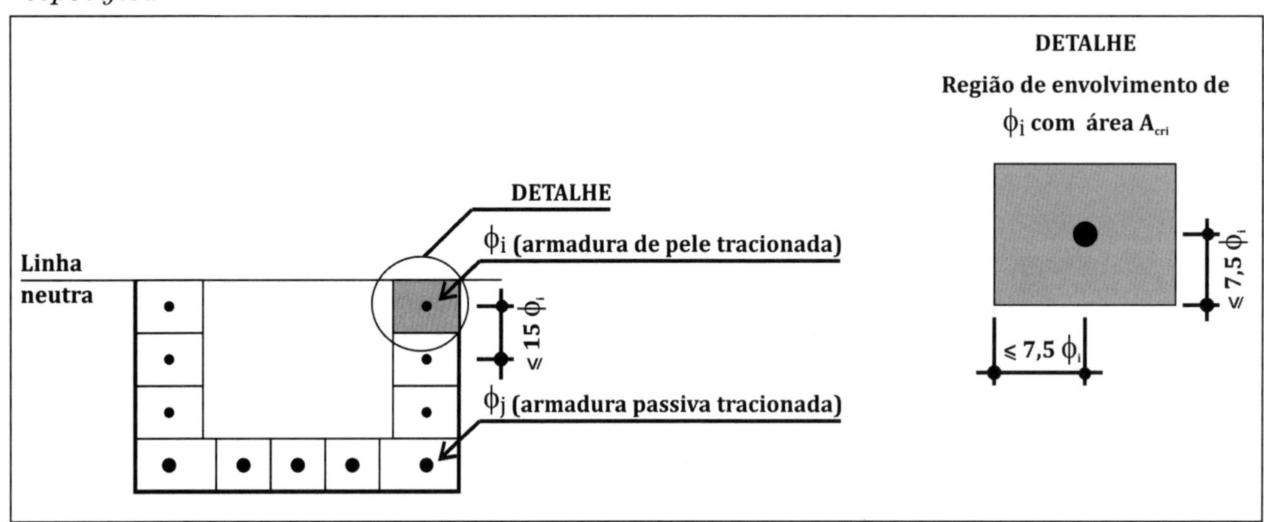

Figura 3.3 Concreto de envolvimento da armadura. Fonte: adaptada de ABNT (2014), Figura 17.3.

Ainda conforme a norma, o

valor característico da abertura de fissuras, w_k, determinado para cada parte da região de envolvimento, é o menor entre os obtidos pelas expressões a seguir:

$$w_k = \frac{\phi_i}{12{,}5\eta_1} \cdot \frac{\sigma_{si}}{E_{si}} \cdot \frac{3\sigma_{si}}{f_{ctm}} \tag{3.3}$$

$$w_k = \frac{\phi_i}{12{,}5\eta_1} \cdot \frac{\sigma_{si}}{E_{si}} \cdot \left(\frac{4}{\rho_{ri}} + 45\right) \frac{3\sigma_{si}}{f_{ctm}} \tag{3.4}$$

em que

σ_{si}, ϕ_i, E_{si}, ρ_{ri}	*são definidos para cada área de envolvimento em exame;*
A_{cri}	*é a área da região de envolvimento protegida pela barra ϕ_i;*
E_{si}	*é o módulo de elasticidade do aço na barra considerada, de diâmetro ϕ_i;*
ϕ_i	*é o diâmetro da barra que protege a região de envolvimento considerada;*
ρ_{ri}	*é a taxa de armadura passiva ou ativa aderente (que não esteja dentro de bainha) em relação à área da região de envolvimento (A_{cri});*

1 Baseado em ABNT (2014), 17.3.3.2.

σ_{si}	*é a tensão de tração no centro de gravidade da armadura considerada, calculada no estádio II.*

Nos elementos estruturais com protensão, σ_{si} é o acréscimo de tensão, no centro de gravidade da armadura, entre o estado-limite de descompressão e o carregamento considerado. Deve ser calculado no estádio II, considerando toda a armadura ativa, inclusive aquela dentro de bainhas.

O cálculo no estádio II (que admite comportamento linear dos materiais e despreza a resistência à tração do concreto) pode ser feito considerando-se a relação α_e entre os módulos de elasticidade do aço e do concreto igual a 15.

η_1 é o coeficiente de conformação superficial da armadura considerada.

3.6.1.2 Controle da fissuração sem a verificação da abertura de fissuras[2]

De acordo com a ABNT (2014), para dispensar a avaliação da grandeza da abertura de fissuras e atender ao estado-limite de fissuração, para aberturas máximas esperadas da ordem de 0,2 mm em concreto protendido, devem ser respeitadas as condições expostas na Tabela 3.2 no dimensionamento do elemento estrutural. Assim, o controle da fissuração é feito limitando-se as tensões σ_s na armadura passiva, em função do espaçamento das barras e de seus diâmetros. A tensão σ_{si} deve ser determinada no estádio II. $\Delta\sigma_{pi}$ é o acréscimo de tensão na armadura protendida aderente entre a total obtida no estádio II e a de protensão após as perdas.

Tabela 3.2 Valores máximos de diâmetro e espaçamento, com barras de alta aderência

Tensão na barra	Valores máximos			
	Concreto sem armaduras ativas		Concreto com armaduras ativas	
σ_{si} ou $\Delta\sigma_{pi}$ (MPa)	$\phi_{máx}$ (mm)	$s_{máx}$ (cm)	$\phi_{máx}$ (mm)	$s_{máx}$ (cm)
160	32	30	25	20
200	25	25	16	15
240	20	20	12,5	10
280	16	15	8	5
320	12,5	10	6	–
360	10	5	–	–
400	8	–	–	–

Fonte: adaptada de ABNT (2014), Tabela 17.2.

3.6.2 Cálculo de deslocamentos lineares: flechas elastoplásticas

a) Deslocamentos lineares iniciais (elásticos)

Os deslocamentos lineares elásticos podem ser calculados com auxílio do princípio dos trabalhos virtuais, estudado em Resistência dos Materiais.

A equação geral de elasticidade para o caso de uma viga isostática sujeita a uma carga g uniformemente distribuída, a uma carga concentrada G simétrica e à força de protensão P é:

$$E_c I_c \delta_i^s = \int_0^1 M_0 \bar{M}_1 d_x =$$

$$= \int_0^1 M_0^g \bar{M}_1 d_x + \int_0^1 M_0^G \bar{M}_1 d_x + \int_0^1 M_0^P \bar{M}_1 d_x \qquad (3.5)$$

em que M_0^g, M_0^G e M_0^P = momentos provocados pelas cargas reais g, G e P; $\bar{M}$ = grandeza fictícia correspondente a $\bar{P}$, que é $P_n = 1$, aplicada na seção cuja deformação elástica queremos obter (no caso, é a seção 5). No cálculo dos deslocamentos lineares

2 Baseado em ABNT (2014), 17.3.3.3.

iniciais (elásticos) em vigas de concreto armado e protendido, usa-se a rigidez à flexão:

$E_{cs}I_c$ nos trechos não fissurados (estádios Ia, Ib)

$E_{cs}I_i$ nos trechos fissurados (estádio IIa; ver item 4.3.2)

em que E_{cs} = módulo de deformação secante do concreto; I_c = momento de inércia da seção bruta de concreto; I_i = momento de inércia da seção fissurada de concreto.

Para uma avaliação aproximada da flecha imediata, pode-se utilizar a expressão de rigidez equivalente reproduzida a seguir (ABNT, 2014, 17.3.2.1.1):

$$(EI)_{eq,t0} = E_{cs}\left\{\left(\frac{M_r}{M_a}\right)^3 I_c + \left[1-\left(\frac{M_r}{M_a}\right)^3\right] I_{II}\right\} < E_{cs}I_c \quad (3.6)$$

em que:

I_c = momento de inércia da seção bruta de concreto;

I_{II} = momento de inércia da seção fissurada do estádio IIa;

M_a = momento fletor na seção crítica do vão considerado;

M_r = momento de fissuração;

E_{cs} = módulo de elasticidade secante do concreto.

A aplicação dessa conceituação pode ser vista em um exemplo numérico no Capítulo 4.

Nos elementos estruturais com armaduras ativas, é suficiente considerar $(EI)_{eq} = E_{cs}I_c$ para seção não fissurada e a expressão (3.6) para seção fissurada.

Para consideração da deformação diferida no tempo, basta multiplicar a parcela elástica permamente da flecha imediata por $(1 + \varphi)$, sendo φ o coeficiente de fluência apresentado na Tabela 2.4 deste livro.

b) Deslocamentos-limite

Como limite convencional dos deslocamentos lineares finais das vigas analisadas, devem ser observados os limites indicados na Tabela 13.3 da NBR 6118 (ABNT, 2014).

O limite convencional de deslocamentos lineares está vinculado a aspectos estéticos, à sensação de desagrado visual e ao inevitável temor na observação de uma estrutura com deformações excessivas.

Ultrapassados os valores-limite $\bar{\delta}_f$, as estruturas deverão ser executadas com contraflechas construtivas.

3.7 ARMADURA PASSIVA MÍNIMA

Independentemente do grau de protensão, deve ser colocada sempre uma armadura passiva, pelo menos a mínima. A armadura mínima de tração em elementos estruturais armados ou protendidos pode ser obtida pelo dimensionamento da seção a um momento fletor dado pela expressão a seguir, respeitando-se a taxa mínima absoluta de 0,15% e os valores da Tabela 17.3 da norma brasileira (ABNT, 2014, 17.3.5.2.1):

$$M_{d,mín} = 0{,}8\, W_o\, f_{ctk,s} \quad (3.7)$$

em que W_o = módulo de resistência da seção transversal bruta de concreto na fibra mais tracionada; $f_{ctk,s}$ = resistência característica superior do concreto à tração.

3.8 CONCLUSÕES

O dimensionamento em concreto protendido apresenta características que merecem ser observadas:

- graus de protensão elevados devem ser evitados, a menos que a estrutura não deva fissurar;
- o método usado no dimensionamento deve possibilitar uma passagem gradativa desde o nível zero de protensão até a protensão completa;
- a tensão inicial no aço de protensão deve ser sempre a mesma, qualquer que seja o grau de protensão adotado;
- deve sempre ser colocada pelo menos a armadura passiva mínima, constituída de barras de diâmetro pequeno e pouco distantes entre si.

O critério exposto nos capítulos seguintes visa fornecer uma informação segura para a escolha e o uso da protensão do concreto nos seus três níveis: protensão completa, protensão limitada ou protensão parcial.

Em estruturas de pequeno e médio porte, a protensão parcial pode oferecer soluções seguras e econômicas.

Fotografia 22 Edifício Palas (Florianópolis/SC, 1999). Edifício comercial com lajes planas protendidas. Projeto estrutural de Stabile Estruturas. Protensão: Sistema Rudloff. Fotografia do arq. Tuing Ching Chang.

4.1 CÁLCULO DAS ESTRUTURAS EM CONCRETO PROTENDIDO

4.1.1 Considerações gerais

O cálculo estático das estruturas protendidas faz uso essencialmente das disciplinas Resistência dos Materiais, Estática das Construções e Materiais de Construção.

A deformabilidade elastoplástica, tanto do concreto como do aço, exige, ainda, que o cálculo das tensões seja feito considerando-se situações reais antes (tempo $t = 0$) e depois (tempo $t = \infty$) das deformações provocadas em parte pela própria protensão.

O sistema estático adotado deve ser rigorosamente verdadeiro, ou seja, deve corresponder ao comportamento real dos materiais e da estrutura. Isso implica a adoção de valores geométricos das seções e dos valores mecânicos dos materiais absolutamente verídicos. Aqui, a falta de precisão pode ocasionar deformações indesejáveis e até mesmo a ruína, e já motivou verdadeiras explosões de estruturas ao serem protendidas (LEONHARDT, 1962).

4.1.2 Esforços solicitantes decorrentes da protensão de estruturas isostáticas

As forças de protensão podem ser consideradas forças externas aplicadas à estrutura que com as reações internas formam um sistema em equilíbrio.

A força de protensão é gerada por macacos hidráulicos nas cabeceiras e transferida às ancoragens aí existentes. Da sua atuação sobre a estrutura surgem esforços solicitantes nas próprias cabeceiras e, ao longo do cabo de protensão, forças de inflexão decorrentes das curvaturas e das diferentes excentricidades.

Na estrutura isostática, a determinação dos esforços solicitantes decorrentes da protensão é simples. Suponhamos que numa seção transversal atue uma força de protensão P (negativa por ser de compressão) formando um ângulo ϕ com o eixo baricentral, conforme a Figura 4.1. Resultam daí:

a força normal: $$N_p = P \cos \phi \qquad (4.1)$$

o momento fletor: $$M_p = e \cdot P \cos \phi \qquad (4.2)$$

e o esforço cortante: $$Q_p = P \operatorname{sen} \phi \qquad (4.3)$$

em que P = força de protensão de um cabo único ou a resultante de vários cabos. Para cabo retilíneo, $\phi = 0$.

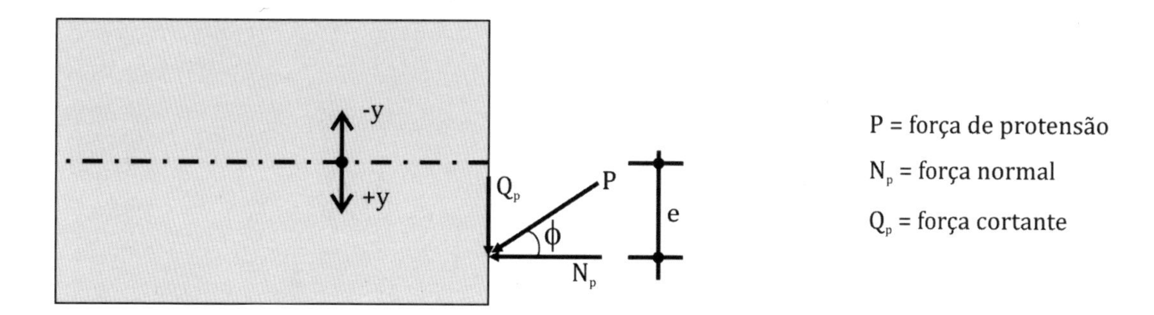

Figura 4.1 Esforços decorrentes da protensão.

Numa situação de cabo reto e a uma distância e do centro de gravidade da seção transversal, conforme Figura 4.2, tem-se $\phi = 0$. Consequentemente, a força normal resultante será igual à própria protensão, e o momento de protensão M_p valerá $P \cdot e$. Nesse caso, a protensão não causa esforços cortantes à peça.

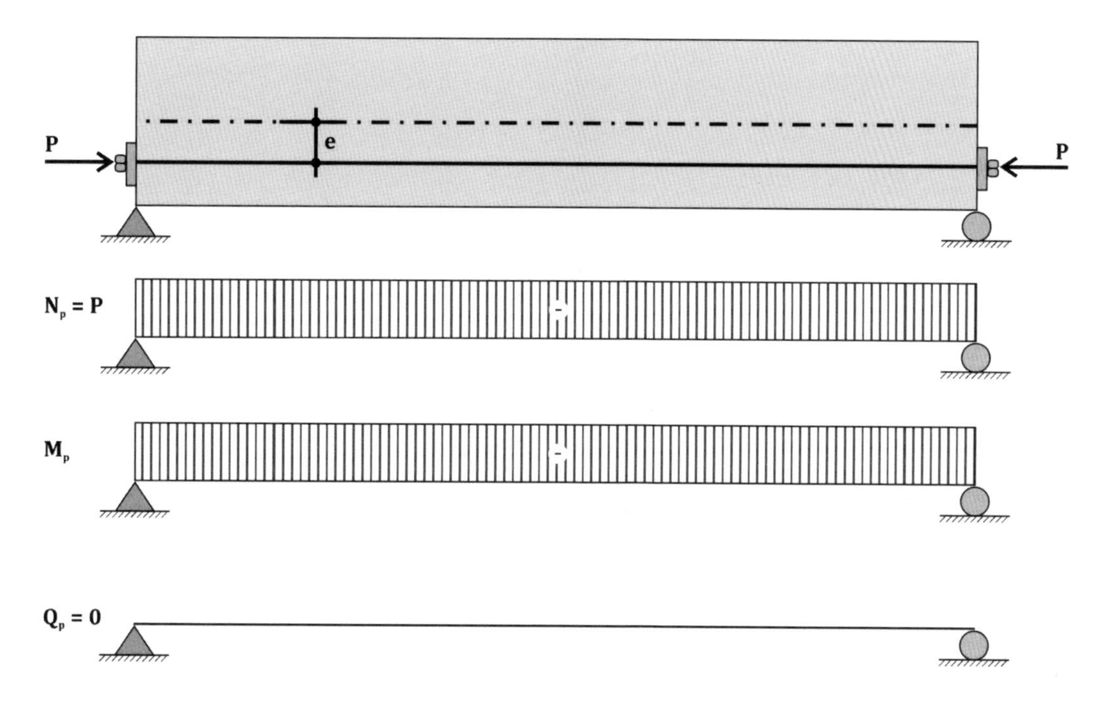

Figura 4.2 Esforços solicitantes para vigas com cabos retilíneos.

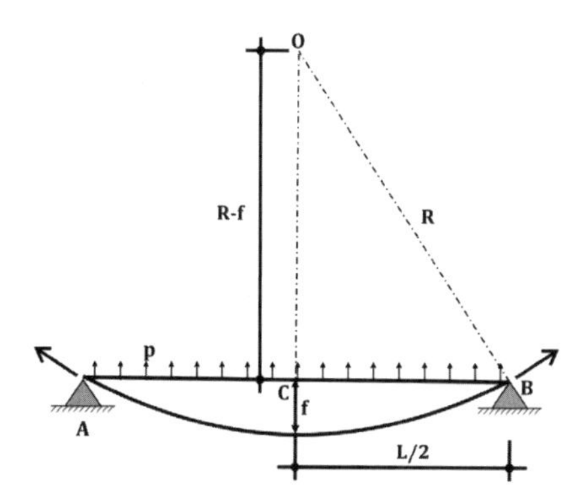

Figura 4.3 Cabo com caminhamento curvo.

Sendo o caminhamento curvo, as forças de inflexão p serão uniformes para R = constante (círculo e parábola). Para $f < L/12$, pode-se considerar p como normal ao eixo da peça e calculá-lo como segue (Figura 4.3):

$$P = pR, \text{ donde } p = \frac{P}{R}$$

Do triângulo OCB:

$$R^2 = \left(\frac{L}{2}\right)^2 + (R - f)^2 \quad \therefore \quad R^2 = \frac{L^2}{4} + R^2 + f^2 - 2Rf$$

$$\frac{L^2}{4} = fL\left(\frac{2R}{L} - \frac{f}{L}\right)$$

e sendo $\frac{f}{L} \simeq 0$:

$$\frac{L^2}{4} = 2Rf$$

donde:

$$R = \frac{L^2}{8f} \quad (4.4) \quad \text{e} \quad p = \frac{8Pf}{L^2} \quad (4.5)$$

Os momentos nas extremidades se anulam caso o cabo seja ancorado no eixo de gravidade. Em casos de cabos parabólicos ancorados acima do eixo de gravidade, os esforços solicitantes ocorrerão conforme a Figura 4.4. Em casos de cabos poligonais ancorados no eixo de gravidade, os esforços solicitantes ocorrerão conforme a Figura 4.5.

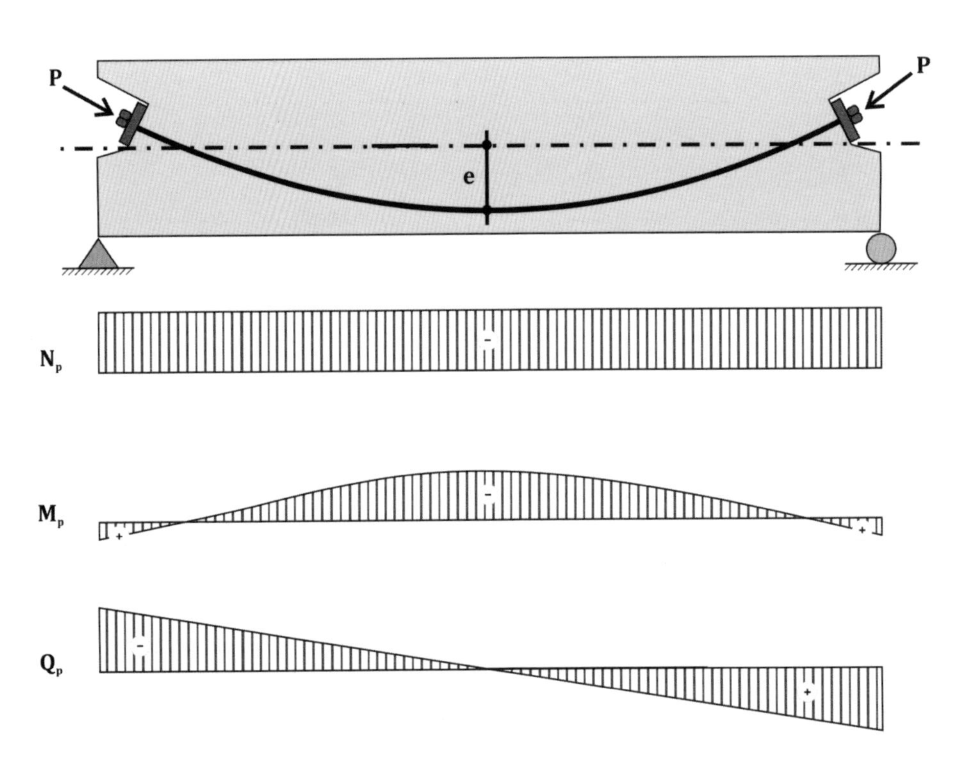

Figura 4.4 Cabo parabólico – esforços solicitantes.

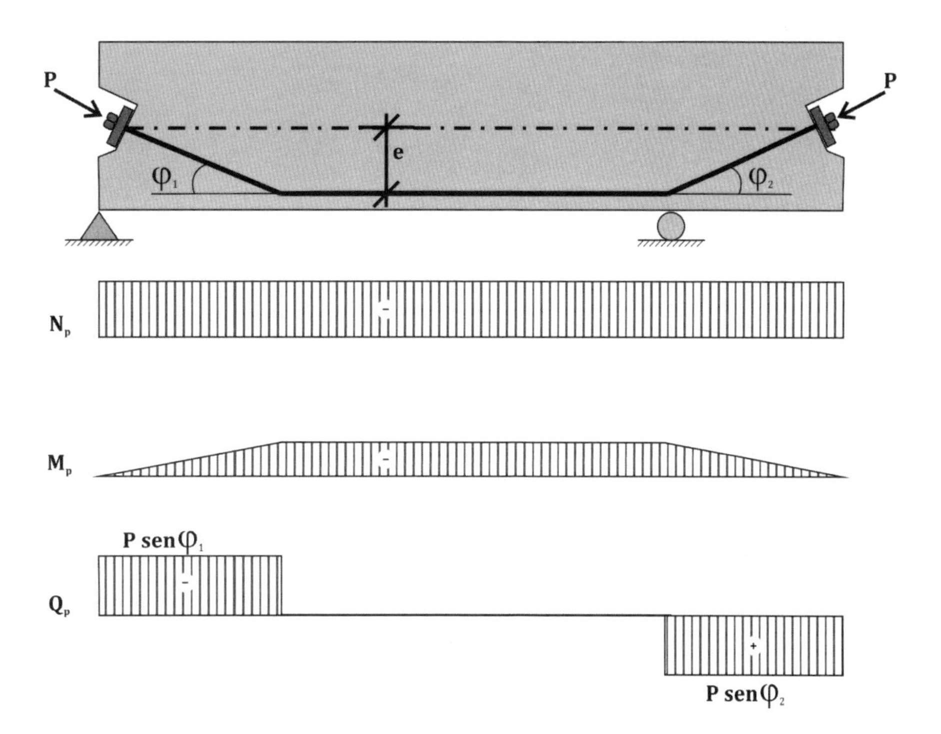

Figura 4.5 Cabo poligonal – esforços solicitantes.

Para cabos ancorados internamente, os esforços solicitantes de protensão só existirão entre as respectivas ancoragens, como mostra a Figura 4.6. Junto a essas ancoragens, os esforços solicitantes sofrem variações bruscas, existindo uma zona de implantação, de comprimento d, na qual é permitido arredondar os diagramas N, M e Q. Para cabos ancorados nas extremidades da peça, os esforços solicitantes de protensão ocorrem ao longo de todo o seu comprimento. Numa situação de viga isostática biapoiada, sujeita a carregamentos de cima para baixo e momentos fletores somente positivos, a protensão de cabo excêntrico causaria tensões de tração na área acima da linha neutra e tensões de compressão na área abaixo dela, como mostra a Figura 4.7.

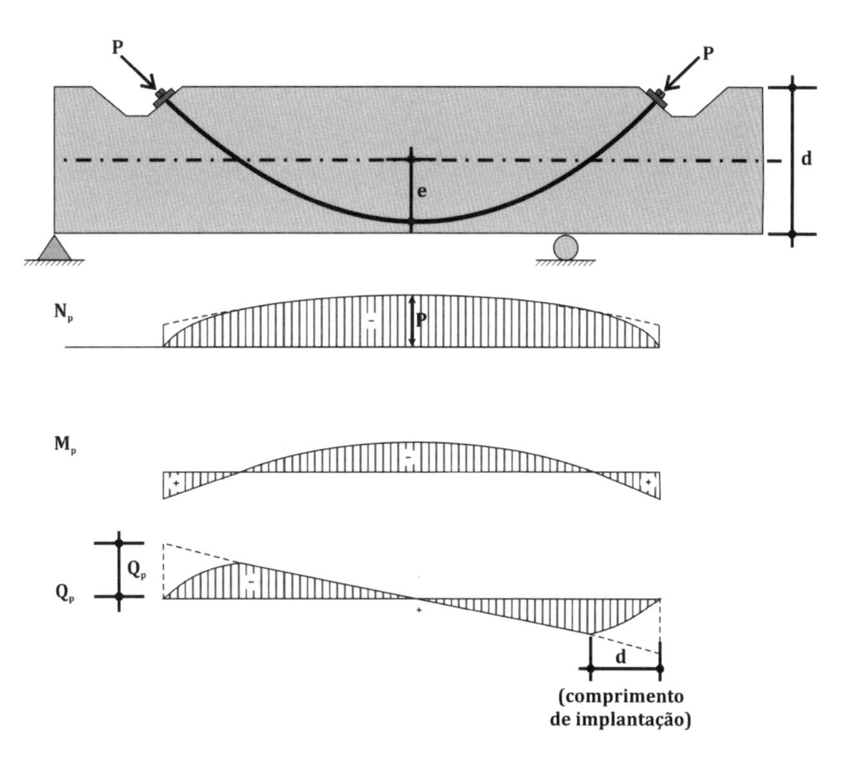

Figura 4.6 Cabo ancorado internamente – esforços solicitantes.

4.2 VERIFICAÇÕES DAS SEÇÕES TRANSVERSAIS[1]

4.2.1 Verificações no estádio Ia

No estádio Ia, caracterizado pelo comportamento elástico do concreto, a determinação das tensões normais, tangenciais e principais se dá por meio de expressões que têm seu embasamento teórico na Resistência dos Materiais. Visando à correta interpretação das grandezas estáticas e geométricas que compõem essas expressões, e com vistas a sua aplicação em peças protendidas, elas serão aqui recordadas e comentadas.

Ações externas atuando sobre estruturas geram forças internas nas seções transversais. A parcela de força atuante por unidade de área da seção transversal denomina-se tensão, sendo:

$$\text{tensão} = \frac{\text{força}}{\text{unidade de área}}$$

A tensão é representável por um vetor e possui, portanto, módulo, direção e sentido.

4.2.1.1 Tensões devidas ao esforço normal: tensões normais

Hipóteses de cálculo: as seções cortadas são transversais; exclui-se a flambagem de estruturas comprimidas.

Da Resistência dos Materiais, sabe-se que:

$$N = \int_A \sigma dA$$

e, admitindo uma distribuição uniforme de tensões sobre a seção transversal (comprovada experimentalmente por medições das deformações longitudinais específicas), resultará:

$$N = \sigma_N \int dA$$

donde:

$$\sigma_N = N/A \tag{4.6}$$

Um esforço normal positivo tracionará as fibras da seção transversal (sinal + de σ_N), e um esforço normal negativo as comprimirá (sinal – de σ_N).

4.2.1.2 Tensões devidas ao momento fletor

Hipóteses de cálculo:

a) os comprimentos dos elementos estruturais considerados retos ou levemente curvos são avantajados em relação às dimensões transversais (vão >> altura);

b) nas seções transversais atuam somente momentos fletores (flexão normal simples);

c) o material que compõe as estruturas é homogêneo e seu comportamento é elástico tanto nas zonas tracionadas como nas comprimidas, sendo constantes os módulos de deformação;

d) as seções transversais permanecem planas durante e após a deformação (hipótese de Bernoulli comprovada experimentalmente).

Da Resistência dos Materiais, sabe-se que $\sigma_x = \sigma_M = (M \cdot y)/I$. As tensões normais máximas ocorrem nas fibras mais afastadas do eixo neutro transversal, definindo as tensões normais de borda respectivas:

$$\sigma_M^s = M \cdot y_s/I \tag{4.7}$$

e

$$\sigma_M^i = M \cdot y_i/I \tag{4.8}$$

ou

$$\sigma_M^{s,i} = M/W_{s,i} \tag{4.9}$$

Um momento fletor positivo comprimirá a borda superior (sinal – de σ_M^s) e tracionará a borda inferior (sinal + de σ_M^i). Um momento fletor negativo inverterá os sinais das tensões normais de borda.

4.2.1.3 Tensões devidas ao esforço cortante: tensões tangenciais

As tensões tangenciais atuarão nos planos das seções transversais. Não se considerarão aqui condições decorrentes de deformações devidas ao esforço cortante. Tensões tangenciais não representam tensões reais, mas componentes imaginárias das tensões principais; são apenas valores auxiliares

1 Baseado em Fritsch (1985).

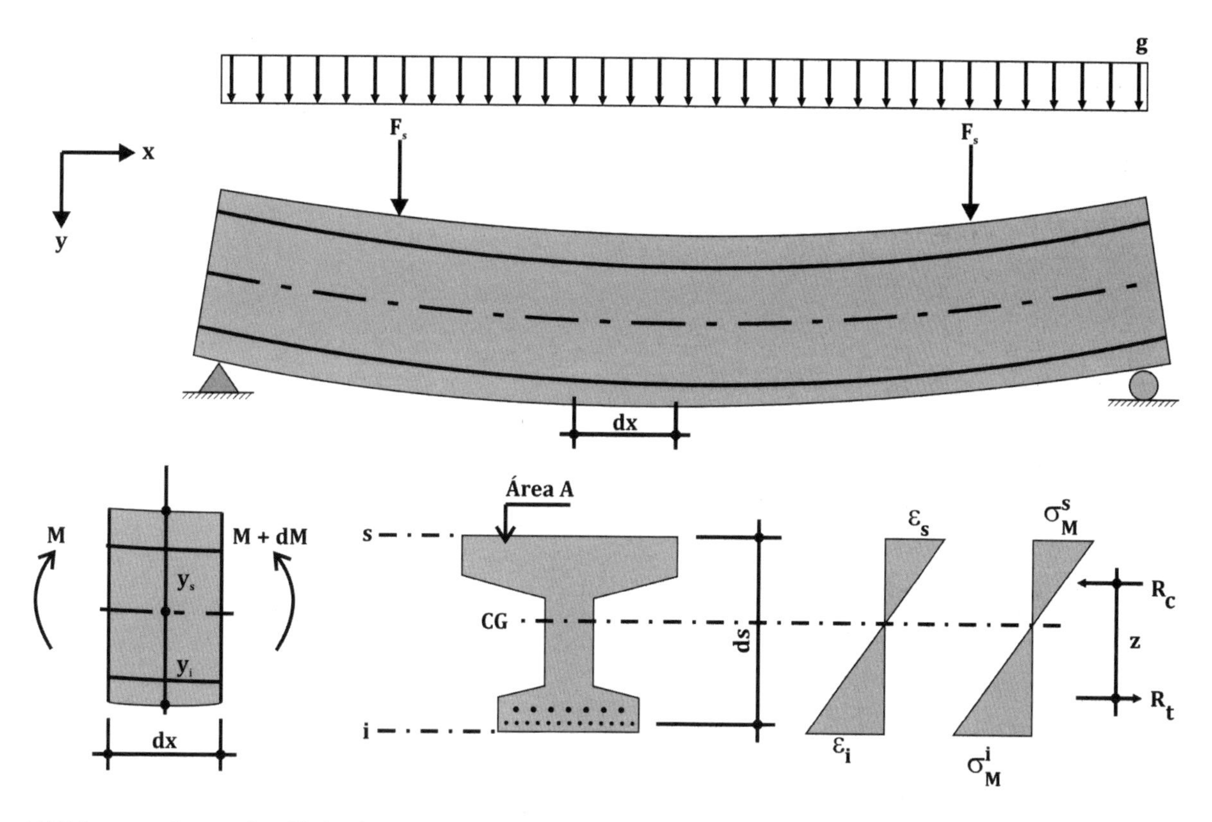

Figura 4.7 Cabo ancorado nas extremidades da peça – esforços solicitantes.

de cálculo que permitem, em associação com as tensões normais, determinar os valores e as direções das tensões principais nas seções transversais das estruturas.

4.2.1.3.1 Reciprocidade das tensões tangenciais: estado plano de tensões

Sobre o sólido de comprimento dx, altura dy e largura unitária retirado da estrutura, atuam tensões normais e tangenciais. Consideradas pequenas as dimensões dx e dy, as tensões poderão ser admitidas como uniformemente distribuídas sobre as respectivas faces.

Da Resistência dos Materiais, tem-se a Figura 4.8:

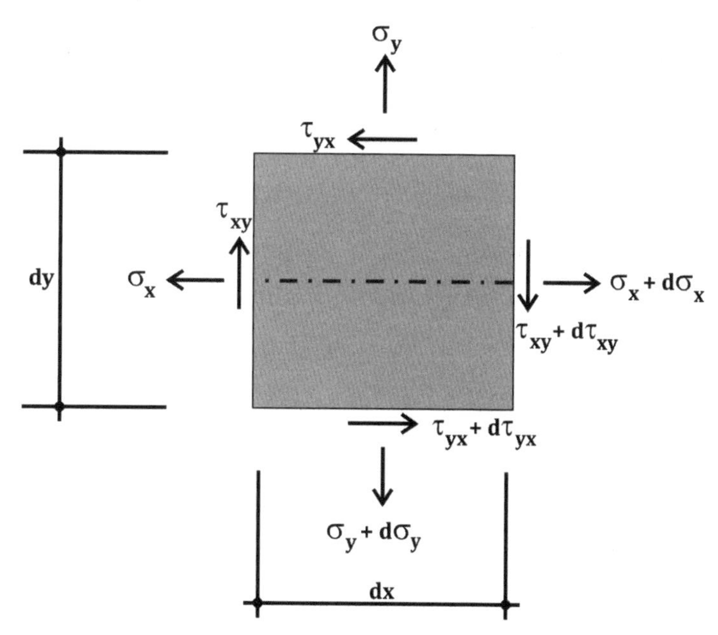

Figura 4.8 Tensões normais e tangenciais, estado plano de tensões.

O primeiro índice de τ indica a direção da normal à área de atuação da tensão; o segundo indica a direção da própria tensão.

Da condição de equilíbrio das forças em torno do ponto C, $\Sigma M_c = 0$, resultará:

$$\tau_{xy} = \tau_{yx}$$

Na aresta definida pela interseção de dois planos ortogonais, as tensões tangenciais são iguais e se aproximam ou se afastam simultaneamente desta aresta (Figura 4.8).

4.2.1.3.2 Relação entre momento fletor e força cortante

A derivada do momento fletor em relação a x é igual ao esforço cortante nessa abscissa:

$$Q = dM/dx$$

4.2.1.3.3 Expressão para o cálculo das tensões tangenciais

Serão considerados aqui somente os esforços cortantes que resultam das ações e das reações verticais, e as tensões tangenciais que daí resultam nas seções transversais.

Admitindo constante o valor das tensões tangenciais τ_{xy} sobre a largura b da seção transversal, a sua forma de distribuição segundo a altura h é dada pela Resistência dos Materiais. Sobre um elemento de comprimento dx retirado da estrutura atuam tensões normais e tangenciais devidas às solicitações internas (M, M + dM; V, V + dV; ver Figura 4.9).

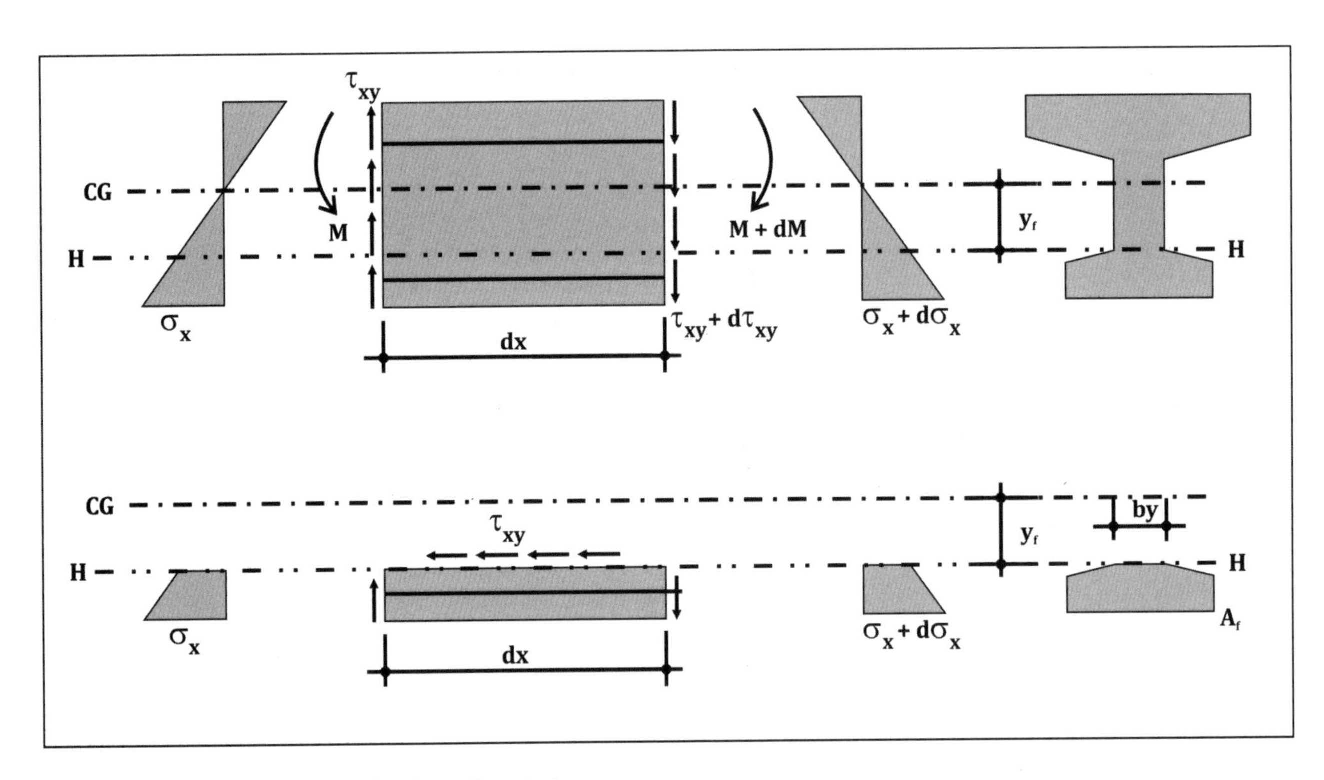

Figura 4.9 Tensões normais e tangenciais sobre o elemento dx.

O corte longitudinal HH distante y_f do eixo baricêntrico destaca a área parcial A_f. Na área $b_y dx$ da seção longitudinal HH do elemento dx resultará a conhecida expressão

$$\tau_{yx} = \tau_{xy} = \frac{V}{Ib_y}\int_{Af} ydA = \frac{V}{Ib_y} S_y \quad (4.10)$$

em que:

$$S_y = \int_{Af} ydA \quad (4.11)$$

sendo S_y = momento estático da área parcial A_f em relação ao eixo baricêntrico.

Convém distinguir tensões tangenciais de tensões de cisalhamento. Tendo em mente, por exemplo, a ação das lâminas de uma tesoura sobre um objeto de corte, materializa-se a ação de duas forças F de sentidos contrários, muito próximas uma da outra, atuando sobre fibras de seções transversais contíguas. Essas forças, na ausência de deformações longitudinais das fibras, dão origem às tensões de cisalhamento.

Admitindo-se distribuição uniforme de tensões na área de cisalhamento A, resultará:

$$\tau_F = \frac{F}{A} \tag{4.12}$$

4.2.1.3.4 Tensões principais de tração e compressão

Considere-se o estado plano de tensões. Da estrutura é retirado um prisma de seção triangular, sendo unitários os valores de sua hipotenusa e de sua largura. Admitidas pequenas as dimensões dx e dy, as tensões atuantes sobre as faces que as contêm poderão ser admitidas uniformemente distribuídas. As tensões σ e τ na face unitária variam em função do ângulo α (Figura 4.10).

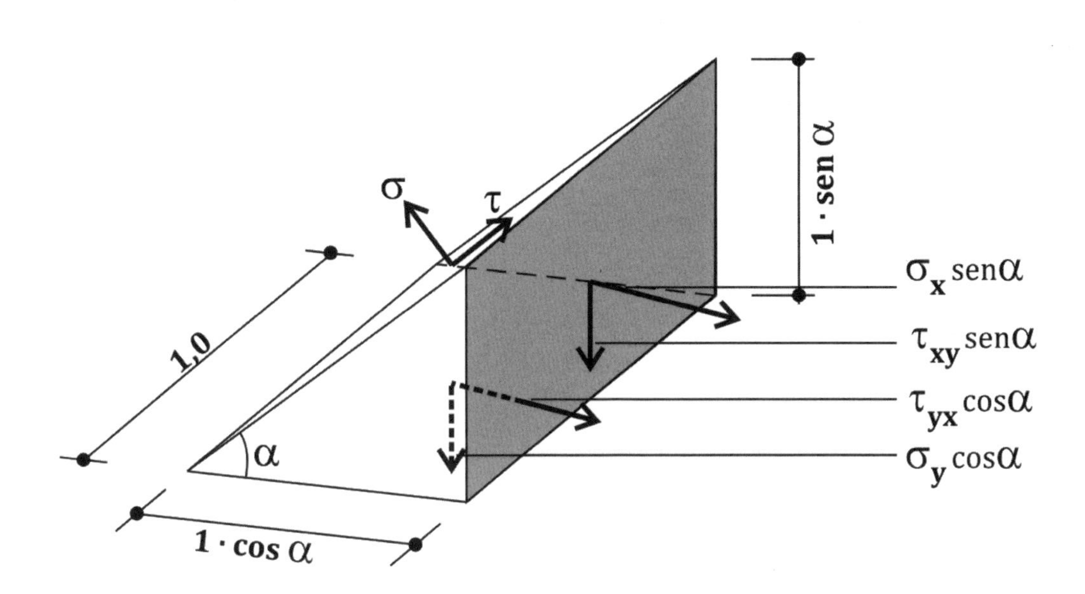

Figura 4.10 Tensões principais.

A Resistência dos Materiais prova que os ângulos para os quais σ assume valores extremos (ângulos das tensões principais) são dados pela expressão:

$$tg(2\alpha_0) = \frac{2\tau_{xw}}{(\sigma_y - \sigma_x)} \tag{4.13}$$

e que as tensões principais são dadas, para a tensão principal de tração, por:

$$\sigma_I = \frac{(\sigma_x + \sigma_y)}{2} + \sqrt{\left(\frac{\sigma_y - \sigma_x}{2}\right)^2 + \tau_{xy}^2} \tag{4.14}$$

e para a tensão principal de compressão, por:

$$\sigma_{II} = \frac{(\sigma_x + \sigma_y)}{2} - \sqrt{\left(\frac{\sigma_y - \sigma_x}{2}\right)^2 + \tau_{xy}^2} \tag{4.15}$$

Na ausência de tensões normais σ_y, caso normal nas estruturas protendidas (a não ser que haja protensão em duas direções, como pode ocorrer em fundações ou vigas de munhão, por exemplo), as expressões (4.13), (4.14) e (4.15) resultarão em:

$$\sigma_{I,II} = \frac{\sigma}{2} \pm \sqrt{\left(\frac{\sigma}{2}\right)^2 + \tau^2} \tag{4.16}$$

4.2.2 Verificações nos estádios Ib, IIa e IIb com a existência de armaduras ativa e passiva[2]

As expressões genéricas, resultantes das condições de equilíbrio dos esforços internos e externos atuantes nas seções transversais das estruturas sob ação

2 Baseado em Fritsch (1985).

de forças, serão deduzidas para seções transversais de forma qualquer.

4.2.2.1 Verificações no estádio Ib: momento de fissuração M_r

O estádio Ib é caracterizado pelo comportamento elástico (compressão) e plástico (tração) do concreto imediatamente anterior à formação da primeira fissura.

Diante da liberdade que a norma NBR 6118:2014 permite para se configurar em números o estado-limite de formação de fissuras (ELS-F), optamos pelo desenvolvimento anteriormente existente na NB1 (NB1-78-4.2.1), "estado de formação de fissuras", reproduzido a seguir.

A solicitação resistente com a qual haverá uma grande probabilidade de iniciar-se a formação de fissuras normais à armadura longitudinal poderá ser calculada com as seguintes hipóteses:

a) A deformação de ruptura à tração do concreto é igual a 2,7 f_{tk}/E_c, com E_c dado no item 8.2.8 da NBR 6118:2014.

b) Na flexão, o diagrama de tensões de compressão no concreto é triangular (regime elástico), a tensão na zona tracionada é uniforme e igual a f_{tk}, multiplicando-se a deformação de ruptura da alínea "a" por 1,5.

c) As seções transversais planas permanecem planas.

Deverá ser sempre levado em conta o efeito da retração. Como simplificação, nas condições correntes, esse efeito pode ser considerado supondo-se a tensão de tração igual a 0,75 f_{tk} e desprezando-se a armadura:

$$\varepsilon_{tk} = \frac{4 \cdot 0{,}75 f_{tk}}{E_c} = \frac{3 f_{tk}}{E_c} \qquad (4.17)$$

Tem-se, pois, para a tensão de tração, conforme a Figura 4.11:

$$\sigma_{ct} = 3 f_{tk} \qquad (4.18)$$

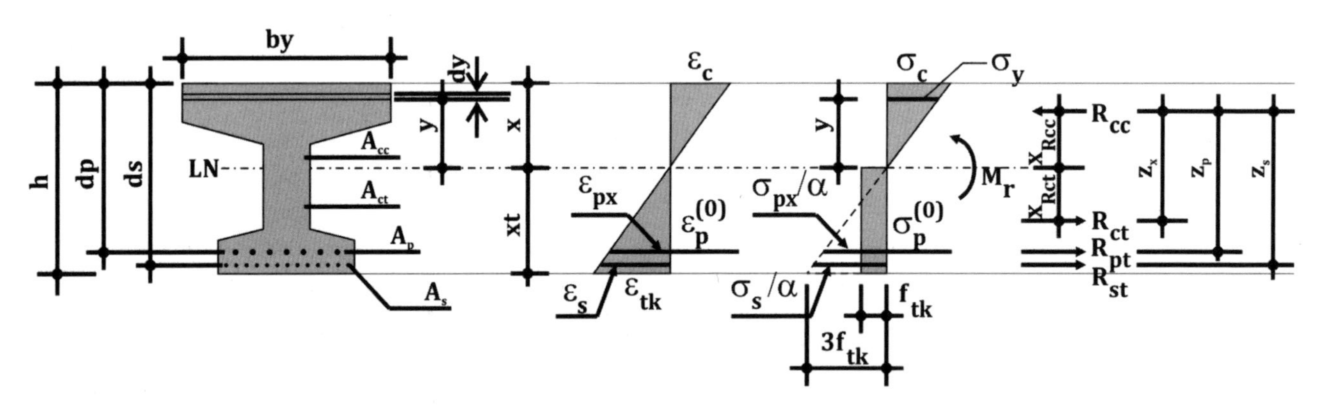

Figura 4.11 Estádio Ib.

Na Figura 4.11, $\varepsilon_p^{(0)}$ é a deformação na armadura ativa quando for nula a tensão no concreto na fibra de mesma altura, e representa o pré-alongamento dado à armadura ativa A_p quando protendida em pista (protensão com aderência inicial). O seu valor leva ao conhecimento de $\sigma_p^{(0)}$ e, consequentemente, de $P^{(0)} = \sigma_p^{(0)} A_p$. O valor $P^{(0)}$ representa o esforço na armadura ativa correspondente ao seu pré-alongamento $\varepsilon_p^{(0)}$.

Ainda na Figura 4.11, ε_{px} representa a deformação da armadura ativa, originada do estado de deformação da seção transversal imediatamente anterior à fissuração. Da mesma maneira, ε_s representa a deformação da armadura passiva em consequência de M no mesmo instante.

Da equação de equilíbrio $\Sigma F_x = 0$, resultará:

$$R_{cc} - R_{ct} - R_{st} - R_{pt} = 0$$

$$\int_0^x \sigma_y b_y d_y - \int_0^{x_t} f_{tk} b_y d_y - A_s \sigma_s - A_p(\sigma_p^{(o)} + \sigma_{px}) = 0$$

Do diagrama de tensões tiramos:

$$\sigma_y = \frac{3f_{tk}}{h - x} y$$

$$\frac{\sigma_s}{\alpha} = \frac{3f_{tk}}{h - x}(d_s - x)$$

$$\frac{\sigma_{px}}{\alpha} = \frac{3f_{tk}}{h - x}(d_p - x)$$

ou seja:

$$\sigma_s = \alpha \frac{3f_{tk}}{h - x}(d_s - x)$$

$$\sigma_{px} = \alpha \frac{3f_{tk}}{h - x}(d_p - x)$$

$$\sigma_c = \frac{3f_{tk}}{h - x} x$$

Substituindo as tensões na equação de equilíbrio, tem-se:

$$\frac{3f_{tk}}{h - x}\int_0^x b_y d_y y - f_{tk}\int_0^{x_t} b_y d_y - \alpha A_s \frac{3f_{tk}}{h - x}(d_s - x) -$$

$$- A_p \sigma_p^{(0)} - \alpha A_p \frac{3f_{tk}}{h - x}(d_p - x) = 0$$

Chamando

$$\int_0^x b_y y d_y = S_x$$

$$\int_0^{xt} b_y d_y = A_{ct}$$

$$r_f = \frac{p^{(0)}}{f_{tk}}$$

vem:

$$3S_x + [A_{ct} + 3\alpha(A_s + A_p) + r_f]\, x -$$

$$- [A_{ct} h + 3\alpha(A_s d_s + A_p d_p) + r_f h] = 0 \quad (4.19)$$

Da expressão (4.19), que é genérica, resultará uma equação normalmente do segundo grau, da qual se obterá o valor de x. Com ele, pode-se determinar as posições das resultantes R_{cc} e R_{ct} em relação à linha neutra (LN) por meio das expressões:

$$x_{Rcc} = \frac{\int_0^x \sigma_y b_y y\, dy}{\int_0^x \sigma_y b_y\, dy} = \frac{\frac{\sigma_c}{x}\int_0^x b_y y^2\, dy}{\frac{\sigma_c}{x}\int_0^x b_y y\, dy} = \frac{I_x}{S_x} \quad (4.20)$$

$$x_{Rct} = \frac{\int_0^{x_t} f_{tk}\, b_y\, y\, dy}{\int_0^{x_t} f_{tk}\, b_y\, dy} = \frac{f_{tk}\int_0^{x_t} b_y\, y\, dy}{f_{tk}\int_0^{x_t} b_y\, dy} = \frac{S_{xt}}{A_{ct}} \quad (4.21)$$

Os braços de alavanca dos esforços internos (Figura 4.11) terão os valores:

$$z_t = x_{Rcc} + x_{Rct} \quad (4.22)$$

$$z_s = d_s - x + x_{Rcc} \quad (4.23)$$

$$z_p = d_p - x + x_{Rcc} \quad (4.24)$$

e como valor do momento de fissuração, teremos:

$$M_r = R_{ct} \cdot z_t + R_{st} \cdot z_s + R_{pt} \cdot z_p$$

$$M_r = A_{ct} f_{tk} z_t + z_p A_s \sigma_s z_s + A_p(\sigma_p^{(0)} + \sigma_{px}) z_p \quad (4.25)$$

As tensões nas armaduras passiva e ativa, respectivamente, podem ser obtidas das expressões:

$$\sigma_s = \alpha \frac{3f_{tk}}{x_t}(d_s - x) \quad (4.26)$$

$$\sigma_{px} = \alpha \frac{3f_{tk}}{x_t}(d_p - x) \quad (4.27)$$

α é a relação entre os módulos de elasticidade do aço e do concreto. Como a NBR 6118:2014 usa valores distintos em diferentes lugares, aqui serão fixados os seguintes valores:

- $\alpha = \frac{E_p}{E_c}$ para os estádios Ia e Ib ou carregamentos frequentes ou quase permanentes;
- $\alpha = 15$ para os estádios IIa e IIb.

Pretendendo-se que a seção de concreto não fissure, as tensões de tração no concreto devem limitar-se ao valor indicado na NBR 6118:2014, 8.2.5:

$$f_{ctk,inf} = 0,7\ f_{ctm} = 0,7 \cdot 0,3\ f_{ck}^{2/3} = 0,21\ f_{ck}^{2/3} \quad (4.28)$$

Na protensão sem aderência, $\sigma_{px} = 0$. Na equação de equilíbrio, tem-se:

$$\int_0^x \sigma_y b_y dy - \int_0^{x_t} f_{tk} b_y dy - A_s \sigma_s - Ap(\sigma_p^{(0)} + 0) = 0$$

ou, fazendo as substituições,

$$\frac{3f_{tk}}{h - x}\int_0^x b_y dy\, y - f_{tk}\int_0^{x_t} b_y dy - \alpha A_s \frac{3f_{tk}}{h - x}(d_s - x) -$$

$$- A_p(\sigma_p^{(0)} + 0) = 0$$

e a expressão genérica anterior ficará:

$$3S_x + [A_{ct} + 3\alpha A_s + r_f]x - [A_{ct}h + 3\alpha A_s d_s + r_f h] = 0 \quad (4.29)$$

O momento de fissuração na protensão sem aderência será:

$$M_r = A_{ct} f_{tk} z_t + A_s \sigma_s z_s + A_p \sigma_p^{(0)} + z_p \quad (4.30)$$

4.2.2.2 Verificações no estádio IIa: tensões normais de serviço[3]

O estádio IIa é caracterizado pela fissuração da zona tracionada da seção transversal, com comportamento elástico dos materiais. Neste estádio são verificadas as estruturas de concreto armado e modernamente também as de concreto protendido, visando à sua segurança de uso, definida mediante limites convencionais dos valores de aberturas características de fissuras e de deslocamentos lineares transversais (flechas), estabelecidos nos estados-limite de fissuração inaceitável e de deformação excessiva.

No estádio IIa se estabelece o embasamento teórico-prático para o cálculo e a verificação das estruturas parcialmente protendidas.

Fissurada a zona tracionada da seção transversal, resultarão os diagramas de deformações específicas e de tensões mostrados na Figura 4.12.

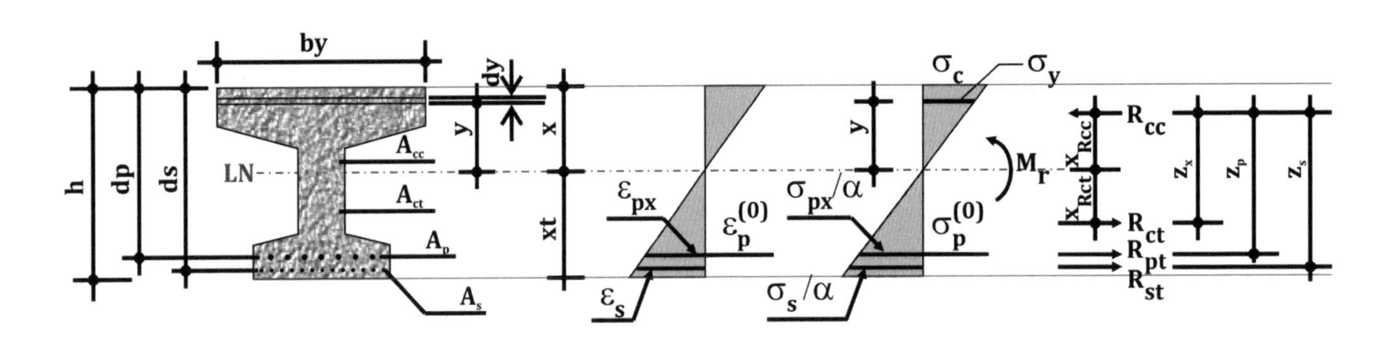

Figura 4.12 Estádio IIa.

Os valores de $\varepsilon_p^{(0)}$, ε_{px} já foram explicados (item 4.2.2.1). Da multiplicação do diagrama de deformações específicas por E_c resultará o diagrama de tensões do concreto. Dada a linearidade do diagrama de deformações (hipótese de Bernoulli), o diagrama de tensões também se configurará linear, ou pelo menos poderá ser admitido como tal, no estádio IIa.

Na protensão com aderência entre o aço e o concreto, as tensões nas armaduras (ativa e passiva) ficarão afetadas de um fator redutor de escala $\alpha = E_s/E_c$ e, dada a aderência, para a fibra situada na altura da armadura tracionada, a deformação no concreto será $\varepsilon_{cs} = \varepsilon_s$.

3 Baseado em Fritsch (1985).

Multiplicando o diagrama de deformações por E_c, resultará para esta fibra:

$$\varepsilon_{cs} \cdot E_c = \sigma_{cs} = \varepsilon_s \cdot E_c = \varepsilon_s E_c \frac{E_s}{E_s} = \varepsilon_s \frac{E_s}{\alpha} = \frac{\sigma_s}{\alpha}$$

donde:

$$\sigma_s = \alpha \sigma_{cs} \quad (4.31)$$

Conclui-se que a tensão na armadura longitudinal é α vezes maior que a tensão no concreto na fibra referida.

O esforço resistente interno de tração terá como valor $R_{st} = A_s\sigma_s = A_s\alpha\sigma_{cs} = A_{cs}\sigma_{cs}$. A majoração de α da área da seção transversal da armadura longitudinal A_s, homogeneizando a seção transversal da estrutura fletida, torna explícita e possível a linearização do diagrama de tensões normais dos materiais. O mesmo vale para a armadura ativa, respeitado o que se mencionou no item 3.1 acerca do pré-alongamento $\varepsilon_p^{(0)}$.

Da condição de equilíbrio $\Sigma F_x = 0$, tem-se:

$$R_{cc} - R_{st} - R_{pt} = 0$$

ou seja:

$$\int_0^x \sigma_y b_y dy - A_s\sigma_s - A_p\,(\sigma_p^{(0)} + \sigma_{px}) = 0$$

Sendo:

$$\sigma_y = \frac{\sigma_c}{x} y$$

$$\sigma_s = \alpha \frac{\sigma_c}{x}(d_s - x)$$

$$\sigma_{px} = \alpha \frac{\sigma_c}{x}(d_p - x)$$

tem-se na equação anterior:

$$\frac{\sigma_c}{x}\int_0^x b_y dy\, y - \alpha A_s \frac{\sigma_c}{x}(d_s - x) - A_p\sigma_p^{(0)} -$$

$$-\alpha A_p \frac{\sigma_c}{x}(d_p - x) = 0$$

Fazendo:

$$\int_0^x b_y y\, dy = S_x \quad \text{e} \quad A_p\sigma_p^{(0)} = P^{(0)}$$

tem-se:

$$\frac{\sigma_c}{x}\,[S_x - A_s\,(d_s - x) - A_p\,(d_p - x)] - P^{(0)} = 0$$

$$\frac{\sigma_c}{x} = \frac{P^{(0)}}{S_x - \alpha A_s\,(d_s - x) - \alpha A_p\,(d_p - x)} \quad \text{(a)}$$

Da condição de equilíbrio $\Sigma M_{LN} = 0$, tem-se:

$$R_{cc}x_{Rcc} + R_{st}(d_s - x) + R_{pt}(d_p - x) - M_k = 0$$

sendo M_k o momento fletor de serviço (momento característico) e:

$$R_{cc} = \frac{\sigma_c}{x} S_x \quad (4.32)$$

$$x_{Rcc} = \frac{I_x}{S_x} \quad (4.33)$$

$$R_{st} = \sigma_s A_s = \alpha \frac{\sigma_c}{x}(d_s - x)A_s \quad (4.34)$$

$$R_{pt} = (\sigma_p^{(0)} + \sigma_{px})\,A_p = \sigma_p^{(0)}A_p + \sigma_{px}A_p = P^{(0)}A_p =$$

$$= + \alpha \frac{\sigma_c}{x}(d_p - x)A_p \quad (4.35)$$

Tem-se, então, na equação de equilíbrio:

$$\frac{\sigma_c}{x} S_x \frac{I_x}{S_x} + \alpha \frac{\sigma_c}{x} + (d_s - x)A_s(d_s - x) + P^{(0)}(d_p -$$

$$- x) + \frac{\sigma_c}{x} (d_p - x)A_p(d_p - x) - M_k = 0$$

$$\frac{\sigma_c}{x} [I_x + \alpha A_s (d_s - x)^2 + \alpha A_p (d_p - x)^2 - M_k -$$

$$- P^{(0)} (dp - x) = 0$$

$$\frac{\sigma_c}{x} = \frac{M_k - (d_p - x) P^{(0)}}{I_x + \alpha A_s(d_s - x)^2 + \alpha A_p(d_p - x)^2} \quad \text{(b)}$$

Da igualdade de (a) e (b), e fazendo:

$$\frac{M_k}{P^{(0)}} = r_f \quad \text{e} \quad a = d_s - d_p$$

obtém-se:

$$x = \frac{r_f\alpha(A_s d_s + A_p d_p) + S_x(d_p - r_f) + \alpha A_s d_s a + I_x}{r_f\alpha(A_s + A_p) + \alpha A_s a + S_x} \quad (4.36)$$

Dessa expressão genérica para x resultará uma equação normalmente do terceiro grau da qual se obterá o valor de x. A resolução dessa expressão pode ser feita por meio de calculadora programável: o valor de x arbitrado no primeiro membro deverá corresponder ao valor resultante (programado) do segundo membro (FRITSCH, 1985).

O valor de σ_c resultará da expressão (a) e, com ele, os valores de σ_s e σ_p.

$$\sigma_c = \frac{P^{(0)}}{S_x - \alpha A_s (d_s - x) - \alpha A_p (d_p - x)} \quad (4.37)$$

$$\sigma_s = \alpha \frac{\sigma_c}{x} (d_s - x) \quad (4.38)$$

$$\sigma_p = \sigma_p^{(0)} + \sigma_{px} = \sigma_p^{(0)} + \alpha \frac{\sigma_c}{x} (d_p - x) \quad (4.39)$$

Os valores das tensões também podem ser obtidos a partir da equação (b), na qual numerador e denominador são expressões que se repetem seção por seção ao longo da estrutura protendida, podendo ser programados e colocados sob forma mais simples, como segue:

$$M_k - P^{(0)}(d_p - x) = M_{k,red} \quad (4.40)$$

$M_{k,red}$ é o momento fletor reduzido, isto é, a soma do momento de serviço com o momento devido à protensão.

I_i é o momento de inércia da seção ideal (homogeneizada) em relação à LN, dado por:

$$I_x + \alpha A_s (d_s - x)^2 + \alpha A_p (d_p - x)^2 = I_i$$

A expressão (b) fica:

$$\frac{\sigma_c}{x} = \frac{M_{k,red}}{I_i}$$

e as tensões de serviço:

$$\sigma_c = \frac{M_{k,red}}{I_i} x \quad (4.41)$$

$$\sigma_s = \alpha \frac{M_{k,red}}{I_i} (d_s - x) \quad (4.42)$$

$$\sigma_p = \sigma_p^{(0)} + \alpha \frac{M_{k,red}}{I_i} (d_p - x) \quad (4.43)$$

Os valores dessas tensões normais de serviço permitem o cálculo das aberturas características das fissuras, bem como os deslocamentos transversais (deformações e flechas) das estruturas de concreto armado/protendido.

Em se tratando de cabos de protensão sem aderência, tem-se, na condição de equilíbrio $\Sigma F_x = 0$:

$$\frac{\sigma_c}{x}\int_0^x b_y y dy - \alpha A_s \frac{\sigma_c}{x}(d_s - x) - A_p \sigma_p^{(0)} = 0$$

Fazendo:

$$\int_0^x b_y dy\, y = S_x \quad \text{e} \quad A_p \sigma_p^{(0)} = P^{(0)}$$

tem-se:

$$\frac{\sigma_c}{x}[S_x - \alpha A_s (d_s - x)] - P^{(0)} = 0$$

$$\frac{\sigma_c}{x} = \frac{P^{(o)}}{S_x - \alpha A_s (d_s - x)} \qquad (c)$$

Da equação de equilíbrio $\sum M_{LN} = 0$:

$$R_{cc} x_{Rcc} + R_{st}(d_s - x) + R_{pt}(d_p - x) - M_k = 0$$

sendo:

$$R_{cc} = \frac{\sigma_c}{x} S_x \qquad (4.44)$$

$$x_{Rcc} = \frac{I_x}{S_x} \qquad (4.45)$$

$$R_{st} = \sigma_s A_s = \alpha \frac{\sigma_c}{x}(d_s - x) A_s \qquad (4.46)$$

$$R_{pt} = (\sigma_p^{(0)} + 0) A_p = \sigma_p^{(0)} A_p = P^{(0)} \qquad (4.47)$$

Substituindo na equação de equilíbrio:

$$\frac{\sigma_c}{x} S_x \frac{I_x}{S_x} + \alpha \frac{\sigma_c}{x}(d_s - x) A_s (d_s - x) + P^{(0)}(d_p - x) - M_k = 0$$

$$\frac{\sigma_c}{x}[I_x + \alpha A_s (d_s - x)^2] = M_k - P^{(0)}(d_p - x)$$

$$\frac{\sigma_c}{x} = \frac{M_k - P^{(0)}(d_p - x)}{I_x + \alpha A_s (d_s - x)^2} \qquad (d)$$

Fazendo (c) = (d),

$$\frac{M_k}{P^{(0)}} = r_f \qquad (4.48)$$

e

$$d_s - d_p = a \text{ (conforme Figura 4.12)}$$

obtém-se a expressão

$$x = \frac{r_f \alpha A_s d_s + S_x(d_p - r_f) + \alpha A_s d_s a + I_x}{r_f \alpha A_s + \alpha A_s a + S_x} \qquad (4.49)$$

que permite calcular as tensões σ_c, σ_s e σ_p, agora com armadura ativa sem aderência:

$$\sigma_c = \frac{P^{(0)} x}{S_x - \alpha A_s (d_s - x)} \qquad (4.50)$$

$$\sigma_s = \alpha \frac{\sigma_c}{x}(d_s - x) \qquad (4.51)$$

$$\sigma_p = \sigma_p^{(0)} + 0 \qquad (4.52)$$

O controle da fissuração é feito conforme indicado no Capítulo 3. O controle de σ_c é feito como indicado no Capítulo 2.

4.2.2.3 Verificações no estádio IIb: segurança à ruína[4]

No estádio IIb o concreto encontra-se fissurado, estando ambos os materiais em regime plástico e valendo os domínios 2b e 3 da NBR 6118:2014, 17.2. Com base nas resistências de projeto dos materiais, a verificação das seções transversais de concreto como armaduras ativa e passiva tem por objetivo determinar o momento último M_{ud} do qual a seção é capaz, para compará-lo ao momento característico M_k gerado pela solicitação atuante externa, multiplicado pelo coeficiente de ponderação das ações no estado-limite último (ELU), conforme a NBR 6118:2014, 11.7.1. A segurança à ruína estará assegurada quando $M_{ud} \geq \gamma M_k$.

4 Baseado em Fritsch (1985).

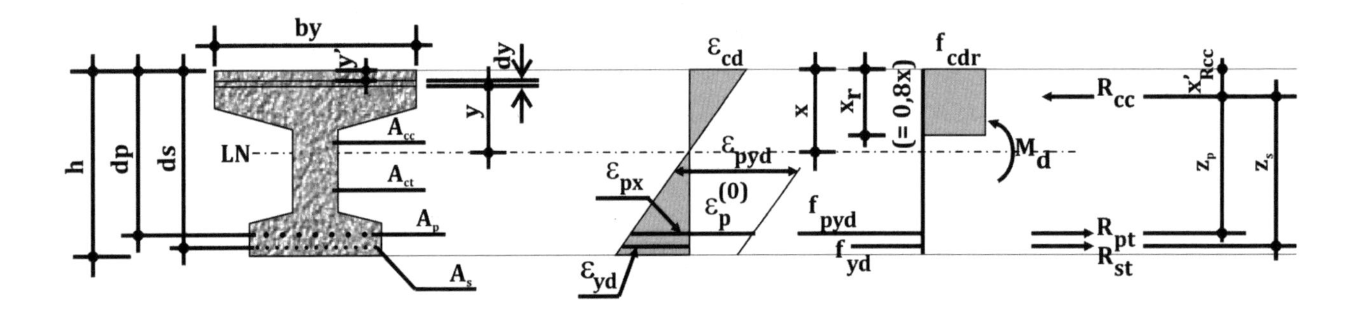

Figura 4.13 Estádio IIb – estádio-limite último (ELU).

Da condição de equilíbrio $\Sigma F_x = 0$, vem:

$$R_{cc} - R_{pt} - R_{st} = 0$$

ou seja:

$$\int_0^{xr} f_{cd} b_y dy - A_s f_{yd} - A_p f_{pyd} = 0$$

$$f_{cd} \int_0^{xr} b_y dy - A_s f_{yd} - A_p f_{pyd} = 0$$

$$\int_0^{xr} b_y dy = A_{ccr}$$

$$A_{ccr} f_{cd} - A_s f_{yd} - A_p f_{pyd} = 0 \qquad (4.53)$$

Da expressão genérica (4.53), resultará o valor x_r (intrínseco em A_{ccr}) e o valor de x, com o qual, dada a validade da hipótese de Bernoulli, obtém-se, de acordo com a Figura 4.13:

$$\varepsilon_{px} = \varepsilon_{cd} \frac{d_p - x}{x} \qquad (4.54)$$

A fim de que a seção esteja nos domínios 2, 3 ou 4 (ABNT, 2014, 17.2.2), devem ser observados os limites seguintes.

4.2.2.3.1 Ruína por esmagamento do concreto – domínios 3 e 4

$$2‰ \leq \varepsilon_{cd} \leq 3,5‰$$

O enquadramento será verificado por meio das expressões:

$$\varepsilon_{yd} = \frac{3,5‰}{x}(d_s - x) \qquad (4.55)$$

$$\varepsilon_{px} = \frac{3,5‰}{x}(d_p - x) \qquad (4.56)$$

4.2.2.3.2 Ruína por deformação excessiva do aço – domínio 2[5]

Para o aço CA:

$$\varepsilon_{yd}^{i} \leq \varepsilon_{yd} \leq 10‰$$

Para o aço CA 50:

$$\varepsilon_{yd}^{i} = \frac{4348}{2100000} = 2,07‰$$

$$\varepsilon_{px} \leq 10‰$$

$$\varepsilon_{pyd} \geq \varepsilon_{pyd}^{i}$$

Para CP 190 RB:

$$\varepsilon_{pyd}^{i} = \frac{\sigma}{E} = \frac{0,74 \cdot 190}{20000} = 0,00703 = 7,03‰$$

O enquadramento será verificado por meio da expressão:

$$\varepsilon_{cd} = \frac{10‰}{d_s - x} x \qquad (4.57)$$

Para $d_s > d_p$ (Figura 4.13, domínio 2b), com:

5 Baseado em Vasconcelos (1980).

$$Z_s = d_s - x'_{Rcc} \quad (4.58)$$

$$Z_p = d_p - x'_{Rcc} \quad (4.59)$$

resultará como valor do momento interno de projeto:

$$M_d = A_s f_{yd}(d_s - x'_{Rcc}) + A_p f_{pyd}(d_p - x'_{Rcc}) \quad (4.60)$$

A segurança à ruína definida no ELU ficará assegurada quando existir a condição $M_d \geq \gamma_f M_k$.

Pelo exposto no item 4.2.2.1 e mostrado na Figura 4.11, é fácil notar que a diferença entre uma seção em concreto armado e uma idêntica em concreto protendido é a existência do pré-alongamento $\varepsilon_p^{(0)}$ do aço de protensão. No ELU, essa diferença é pouco importante, a menos que exista excesso de armadura, com o que a LN ultrapassa o eixo baricêntrico.

O pré-alongamento $\varepsilon_p^{(0)}$ deve ser determinado na época em que se procura conhecer a eficiência da peça ($t = 0 \to \infty$) e no estádio (Ia, Ib, IIa ou IIb) em que se encontra a seção em estudo. Como vimos, o aço de protensão apresenta, no estádio IIb, dois alongamentos:

- $\varepsilon_p^{(0)}$ = pré-alongamento da armadura ativa, decorrente da ação do macaco;
- ε_{px} = alongamento decorrente da flexão da peça até o ELU, dependente de x, que decorre das condições de equilíbrio de seção.

A deformação total do aço no ELU valerá, pois:

$$\varepsilon_{pyd} = \varepsilon_p^{(0)} + \varepsilon_{px}$$

e a ela corresponde uma tensão f_{pyd} que não se conhece de antemão, por causa de ε_{px}. Pode-se arbitrá-la; para tanto, imaginemos que o aço de protensão tenha sido solicitado com a máxima tensão permitida. Para o aço CP 190 RB, por exemplo, isso daria $\sigma_{pi} \leq 0{,}74 \cdot 1900 = 1406\ \text{N/mm}^2$. Supondo ainda que o aço tenha sofrido ou venha a sofrer uma perda progressiva de protensão de 15%, o valor arbitrado será $\sigma_{pi} \leq 1195\ \text{N/mm}^2$.

Por aproximações sucessivas e com o auxílio do diagrama simplificado tensão-deformação dos aços de protensão CP 190 RB, conforme Figura 4.14, obtém-se o valor correto da tensão no aço.

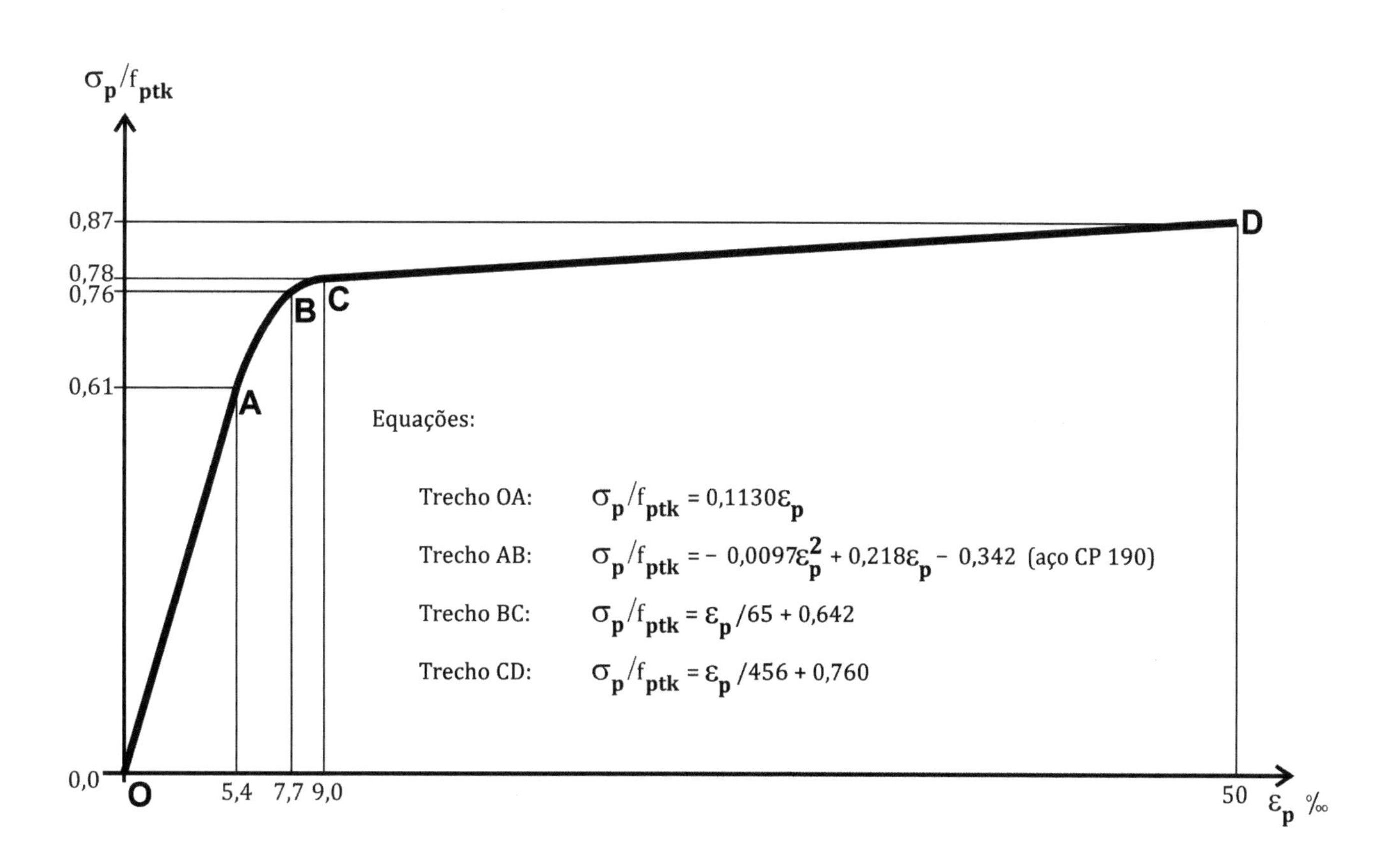

Figura 4.14 Diagrama tensão-deformação simplificado para aços CP. Fonte: adaptada de Vasconcelos (1980).

No caso de protensão sem aderência:

$$\varepsilon_{px} = 0 \qquad \varepsilon_{pyd} = \varepsilon_p^{(o)} + 0$$

e o momento interno de projeto valerá:

$$M_d = A_s f_{yd}(d_s - x'_{Rcc}) + A_p \sigma_p^o (d_p - x'_{Rcc}) \quad (4.61)$$

Para o cabo não aderente ancorado nas suas extremidades, existe, em virtude da flexão da estrutura, um aumento de tensão de difícil determinação e um tanto arbitrário, porque depende da deformabilidade da estrutura, e não será aqui considerado (ABNT, 2014, 17.2.2; DIN, 1995, 12.5).

4.3 EXEMPLOS NUMÉRICOS: VERIFICAÇÃO DE SEÇÕES TRANSVERSAIS[6]

4.3.1 Exemplo 1: estádio Ia

Considerando que a viga ilustrada na Figura 4.15 tem fck = 30 MPa (ou 30 N/mm²), tem armadura aderente e está sob carregamento frequente no tempo t = ∞, verificar se as tensões de trabalho nas seções 2 e 5 atendem à seguinte condição de protensão completa (ELS-D), com aço CP 190 RB, usando cordoalhas de diâmetro 15,2 mm: $\sigma_{cc}^{\infty} \leq 0{,}5\, f_{ck}$ e $\sigma_{ct}^{\infty} \leq 0$.

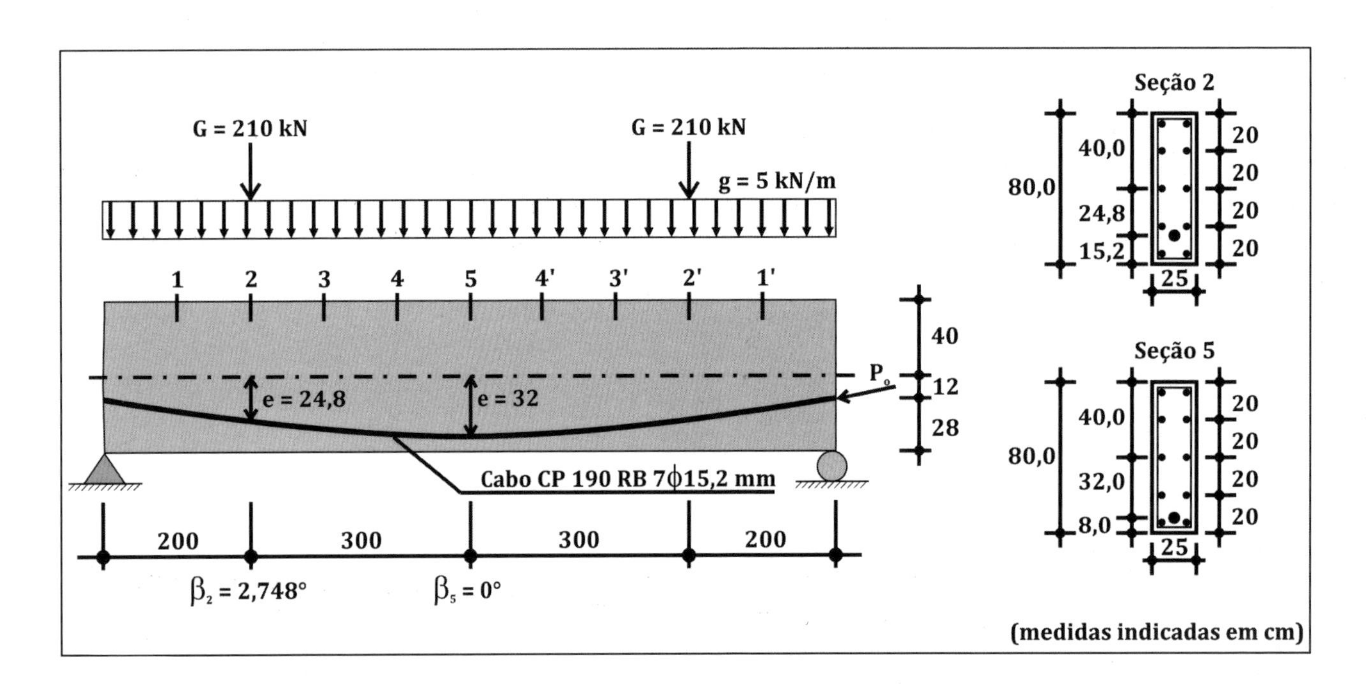

Figura 4.15 Viga do Exemplo 1, item 4.3.1.

4.3.1.1 Características geométricas da seção transversal

Não levando em conta a armadura passiva mínima (construtiva), tampouco os vazios da bainha antes da injeção do cabo, temos os seguintes valores geométricos a considerar:

$$A_c = 25 \cdot 80 = 2000 \text{ cm}^2$$

$$W_{m,n} = \frac{1066667}{20} = 53333 \text{ cm}^3$$

$$I_c = 25 \cdot \frac{80^3}{12} = 1066667 \text{ cm}^4$$

$$S_{m,n} = 25 \cdot 20 \cdot 30 = 15000 \text{ cm}^3$$

$$W_{s,i} = \frac{1066667}{40} = 26667 \text{ cm}^3$$

$$S_c = 25 \cdot 40 \cdot 20 = 20000 \text{ cm}^3$$

6 Baseado em Fritsch (1985).

A posição "c" se refere ao centro da seção transversal. As posições "s" e "i" se referem às bordas superior e inferior, respectivamente. As posições "m" e "n" ficam entre a borda superior/inferior e o centro. As verificações serão feitas em todas essas situações, para que no resultado se perceba o comportamento da seção como um todo.

4.3.1.2 Força de protensão e traçado do cabo (parábola com flecha f = 32 – 12 = 20 cm)

A tensão máxima (tensão admissível) no aço CP 190 (ABNT, 2014, 9.6.1.2.1) vale:

$$\overline{\sigma}_{pi} \leq \begin{cases} 0{,}74\ f_{ptk} = 0{,}74 \cdot 1900 = 1406 \dfrac{N}{mm^2} \\ 0{,}82\ f_{pyk} = 0{,}82 \cdot (0{,}9\ f_{ptk}) = 1402{,}2 \dfrac{N}{mm^2} \quad \text{(valor adotado)} \end{cases}$$

A força de protensão correspondente no cabo de 7 cordoalhas, com área de cordoalha considerada igual a 1,435 cm², é:

$$P_o = \left(140{,}22 \frac{kN}{cm^2}\right) \cdot 7\ \text{cordoalhas} \cdot 1{,}435\ cm^2 =$$

$$= 1408{,}51\ kN$$

As perdas serão estudadas no Capítulo 5. Antes da sua determinação real, será aqui admitido que já tenham ocorrido 15% de perdas, restando uma força residual de 85% constante ao longo do cabo, no valor de $P_0^{t=\infty} = 0{,}85 \cdot 1408{,}51 = {\sim}1200$ kN.

Na seção 2:

$$e_2 = 12 + \frac{4f}{L^2}\ xx' = 12 + \frac{4 \cdot 20}{10^2}\ 2 \cdot 8 = 24{,}8\ cm$$

(ver Figura 4.15)

$$\beta_2 = \text{arc tg} \frac{4f}{L^2}\ (x' - x) = \text{arc tg} \frac{4 \cdot 0{,}2}{10^2}\ (8 - 2)$$

$$= 2{,}748^\circ$$

Na seção 5:

$$e_5 = 12 + f = 12 + 20 = 32\ cm \quad \text{e} \quad \beta_5 = 0^\circ$$

4.3.1.3 Esforços solicitantes nas seções 2 e 5

$$N_2^P = -P_0^{t=\infty} \cdot \cos \beta_2 = -1200 \cdot 0{,}9988 = -1198{,}56\ kN$$

$$M_2^P = N_2^P \cdot e_2 = -1198{,}56 \cdot 0{,}248 = -297{,}24\ kNm$$

$$V_2^P = -P_0^{t=\infty} \cdot \text{sen}\ \beta_2 = -1200 \cdot 0{,}0479 = -57{,}48\ kN$$

$$M_2^{g+G} = 0{,}5 \cdot 5 \cdot 2 \cdot 8 + 210 \cdot 2 = 460\ kNm$$

$$V_2^{g+G} = 0{,}5 \cdot 5 \cdot 10 + 210 - 5 \cdot 2 = 225\ kN$$

$$N_5^P = P_0^{t=\infty} \cdot \cos \beta_5 = -1200 \cdot 1 = 1200\ kN$$

$$M_5^P = -N_5^P\ e_5 = -1200 \cdot 0{,}32 = -384\ kNm$$

$$V_5^P = 0$$

$$M_5^{g+G} = 5 \cdot 10^2 / 8 + 210 \cdot 2 = 482{,}50\ kNm$$

$$V_5^{g+G} = 0$$

Da ação simultânea de P_o + G + g resultarão os valores da Tabela 4.1.

Tabela 4.1 Esforços solicitantes nas seções 2 e 5

Seção 2			Seção 5		
N (kN)	M (kNm)	V (kN)	N (kN)	M (kNm)	V (kN)
–1198,56	162,76	167,52	–1200	98,50	0

4.3.1.4 Tensões normais, tangenciais e principais

$$\sigma_{N,M} = \frac{N}{A_c} + \frac{M}{W_f}$$

$$\tau = \frac{V\,S_f}{I_c\,b_f}$$

$$\sigma_{I,II} = \frac{\sigma}{2} \pm \sqrt{\left(\frac{\sigma}{2}\right)^2 + \tau^2}$$

em que W_f e S_f são as características geométricas na fibra "f" considerada.

Condição para a protensão completa:

$$\sigma_{cc}^{\infty} \le 0{,}5\,f_{ck} = 0{,}5 \cdot 3 = 1{,}50 \text{ kN/cm}^2 \quad \text{e} \quad \sigma_{ct}^{\infty} \le 0$$

Conclusão do Exemplo 1: as tensões de compressão calculadas são menores que σ_{ct}^{∞}, o que está adequado. As tensões de tração encontradas são irrelevantes, por seu valor baixo. Assim, as tensões normais de borda e as tensões principais de fibras em diferentes alturas das seções atendem às condições de protensão completa para carregamento frequente, não ultrapassando os valores estabelecidos no ELS. O resultado das tensões nas fibras "s" e "i" (bordas superior e inferior, respectivamente) e nas fibras interiores ("m", "c", "n") permite a visualização do comportamento da seção internamente. Percebe-se, por exemplo, que a seção 5 está toda comprimida, com menores taxas de compressão inferiormente, onde naturalmente ocorreria tração, caso não existisse ali a protensão completa.

Tabela 4.2 Tensões normais, tangenciais e principais nas seções 2 e 5

Fibra "f"	Seção 2 (valores em kN/cm²)							Seção 5		
	σ_N	σ_M	$\sigma_{N,M}$	τ_V	σ_I, σ_{II}	σ_I	σ_{II}	σ_N	σ_M	$\sigma_{N,M}$
s	–0,60	–0,61	–1,21	0	–0,605 ± 0,605	0	–1,21	–0,60	–0,37	–0,97
m	–0,60	–0,30	–0,90	0,09	–0,450 ± 0,459	0,01	–0,91	–0,60	–0,18	–0,78
c	–0,60	0	–0,60	0,12	–0,300 ± 0,323	0,02	–0,62	–0,60	0	–0,60
n	–0,60	0,30	–0,30	0,09	–0,150 ± 0,174	0,02	–0,32	–0,60	0,18	–0,42
i	–0,60	0,61	–0,01	0	–0,005 ± 0,005	0	–0,01	–0,60	0,37	–0,23

4.3.2 Exemplo 2: estádios Ia, Ib, IIa e IIb, armaduras ativa e passiva[7]

Considerando que a viga ilustrada na Figura 4.16 tem fck = 35 MPa (ou 35 N/mm²), tem armadura de protensão tanto aderente como não aderente, e está sob carregamento frequente no tempo t = ∞, verificar se as tensões de trabalho na seção 5 atendem aos estádios Ia, IIa e IIb, com aço CP 190 RB, usando cordoalhas de diâmetro 15,2 mm.

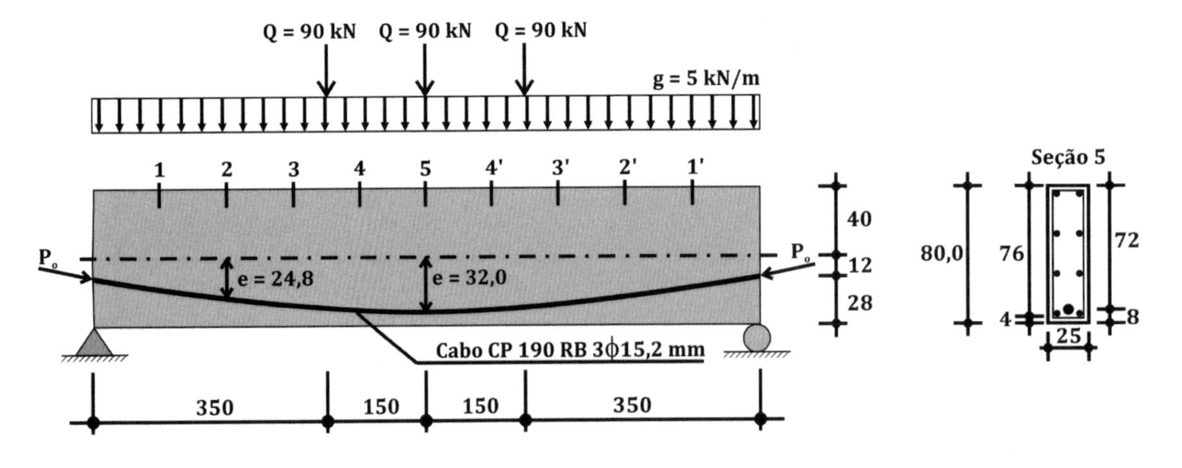

Figura 4.16 Viga do Exemplo 2, item 4.3.2.

7 Baseado em Fritsch (1985).

4.3.2.1 Estádio Ia para protensão com aderência

$$A_c = 2000\ cm^2$$

$$W_p = 1066667/32 = 33333\ cm^3$$

$$I_c = 1066667\ cm^4$$

$$W_{s,i} = 1066667/40 = 26667\ cm^3$$

$$A_s = 4 \cdot 5 = 20\ cm^2$$

$$A_p = 3 \cdot 1{,}435 = 4{,}305\ cm^2$$
(cabo com 3 cordoalhas de 15,2 mm, CP 190)

$$f_{ck} = 3{,}5\ kN/cm^2$$

$$f_{tk} = f_{ctm} = 0{,}3 \cdot \sqrt[3]{f_{ck}^{\ 2}} = 0{,}3 \cdot \sqrt[3]{35^2} = 3{,}21\ MPa =$$

$$= 0{,}321\ kN/cm^2$$

A estrutura será protendida para a carga g = 5 kN/m (peso próprio). Posteriormente atuarão as cargas Q = 90 kN provenientes de um veículo-tipo.

A tensão máxima (tensão admissível) f_{pyd} no aço CP 190 (ABNT, 2014, 9.6.1.2.1) vale:

$$f_{pyd} = \overline{\sigma_{pi}} \leq \begin{cases} 0{,}74 f_{ptk} = 0{,}74 \cdot 1900 = 1406 \dfrac{N}{mm^2} \\ 0{,}82 f_{pyk} = 0{,}82 \cdot (0{,}9 f_{ptk}) = 1402{,}2 \dfrac{N}{mm^2} : \end{cases}$$

: valor adotado

A força de protensão correspondente no cabo de 3 cordoalhas, com área de 4,305 cm², é:

$$P_o = \left(140{,}22 \frac{kN}{cm^2}\right) \cdot 4{,}305\ cm^2 = 603{,}64\ kN$$

As perdas serão estudadas no Capítulo 5. Antes da sua determinação real, será aqui será admitido que já tenham ocorrido 15% de perdas, restando uma força residual de 85% constante ao longo do cabo, no valor de $P_0^{t=\infty} = 0{,}85 \cdot 603{,}64 \sim 513{,}10$ kN.

Esforços solicitantes na seção 5, devidos a $P_0^{t=\infty}$ e g:

$$N_p = -P_0^{t=\infty} \cdot \cos\beta = -513{,}1 \cdot 1 = 513{,}1\ kN$$

$$M_p = -P_0^{t=\infty} \cdot \cos\beta \cdot e = 513{,}1 \cdot 0{,}32 = -164{,}192$$

$$M_g = 5 \cdot 10^2/8 = 62{,}5\ kNm$$

$$M_{pg} = -164{,}192 + 62{,}5 = -101{,}692\ kNm$$

Tensões normais devidas a P_o e g (suposta a validade do estádio Ia):

$$\sigma_c^s = \frac{N}{A_c} + \frac{M}{W_f} = -\frac{513{,}1}{2000} + \frac{101{,}692 \cdot 100}{26667} =$$

$$= -0{,}256 + 0{,}381 = 0{,}125\ kN/cm^2$$

$$\sigma_c^p = -\frac{513{,}1}{2000} - \frac{101{,}692 \cdot 100}{33333} = -0{,}256 - 0{,}305 =$$

$$= -0{,}561\ kN/cm^2$$

$$\sigma_c^i = -\frac{513{,}1}{2000} - \frac{101{,}692 \cdot 100}{26667} = -0{,}256 - 0{,}381 =$$

$$= -0{,}637\ kN/cm^2$$

As tensões de compressão não ultrapassam os valores permitidos (conforme item 2.2.3 deste livro). A resultante de tração R_{ct} correspondente à tensão $\sigma_c^s = 0{,}125$ kN/cm² será absorvida com armadura passiva.

A tensão no concreto σ_c^p, na fibra de mesma altura que a armadura ativa, permite determinar a força de tração $P^{(0)}$ correspondente ao pré-alongamento

$\varepsilon_p^{(0)}$ da armadura de protensão. Para tanto, usa-se o módulo de elasticidade (ABNT, 2014, 8.2.8):

$$E_{ci} = 0{,}9 \cdot 5600\sqrt{35} = 29817 \text{ MPa} = 298170 \text{ kgf/cm}^2$$

Sendo E_p = 200 GPa (ABNT, 2014, 8.4.4), tem-se:

$$\alpha = 200000/29817 = 6{,}7$$

$$\sigma_P^{(o)} = \sigma_{P_o^{t=\infty}} + \alpha\, \sigma_c^P = (513{,}1/4{,}305) + 6{,}7 \cdot 0{,}561 =$$

$$= 119{,}18 + 3{,}75 = 122{,}94 \text{ kN/cm}^2$$

$$P^{(o)} = 122{,}94 \cdot 4{,}305 = 529{,}28 \text{ kN}$$

Da ação conjunta de $P_0^{t=\infty}$, g e Q resultarão, na seção 5, M_{gQ}, σ_c^s e σ_c^i:

$$M_{gQ} = [(5 \cdot 10 + 90 \cdot 3)/2] \cdot 10/2 - 5 \cdot 5 \cdot 2{,}5 -$$

$$- 90 \cdot 1{,}5 = 602{,}5 \text{ kNm} = 60250 \text{ kNcm}$$

$$\sigma_c^s = 0{,}125 - \frac{60250}{26667} = -2{,}13 \text{ kN/cm}^2$$

$$\sigma_c^i = -0{,}637 + \frac{60250}{26667} = 1{,}62 \text{ kN/cm}^2$$

Como $\sigma_c^i > f_{ctk}$, a seção transversal irá fissurar, deixando de valer para a atuação conjunta de P_o, g e Q a verificação feita no estádio Ia. A seção 5 terá o seu comportamento definido em estádio subsequente.

4.3.2.2 Estádio Ia para protensão sem aderência

Para o estádio Ia, ocorrem as mesmas tensões normais obtidas para a situação com aderência. A seção irá fissurar, estabelecendo-se o equilíbrio em um dos estádios subsequentes. Ficam, portanto, valendo os seguintes valores:

$$P_0^{t=\infty} = 513{,}1 \text{ kN}$$

$$\sigma_{P_o^{t=\infty}} = (513{,}1/4{,}305) = 119{,}18 \text{ kN/cm}^2$$

4.3.2.3 Estádio Ib: momento de fissuração para protensão com aderência

$$\sigma_P^{(o)} = \sigma_{P_o^{t=\infty}} + \alpha\, \sigma_c^P = 122{,}94 \text{ kN/cm}^2$$

(já calculado no estádio Ia)

Isso equivale a:

$$P^{(o)} = 529{,}28 \text{ kN}$$

O valor de x (ver Figura 4.11) resultará da expressão genérica (4.19):

$$3S_x + [A_{ct} + 3\alpha\,(A_s + A_p) + r_f]\, x - [A_{ct}h +$$

$$+ 3\alpha\,(A_s d_s + A_p\, d_p) + r_f h] = 0$$

sendo:

$$r_f = \frac{P^{(o)}}{f_{ctk}} = \frac{529{,}28}{0{,}32} = 1654 \text{ cm}^2$$

$$r_f \cdot h = 1654 \cdot 80 = 132320$$

$$S_x = 0{,}5 \cdot b \cdot x^2 = 0{,}5 \cdot 25 \cdot x^2 = 12{,}5 \cdot x^2$$

$$A_{ct} = 25 \cdot (80 - x) = 2000 - 25x$$

$$A_{ct} \cdot h = 160000 - 2000x$$

$$3 \cdot \alpha \cdot (A_s + A_p) = 3 \cdot 6{,}7 \cdot (20 + 4{,}305) =$$

$$= 488{,}53 \text{ cm}^2$$

$$3 \cdot \alpha \cdot (A_s \cdot d_s + A_p \cdot d_p) = 3 \cdot 6{,}7 \cdot (20 \cdot 76 +$$

$$+ 4{,}305 \cdot 72) = 36782{,}19 \text{ cm}^3$$

Entrando com estes valores, obtém-se:

$$3S_x + [A_{ct} + t3\,\alpha\,(A_s + A_p) + r_f]\, x - [A_{ct}h +$$

$$+ 3\alpha\,(A_s d_s + A_p\, d_p) + r_f h] = 0$$

$$3(12{,}5 \cdot x^2) + [(2000 - 25x) + 488{,}53 + 1654]x -$$

$$- [(160000 - 2000x) + 36782{,}19 + 132320] = 0$$

$$37{,}5x^2 + 2000x - 25x^2 + 2142{,}53x - 160000 +$$

$$+ 2000x - 169102{,}19 = 0$$

$$12{,}5x^2 + 6142{,}53x - 329102{,}19 = 0$$

$$x = 48{,}74 \text{ cm} \quad \text{e} \quad x_t = 80 - 48{,}74 = 31{,}26 \text{ cm}$$

As tensões nos materiais valerão:

$$\sigma_c = 3f_{tk}\frac{x}{x_t} = 3 \cdot 0{,}32 \cdot \frac{48{,}74}{31{,}26} = \mathbf{1{,}49\ kN/cm^2}$$

$$\sigma_s = \alpha \cdot 3 \cdot f_{tk}\frac{(d_s - x)}{x_t} = 6{,}7 \cdot \frac{3 \cdot 0{,}32}{31{,}26}(76 -$$

$$- 48{,}74) = 5{,}6 \text{ kN/cm}^2$$

$$\sigma_{px} = \alpha \cdot 3 \cdot f_{tk}\frac{(d_p - x)}{x_t} = 6{,}7 \cdot \frac{3 \cdot 0{,}32}{31{,}26}(72 -$$

$$- 48{,}74) = 4{,}78 \text{ kN/cm}^2$$

$$\sigma_p = \sigma_p^{(0)} + \sigma_{px} = 122{,}94 + 4{,}78 = 127{,}72 \text{ kN/cm}^2 <$$

$$< f_{pyd} = 140{,}22 \text{ kN/cm}^2 \text{ (atende ao valor máximo)}$$

Os braços de alavanca internos são:

$$Z_t = \frac{2}{3}x + \frac{x_t}{2} = \frac{2}{3}48{,}74 + \frac{31{,}26}{2} = 48{,}12 \text{ cm}$$

$$Z_s = d_s - \frac{x}{3} = 76 - \frac{48{,}74}{3} = 59{,}75 \text{ cm}$$

$$Z_p = d_p - \frac{x}{3} = 72 - \frac{48{,}74}{3} = 55{,}75 \text{ cm}$$

O momento de fissuração é:

$$M_r = A_{ct}f_{tk}Z_t + A_s\sigma_sZ_s + A_p\sigma_pZ_p$$

$$A_{ct} = 2000 - 25 \cdot 48{,}74 = 781{,}5 \text{ cm}^2$$

$$M_r = 781{,}5 \cdot 0{,}32 \cdot 48{,}12 + 20 \cdot 5{,}6 \cdot 59{,}75 +$$

$$+ 4{,}305 \cdot 127{,}72 \cdot 55{,}75 = 49379{,}13 \text{ kNcm} =$$

$$= 493{,}79 \text{ kNm}$$

Este momento ocorre na seção x_r:

$$R_A = 5 \cdot 5 + 135 = 160 \text{ kN}$$

$$M = 160x_r - \frac{5x_r}{2} = 493{,}79 \therefore x_r = 3{,}25 \text{ cm}$$

A partir da abscissa 3,25 m, em que $M = M_r$ = 493,79 kNm, a viga está fissurada. A seção 3 será então considerada fissurada, bem como as seções 4 e 5. Portanto, o equilíbrio se estabelecerá no estádio subsequente (IIa).

4.3.2.4 Estádio Ib: momento de fissuração para protensão sem aderência

O valor de x (ver Figura 4.11) resultará da expressão genérica (4.29):

$$3S_x + [A_{ct} + 3\alpha A_s + r_f]x - [A_{ct}h + 3\alpha A_sd_s + r_fh] = 0$$

sendo:

$$r_f = \frac{P^{(o)}}{f_{ctk}} = \frac{529,28}{0,32} = 1654\ cm^2$$

$$r_f \cdot h = 1654 \cdot 80 = 132320$$

$$S_x = 0,5 \cdot b \cdot x^2 = 0,5 \cdot 25 \cdot x^2 = 12,5 \cdot x^2$$

$$Act = 25 \cdot (80 - x) = 2000 - 25x$$

$$A_{ct}h = 160000 - 2000x$$

$$3 \cdot \alpha \cdot A_s = 3 \cdot 6,7 \cdot 20 = 402\ cm^2$$

$$3 \cdot \alpha \cdot (A_s \cdot d_s) = 3 \cdot 6,7 \cdot (20 \cdot 76) = 30552\ cm^3$$

Entrando com estes valores na expressão (4.29), obtém-se:

$$3S_x + [A_{ct} + 3\alpha A_s + r_f]x - [A_{ct}h + 3\alpha A_s d_s + r_f h] = 0$$

$$3 \cdot (12,5 \cdot x^2) + [(2000 - 25x) + 402 + 1654]x -$$

$$- [(160000 - 2000x) + 30552 + 132320] = 0$$

$$(37,5 \cdot x^2) + [2000x - 25x^2 + 2056x] - 160000 +$$

$$+ 2000x - 162872 = 0$$

$$(12,5 \cdot x^2) + 6056x - 322872 = 0$$

$$x = 48,47\ cm \quad e \quad x_t = 31,53\ cm$$

As tensões nos materiais valerão:

$$\sigma_c = 3f_{tk} \frac{x}{x_t} = 3 \cdot 0,32 \cdot \frac{48,47}{31,53} = 1,47\ kN/cm^2$$

$$\sigma_s = \alpha \cdot 3f_{tk} \frac{(d_s - x)}{x_t} = 6,7 \cdot \frac{3 \cdot 0,32}{31,53} (76 - 48,47) =$$

$$= 5,62\ kN/cm^2$$

$$\sigma_{px} = 0$$

$$\sigma_p = \sigma_p^{(0)} = 119,18\ kN/cm^2 <$$

$< f_{pyd} = 140,22\ kN/cm^2$ (atende ao valor máximo)

Os braços de alavanca internos são:

$$Z_t = \frac{2}{3}x + \frac{x_t}{2} = \frac{2}{3}\, 48,47 + \frac{31,53}{2} = 48,07\ cm$$

$$Z_s = d_s - \frac{x}{3} = 76 - \frac{48,47}{3} = 59,84\ cm$$

$$Z_p = d_p - \frac{x}{3} = 72 - \frac{48,47}{3} = 55,84\ cm$$

O momento de fissuração é:

$$M_r = A_{ct} f_{tk} Z_t + A_s \sigma_s Z_s + A_p \sigma_p Z_p$$

$$A_{ct} = 2000 - 25 \cdot 48,47 = 788,25\ cm^2$$

$$\therefore M_r = 47538,91\ kNcm = 475,38\ kNm$$

Como o momento fletor na seção 5 devido a g e Q vale $M_{gQ} = 602,5$ kNm, maior que o momento resistente calculado aqui, a seção irá fissurar, estabelecendo-se o seu equilíbrio no estádio IIa.

4.3.2.5 Estádio IIa: tensões normais de serviço para protensão com aderência

O valor de x resultará da expressão genérica (4.36):

$$x = \frac{r_f \alpha (A_s d_s + A_p d_p) + S_x (d_p - r_f) + \alpha A_s d_s a + I_x}{r_f \alpha (A_s + A_p) + \alpha A_s a + S_x}$$

em que

$$r_f = \frac{M_K}{P^{(o)}} = \frac{602,5 \cdot 100}{529,28} = 113,83\ cm$$

$\alpha = 15 \qquad a = d_s - d_p = 4\ cm$

$r_f\alpha(A_sd_s + A_pd_p) = 113{,}83 \cdot 15\ (20 \cdot$

$\cdot\ 76 + 4{,}305 \cdot 72) = 3124565{,}2\ cm^4$

$S_x\ (d_p - r_f) = 0{,}5 \cdot 25 \cdot x^2\ (72 - 113{,}83) =$

$= -522{,}875x^2$

$\alpha A_s\ d_s\ a = 15 \cdot 20 \cdot 76 \cdot 4 = 91200\ cm^4$

$$I_x = \frac{25x^3}{3} = 8{,}33x^3$$

$r_f\alpha\ (A_s + A_p) = 113{,}83 \cdot 15\ (20 + 4{,}305) =$

$= 41499{,}57\ cm^3$

$\alpha A_s a = 15 \cdot 20 \cdot 4 = 1200\ cm^3$

$S_x = 0{,}5 \cdot 25x^2 = 12{,}5x^2$

Substituindo esses valores na expressão genérica (4.36) para o cálculo de x, obtém-se:

$$x = \frac{3124565{,}2 - 522{,}875x^2 + 91200 + 8{,}33x^3}{41499{,}57 + 1200 + 12{,}5x^2} =$$

$= 43{,}729\ cm$

Obs.: resolução por meio de planilha ou calculadora programável a partir de um x arbitrado (primeiro membro) que deverá corresponder ao valor resultante (programado) do segundo membro.

Tensões normais de serviço:

$$\sigma_c = \frac{P^{(o)}x}{S_x - \alpha A_s\ (d_s - x) - \alpha A_p(d_p - x)}$$

Sendo $(d_s - x) = (76 - 43{,}729) = 32{,}271$ e $(d_p - x) = (72 - 43{,}729) = 28{,}271$

temos $\alpha A_s(d_s - x) = 15 \cdot 20 \cdot 32{,}271 = 9681{,}3$ e $\alpha A_p(d_p - x) = 15 \cdot 4{,}305 \cdot 28{,}271 = 1825{,}59$

Então:

$$\sigma_c = \frac{529{,}28 \cdot 43{,}729}{12{,}50 \cdot 43{,}729^2 - 9681{,}3 - 1825{,}59} = 1{,}86\ kN/cm^2$$

$$\sigma_s = \alpha\ \frac{\sigma_c}{x}(d_s - x) = 15 \cdot \frac{1{,}86}{43{,}729} 32{,}271 = 20{,}58\ kN/cm^2$$

$$\sigma_{px} = \alpha\ \frac{\sigma_c}{x}(d_p - x) = 15 \cdot \frac{1{,}86}{43{,}729} 28{,}271 = 18{,}04\ kN/cm^2$$

$$\sigma_p = \sigma_p^{(o)} + \sigma_{px} = 122{,}94 + 18{,}04 = 140{,}98\ kN/cm^2$$

O valor de σ_p tem como limitação superior a resistência de projeto $f_{pyd} = 140{,}22\ kN/cm^2$. Percebe-se, então, que a tensão encontrada está fora deste limite, não atendendo, portanto, à segurança estabelecida por norma. Deve-se tomar providência(s) para resolver isso, conforme indicações no fim deste exercício.

4.3.2.6 Estádio IIa: tensões normais de serviço para protensão sem aderência

O valor de x resultará da expressão genérica (4.49):

$$x = \frac{r_f\alpha A_s d_s + S_x(d_p - r_f) + \alpha A_s d_s a + I_x}{r_f\alpha A_s + \alpha A_s a + S_x}$$

em que:

$$r_f = \frac{M_K}{P^{(o)}} = \frac{602{,}5 \cdot 100}{529{,}28} = 113{,}83\ cm$$

$\alpha = 15 \qquad a = d_s - d_p = 4\ cm$

$$r_f \alpha A_s d_s = 113,83 \cdot 15 \cdot 20 = 34149 \text{ cm}^3$$

$$r_f \alpha A_s d_s = 34149 \cdot 76 = 2595324 \text{ cm}^4$$

$$\alpha A_s d_s a = 15 \cdot 20 \cdot 76 \cdot 4 = 91200 \text{ cm}^4$$

$$\alpha A_s a = 15 \cdot 20 \cdot 4 = 1200 \text{ cm}^3$$

$$I_x = 25x^3/3 = 8,33x^3$$

$$S_x (d_p - r_f) = 12,5 \cdot x^2 (72 - 113,83) = -522,875x^2$$

Substituindo estes valores na expressão genérica (4.49) para cálculo de x, obtém-se:

$$x = \frac{2595324 - 522,875x^2 + 91200 + 8,33x^3}{34149 + 1200 + 12,5 \cdot x^2} =$$

$$= 41,708 \text{ cm}$$

Obs.: resolução por planilha ou calculadora programável a partir de um x arbitrado (primeiro membro) que deverá corresponder ao valor resultante (programado) do segundo membro.

Tensões normais de serviço:

$$\sigma_c = \frac{P^{(o)}x}{S_x - \alpha A_s (d_s - x)} =$$

$$= \frac{529,28 \cdot 41,708}{12,5 \cdot 41,708^2 - 15 \cdot 20 (76 - 41,708)} =$$

$$= 1,926 \text{ kN/cm}^2$$

$$\sigma_s = \alpha \frac{\sigma_c}{x} (d_s - x) = 15 \cdot \frac{1,926}{41.708} (76 - 41,708) =$$

$$= 23,75 \text{ kN/cm}^2$$

$$\sigma_{px} = 0 \qquad \sigma_p = \sigma_p^{(o)} = 119,18 \text{ kN/cm}^2$$

O valor de σ_p terá como limitação superior a resistência de projeto f_{pyd} = 140,22 kN/cm. Percebe-se, então, que a tensão encontrada está dentro do limite estabelecido por norma.

4.3.2.7 Estádio IIb: segurança à ruína para protensão com aderência

O valor de x resultará da seguinte expressão genérica:

$$A_{ccr}f_{cd} - A_s f_{yd} - A_p f_{pyd} = 0$$

em que:

$$A_{ccr} = 0,8xb = 0,8x \cdot 25 = 20x$$

As resistências de projeto dos materiais são:

$$f_{cd} = 0,85\ f_{ck}/1,4 = 0,85 \cdot 3,5/1,4 = 2,12 \text{ kN/cm}^2$$

$$f_{yd} = f_y/1,15 = 50/1,15 = 43,48 \text{ kN/cm}^2$$

$$f_{pyd} = 140,22 \text{ kN/cm}^2$$

A resultante de tração na seção 5, para o ELU, valerá, então:

$$R_{pt} = A_p f_{pyd} = 4,305 \cdot 140,22 = 603,64 \text{ kN}$$

$$R_{st} = A_s f_{yd} = 20 \cdot 43,48 = 869,6 \text{ kN}$$

$$R_{pt} + R_{st} = R_t = 1473,24 \text{ kN}$$

A resultante de compressão valerá:

$$R_{cc} = A_{ccr} \cdot f_{cd} = 20x \cdot 2,12 = 42,4x \text{ kN}$$

Como há equilíbrio, tem-se $R_{cc} = R_t$:

$$42,4x = 1473,24 \qquad \therefore \qquad x = 34,74 \text{ cm}$$

Admitindo que a ruína se dê por esmagamento do concreto (conforme 4.2.2.4), virá:

$$\varepsilon_{yd} = \frac{3{,}5‰}{x}(d_s - x) = \frac{3{,}5}{34{,}74}(76 - 34{,}74) =$$

$$= 4{,}15‰ < 10‰$$

$$\varepsilon_{px} = \frac{3{,}5‰}{x}(d_p - x) = \frac{3{,}5}{34{,}74}(72 - 34{,}74) =$$

$$= 3{,}75‰ < 10‰$$

No ELU, a deformação do aço CP vale:

$$\varepsilon_{pyd} = \varepsilon_p^{(o)} + \varepsilon_{px}$$

Vimos no estádio Ia que:

$$\sigma_p^{(o)} = 122{,}94 \text{ kN/cm}^2$$

Portanto, tem-se:

$$\varepsilon_{pyd} = \frac{122{,}94}{20000} \cdot 1000 + 3{,}75 = 9{,}897‰$$

Com este valor no diagrama da Figura 4.14, obtém-se para o trecho CD a tensão:

$$\sigma_p = f_{ptk}\left(\frac{\varepsilon_p}{456} + 0{,}76\right) =$$

$$= 190\left(\frac{9{,}897}{1000} \cdot \frac{1}{456} + 0{,}76\right) = 144{,}4 \text{ kN/cm}^2$$

A resultante de tração valerá:

$$R_{pt} = 4{,}305 \cdot 144{,}40 = 621{,}66 \text{ kN}$$

$$R_{st} = 20 \cdot 43{,}48 = 869{,}60 \text{ kN}$$

$$R_t = 1491{,}26 \text{ kN}$$

$$1491{,}26 = 42{,}4x \quad \therefore \quad x = 35{,}17 \text{ cm}$$

$$\varepsilon_{px} = \frac{3{,}5‰}{35{,}17}(72 - 35{,}17) = 3{,}66‰$$

$$\varepsilon_{pyd} = \varepsilon_p^{(o)} + \varepsilon_{px} = \frac{122{,}94}{20000} \cdot 1000 + 3{,}66 = 9{,}81‰$$

No diagrama da Figura 4.14 (trecho CD):

$$\sigma_p = 190\left(\frac{9{,}81}{1000} \cdot \frac{1}{456} + 0{,}76\right) = 144{,}4 \text{ kN/cm}^2$$

Com:

$$x'_{Rcc} = 0{,}5x_r = 0{,}5 \cdot 0{,}8x = 0{,}4x = 0{,}4 \cdot 35{,}17 =$$

$$= 14{,}068 \text{ cm}$$

resultará o momento interno M_d do qual a seção é capaz:

$$M_d = A_s f_{yd}(d_s - x'_{Rcc}) + A_p \sigma_p (d_p - x'_{Rcc})$$

$$M_d = 20 \cdot 43{,}48 \cdot (76 - 14{,}068) + 4{,}305 \cdot 144{,}40 \cdot$$

$$\cdot (72 - 14{,}068) = 89869{,}03 \text{ kNcm} = 898{,}69 \text{ kNm}$$

$$M_d > 1{,}4 \cdot 602{,}5 = 843{,}5 \text{ kNm}$$

(segurança à ruína verificada)

4.3.2.8 Estádio IIb: segurança à ruína para protensão sem aderência

O valor de x resultará da seguinte expressão genérica:

$$A_{ccr} f_{cd} - A_s f_{yd} = 0$$

em que:

$$A_{ccr} = 0{,}8xb = 0{,}8x \cdot 25 = 20x$$

As resistências de projeto dos materiais são:

$$f_{cd} = 2{,}12 \text{ kN/cm}^2$$

$$f_{yd} = 43{,}48 \text{ kN/cm}^2$$

$$f_{pyd} = 140{,}22 \text{ kN/cm}^2$$

A resultante de tração na seção 5, para o ELU, valerá então:

$$R_{pt} = A_p f_{pyd} = 4{,}305 \cdot 140{,}22 = 603{,}64 \text{ kN}$$

$$R_{st} = A_s f_{yd} = 20 \cdot 43{,}48 = 869{,}6 \text{ kN}$$

$$R_{pt} + R_{st} = R_t = 1473{,}24 \text{ kN}$$

A resultante de compressão valerá:

$$R_{cc} = A_{ccr} \cdot f_{cd} = 20x \cdot 2{,}12 = 42{,}4x \text{ kN}$$

Como há equilíbrio, tem-se $R_{cc} = R_t$:

$$42{,}4x = 1473{,}24 \quad \therefore \quad x = 34{,}74 \text{ cm}$$

Admitindo que a ruína se dê por esmagamento do concreto (conforme item 4.2.2.4), virá:

$$\varepsilon_{yd} = \frac{3{,}5‰}{x}(d_s - x) = \frac{3{,}5}{34{,}74}(76 - 34{,}74) =$$

$$= 4{,}15‰ < 10‰$$

$$\varepsilon_{pyd} = \varepsilon_p^{(o)} + 0$$

$$\sigma_p^{(o)} = \sigma_{po} + 0 = 119{,}18 \text{ kN/cm}^2$$

Portanto, tem-se:

$$\varepsilon_{pyd} = \frac{119{,}18}{20000} \cdot 1000 + 0 = 5{,}959‰$$

Com esse valor no diagrama da Figura 4.14, obtém-se para o trecho AB a tensão:

$$\sigma_p = 190 \cdot (-0{,}0097 \cdot 5{,}959^2 + 0{,}218 \cdot 5{,}959 -$$

$$- 0{,}342) = 116{,}39 \text{ kN/cm}^2$$

A resultante de tração valerá:

$$R_{pt} = A_p \sigma_p = 4{,}305 \cdot 116{,}39 = 501{,}09 \text{ kN}$$

$$R_{st} = 20 \cdot 43{,}48 = 869{,}6 \text{ kN}$$

$$R_t = 1370{,}69 \text{ kN}$$

$$1370{,}69 = 42{,}4x \quad \therefore \quad x = 32{,}32 \text{ cm}$$

$$\varepsilon_{yd} = \frac{3{,}5‰}{x}(d_s - x) = \frac{3{,}5}{32{,}32}(76 - 32{,}32) =$$

$$= 4{,}73‰ < 10‰$$

Com:

$$x'_{Rcc} = 0{,}5x_r = 0{,}5 \cdot 0{,}8x = 0{,}4x = 0{,}4 \cdot 32{,}32 =$$

$$= 12{,}928 \text{ cm}$$

resultará o momento interno M_d do qual a seção é capaz:

$$M_d = A_s f_{yd} (d_s - x'_{Rcc}) + A_p \sigma_p (d_p - x'_{Rcc})$$

$$M_d = 20 \cdot 43{,}48 \cdot (76 - 12{,}92) + 4{,}305 \cdot 116{,}39 \cdot$$

$$\cdot (72 - 12{,}92) = 84453{,}96 \text{ kNcm} = 844{,}54 \text{ kNm}$$

$$M_d > 1{,}4 \cdot 602{,}5 = 843{,}5 \text{ kNm}$$

(segurança à ruína verificada)

Apesar de a viga ter passado no dimensionamento à ruína, os dimensionamentos nos estádios Ib e IIa não foram satisfatórios. É preciso, portanto, tomar alguma(s) das seguintes providências, para então refazer o dimensionamento estádio a estádio:

a) aumentar a armadura passiva A_s;

b) aumentar a protensão A_p;

c) aumentar o f_{ck} do concreto;

d) aumentar a altura da seção transversal A_c.

4.3.2.9 Deslocamentos lineares[8]

Solicitações de flexão devidas a g, Q, P_o, $P^{(o)}$ e $F_5^- = 1$:

8 Conforme princípio dos trabalhos virtuais, item 3.6.2 deste volume.

$M_o^g = 0$ kNm $\quad M_1^g = 22{,}5$ kNm

$M_2^g = 40$ kNm $\quad M_3^g = 52{,}5$ kNm

$M_4^g = 60$ kNm $\quad M_5^g = 62{,}5$ kNm

$M_o^Q = 0$ kNm $\quad M_1^Q = 135$ kNm

$M_2^Q = 270$ kNm $\quad M_3^Q = 405$ kNm

$M_4^Q = 495$ kNm $\quad M_5^Q = 540$ kNm

$M_o^{g,Q} = 0$ kNm $\quad M_1^{g,Q} = 157{,}5$ kNm

$M_2^{g,Q} = 310$ kNm $\quad M_3^{g,Q} = 457{,}5$ kNm

$M_4^{g,Q} = 555$ kNm $\quad M_5^{g,Q} = 602{,}5$ kNm

Consideremos o cabo de protensão com caminhamento parabólico, com excentricidade inicial de $e_0 = 12$ cm e 32 cm de flecha no meio do vão. Resultam os seguintes valores:

$$\text{Inclinação: } \beta_o = \text{arctg } 4 \cdot \frac{0{,}20}{10^2} = 4{,}5835°$$

$$e_1 = 12 + \frac{4 \cdot 20}{10^2} \cdot 1 \cdot 9 = 19{,}2 \text{ cm}$$

$$\beta_1 = \text{arctg} \frac{4 \cdot 0{,}20}{10^2} (9 - 1) = 3{,}6619°$$

Analogamente:

$e_2 = 24{,}8$ cm $\quad \beta_2 = 2{,}748°$

$e_3 = 28{,}8$ cm $\quad \beta_3 = 1{,}832°$

$e_4 = 31{,}2$ cm $\quad \beta_4 = 0{,}9167°$

$e_5 = 32$ cm $\quad \beta_5 = 0$

Considerando em cada seção as componentes normais da força de protensão:

$M_o^p = -61{,}37$ kNm $\quad M_1^p = -98{,}31$ kNm

$M_2^p = -127{,}09$ kNm $\quad M_3^p = -147{,}68$ kNm

$M_4^p = -160{,}08$ kNm $\quad M_5^p = -164{,}19$ kNm

As *seções 3*, *4* e *5* estão fissuradas e estão no estádio IIa.

Seção 3:

$$N_3^p = 512{,}83 \text{ kN}$$

$$M_3^p = -147{,}69 \text{ kNm}$$

$$M_3^{gp} = -95{,}19 \text{ kNm} = -9519 \text{ kNcm}$$

$$W_p = \frac{I_c}{e_3} = \frac{1066667}{28{,}8} = 37037 \text{ cm}^3$$

$$\sigma_c = -\frac{512{,}83}{2000} - \frac{9519}{37037} = -0{,}513 \frac{\text{kN}}{\text{cm}^2}$$

$$\sigma_p^{(o)} = +\frac{512{,}83}{4{,}305} + 15 \cdot 0{,}513 = 119{,}12 + 7{,}69 =$$

$$= 126{,}82$$

$$P^{(o)} = 126{,}82 \cdot 4{,}305 = 545{,}95 \text{ kN}$$

Numa seção fissurada, tem-se:

$$M^{p(o)} = -P^{(o)}(d_p - x)$$

Com o valor de x já calculado no item 4.3.2.5 (estádio IIa), sendo x = 43,7 cm, o valor de $M^{p(o)}$ na seção 3 será:

$$M_3^{p(o)} = 545{,}95\ (0{,}682 - 0{,}437) = 133{,}75 \text{ kNm}$$

Seção 4:

$$N_4^p = 513{,}03 \text{ kN}$$

$$M_4^p = -160{,}08 \text{ kNm}$$

$$M_4^{gp} = -100{,}08 \text{ kNm} = -10008 \text{ kNcm}$$

Sendo $A_c = 2000$ cm² e $W_p = 34188$ cm³, tem-se:

$$\sigma_c = -\frac{513{,}03}{2000} - \frac{10008}{34188} = -0{,}549 \text{ kN/cm}^2$$

$$\sigma_p^{(o)} = +\frac{513{,}03}{4{,}305} + 15 \cdot 0{,}549 = 119{,}17 + 8{,}235 =$$

$$= 127{,}41 \text{ kN/cm}^2$$

$$P^{(o)} = 127{,}41 \cdot 4{,}305 = 548{,}48 \text{ kN}$$

$$M_4^{p(o)} = 548{,}48\ (0{,}712 - 0{,}437) = 150{,}03 \text{ kNm}$$

Seção 5:

$$N_5^p = 513{,}10 \text{ kN}$$

$$M_5^p = -164{,}19 \text{ kNm}$$

$$M_5^{gp} = -101{,}69 \text{ kNm}$$

Sendo $A_c = 2000$ cm² e $W_p = 33333$ cm³, tem-se:

$$\sigma_c = -\frac{513{,}03}{2000} - \frac{10169}{33333} = -0{,}561 \text{ kN/cm}^2$$

$$\sigma_p^{(o)} = +\frac{513{,}03}{4{,}305} + 15 \cdot 0{,}561 = 119{,}18 + 8{,}41 =$$

$$= 127{,}60 \text{ kN/cm}^2$$

$$P^{(o)} = 127{,}60 \cdot 4{,}305 = 549{,}32 \text{ kN}$$

$$M_5^{p(o)} = 549{,}32\ (0{,}720 - 0{,}437) = 155{,}45 \text{ kNm}$$

$\overline{M}_5 = 2{,}5$ m (ação unitária na seção central 5)

a) Ação de g e P_o (estádio Ia; I_c = momento de inércia da seção não fissurada)

$$E_c I_c \delta_{i,gp}^5 = \int_0^1 M_o \overline{M}_1 dx = \int_0^1 M_o^g \overline{M}_1 dx + \int_0^1 M_o^p \overline{M}_1 dx$$

$$E_c I_c \delta_{i,gp}^5 = 2\left[\frac{5}{12} 5 \cdot 62{,}5 \cdot 2{,}5 - \frac{5}{12} 5 \cdot 102{,}82 \cdot 2{,}5 - \frac{1}{2} 5 \cdot 61{,}37 \cdot 2{,}5\right] = -1187{,}12 \text{ kNm}^3$$

$$f_{ck} = 35 \text{ MPa}$$

$E_c = 298170$ kgf/cm² (ver itens 2.2.2.2 e 4.4.2.1)

$$I_c = 1066667 \text{ cm}^4 = 0{,}0107 \text{ m}^4$$

$$E_c I_c = 319041 \text{ kN/m}^2$$

$$\delta_{i,gp}^5 = -\frac{1187{,}12}{319041} = -0{,}00372 \text{ m} = -3{,}72 \text{ mm}$$

b) Ação de g, P_o, $P^{(o)}$ e Q (estádios I e II; I_i = momento de inércia da seção fissurada)

$$E_c I_i \delta_i^5 = \int_0^1 M_o \overline{M}_1 dx \therefore \frac{E_c I_c}{2} \delta_i^5 = \int_0^3 M_o^{gPQ} \overline{M}_1 dx + \frac{I_c}{I_i} \int_3^5 M^{gP^{(o)}Q} \overline{M}_1 dx$$

Então:

$$\delta_i^5 = \frac{2}{E_c I_c} \int_0^3 M_0^{gPQ} \overline{M}_1 dx + \frac{2}{E_c I_c} \frac{I_c}{I_i} \int_0^5 M^{gP^{(o)}Q} \overline{M}_1 dx$$

$$\delta_i^5 = \frac{2}{E_c I_c} \int_0^3 M_0^{gPQ} \overline{M}_1 dx + \frac{2}{E_c I_i} \int_0^5 M^{gP^{(o)}Q} \overline{M}_1 dx \quad \text{(a)}$$

Entramos nesta equação com os valores dos respectivos diagramas de momentos M^{gPQ} e $\overline{M}_1$ mostrados na Tabela 4.3, que reproduz a tabela de Kurt Beyer. A resolução das integrais do tipo $\int M_i M_k$ pode ser feita por essa tabela.

Tabela 4.3 Reprodução da tabela de Kurt Beyer para princípio dos trabalhos virtuais

Tabela de Kurt Beyer	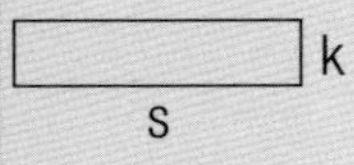 k, s	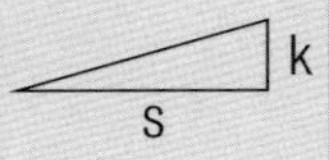 k, s	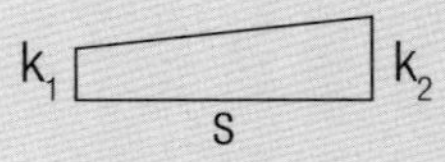 k_1, s, k_2	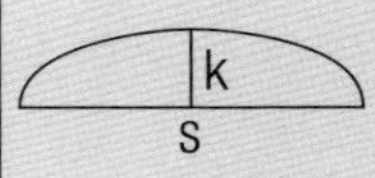 k, s	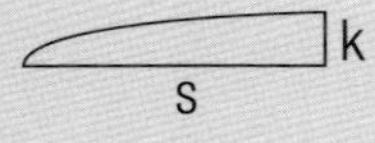 k, s	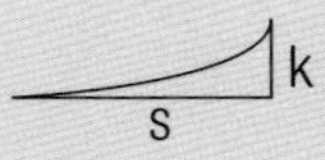 k, s	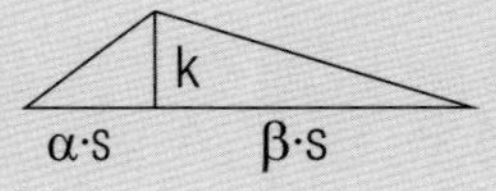 k, $\alpha \cdot s$, $\beta \cdot s$
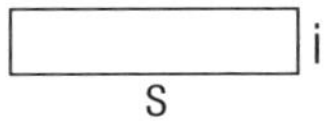 i, s	$s \cdot i \cdot k$	$\frac{1}{2} \cdot s \cdot i \cdot k$	$\frac{1}{2} \cdot s \cdot i \cdot (k_1 + k_2)$	$\frac{2}{3} \cdot s \cdot i \cdot k$	$\frac{2}{3} \cdot s \cdot i \cdot k$	$\frac{1}{3} \cdot s \cdot i \cdot k$	$\frac{1}{2} \cdot s \cdot i \cdot k$
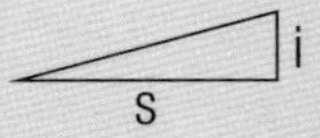 i, s	$\frac{1}{2} \cdot s \cdot i \cdot k$	$\frac{1}{3} \cdot s \cdot i \cdot k$	$\frac{1}{6} \cdot s \cdot i \cdot (k_1 + 2 \cdot k_2)$	$\frac{1}{3} \cdot s \cdot i \cdot k$	$\frac{5}{12} \cdot s \cdot i \cdot k$	$\frac{1}{4} \cdot s \cdot i \cdot k$	$\frac{1}{6} \cdot s \cdot i \cdot k \cdot (1 + \alpha)$
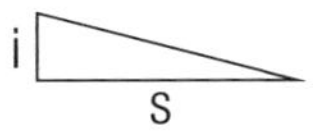 i, s	$\frac{1}{2} \cdot s \cdot i \cdot k$	$\frac{1}{6} \cdot s \cdot i \cdot k$	$\frac{1}{6} \cdot s \cdot i \cdot (2 \cdot k_1 + k_2)$	$\frac{1}{3} \cdot s \cdot i \cdot k$	$\frac{1}{4} \cdot s \cdot i \cdot k$	$\frac{1}{12} \cdot s \cdot i \cdot k$	$\frac{1}{6} \cdot s \cdot i \cdot k \cdot (1 + \beta)$
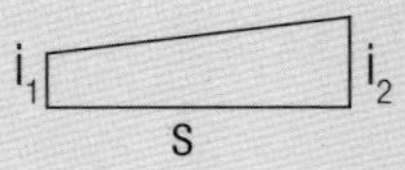 i_1, s, i_2	$\frac{1}{2} \cdot s \cdot k \cdot (i_1 + i_2)$	$\frac{1}{6} \cdot s \cdot k \cdot (i_1 + 2 \cdot i_2)$	$\frac{1}{6} \cdot s \cdot [2 \cdot i_1 \cdot k_1 + i_1 \cdot k_2 + i_2 \cdot k_1 + 2 \cdot i_2 \cdot k_2]$	$\frac{1}{3} \cdot s \cdot k \cdot (i_1 + i_2)$	$\frac{1}{12} \cdot s \cdot k \cdot (3 \cdot i_1 + 5 \cdot i_2)$	$\frac{1}{12} \cdot s \cdot k \cdot (i_1 + 3 \cdot i_2)$	$\frac{1}{6} \cdot s \cdot k \cdot [(1 + \beta) \cdot i_1 + (1 + \alpha) \cdot i_2]$
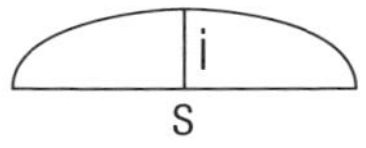 i, s	$\frac{2}{3} \cdot s \cdot i \cdot k$	$\frac{1}{3} \cdot s \cdot i \cdot k$	$\frac{1}{3} \cdot s \cdot i \cdot (k_1 + k_2)$	$\frac{8}{15} \cdot s \cdot i \cdot k$	$\frac{7}{15} \cdot s \cdot i \cdot k$	$\frac{1}{5} \cdot s \cdot i \cdot k$	$\frac{1}{3} \cdot s \cdot i \cdot k \cdot (1 + \alpha \cdot \beta)$
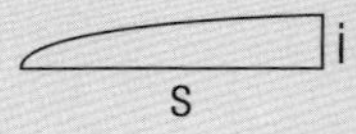 i, s	$\frac{2}{3} \cdot s \cdot i \cdot k$	$\frac{5}{12} \cdot s \cdot i \cdot k$	$\frac{1}{12} \cdot s \cdot i \cdot (3 \cdot k_1 + 5 \cdot k_2)$	$\frac{7}{15} \cdot s \cdot i \cdot k$	$\frac{8}{15} \cdot s \cdot i \cdot k$	$\frac{3}{10} \cdot s \cdot i \cdot k$	$\frac{1}{12} \cdot s \cdot i \cdot k \cdot (5 - \beta - \beta^2)$
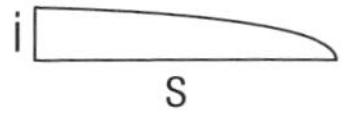 i, s	$\frac{2}{3} \cdot s \cdot i \cdot k$	$\frac{1}{4} \cdot s \cdot i \cdot k$	$\frac{1}{12} \cdot s \cdot i \cdot (5 \cdot k_1 + 3 \cdot k_2)$	$\frac{7}{15} \cdot s \cdot i \cdot k$	$\frac{11}{30} \cdot s \cdot i \cdot k$	$\frac{2}{15} \cdot s \cdot i \cdot k$	$\frac{1}{12} \cdot s \cdot i \cdot k \cdot (5 - \alpha - \alpha^2)$
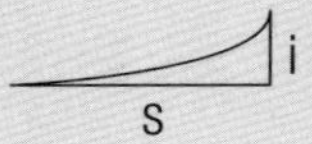 i, s	$\frac{1}{3} \cdot s \cdot i \cdot k$	$\frac{1}{4} \cdot s \cdot i \cdot k$	$\frac{1}{12} \cdot s \cdot i \cdot (k_1 + 3 \cdot k_2)$	$\frac{1}{5} \cdot s \cdot i \cdot k$	$\frac{3}{10} \cdot s \cdot i \cdot k$	$\frac{1}{5} \cdot s \cdot i \cdot k$	$\frac{1}{12} \cdot s \cdot i \cdot k \cdot (1 + \alpha + \alpha^2)$
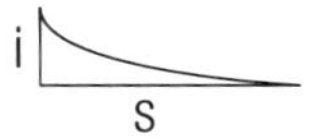 i, s	$\frac{1}{3} \cdot s \cdot i \cdot k$	$\frac{1}{12} \cdot s \cdot i \cdot k$	$\frac{1}{12} \cdot s \cdot i \cdot (3 \cdot k_1 + k_2)$	$\frac{1}{5} \cdot s \cdot i \cdot k$	$\frac{2}{15} \cdot s \cdot i \cdot k$	$\frac{1}{30} \cdot s \cdot i \cdot k$	$\frac{1}{12} \cdot s \cdot i \cdot k \cdot (1 + \beta + \beta^2)$
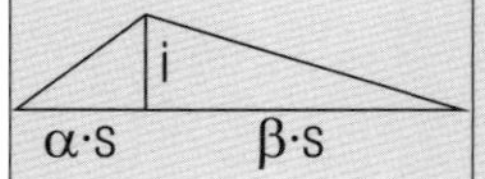 i, $\alpha \cdot s$, $\beta \cdot s$	$\frac{1}{2} \cdot s \cdot i \cdot k$	$\frac{1}{6} \cdot s \cdot i \cdot k \cdot (1 + \alpha)$	$\frac{1}{6} \cdot s \cdot i \cdot [(1 + \beta) \cdot k_1 + (1 + \alpha) \cdot k_2]$	$\frac{1}{3} \cdot s \cdot i \cdot k \cdot (1 + \alpha \cdot \beta)$	$\frac{1}{12} \cdot s \cdot i \cdot k \cdot (5 - \beta - \beta^2)$	$\frac{1}{12} \cdot s \cdot i \cdot k \cdot (1 + \alpha + \alpha^2)$	$\frac{1}{3} \cdot s \cdot i \cdot k$

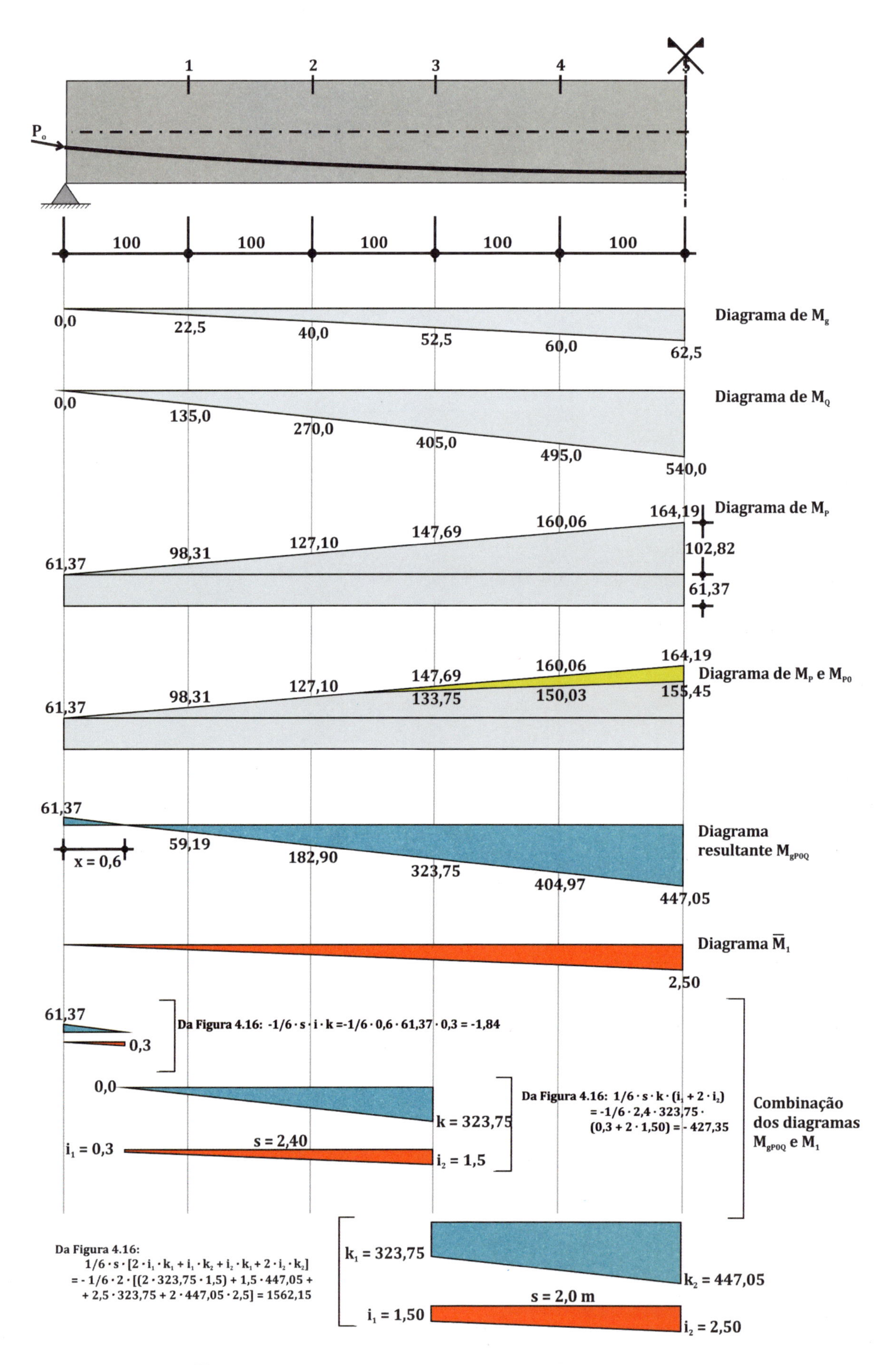

Figura 4.17 Ação de g, P_0, $P^{(0)}$, Q, $\overline{M}_1$.

Na seção fissurada, tem-se:

$$I_i = 25 \cdot \frac{43{,}7^3}{3} + 15 \cdot 20\ (76 - 43{,}7)^2 + 15 \cdot$$

$$\cdot\ 4{,}30\ (70{,}5 - 43{,}7)^2 = 1054759\ \text{cm}^4$$

$$\frac{I_c}{I_i} = 1066667/1054759 = 1{,}011$$

$$E_c I_c = 319041\ \text{kNm}^2$$

$$E_c I_i = E_c I_c/1{,}011 = 319041/1{,}011 = 315569$$

Para fazermos a combinação dos diagramas $M_q P_0 Q$ e M_1, ilustrados na figura 4.17, usamos a Tabela 4.3, combinando as figuras geométricas equivalentes. Consideraremos três trechos de análise: de 0 a 0,6 m (triângulo com triângulo), de 0,6 m a 3 m (triângulo com trapézio) e de 3 m a 5 m (trapézio com trapézio), obtendo para cada combinação:

Trecho de 0 a 0,6 m:

$$\int M_i M_k = -\frac{1}{6}\, 0{,}6 \cdot 61{,}37 \cdot 0{,}3 = -1{,}84 \qquad \text{(b)}$$

Trecho de 0,6 m a 3 m:

$$\int M_i M_k = \frac{1}{6}\, 2{,}4 \cdot 323{,}75\ (0{,}3 + 2 \cdot 1{,}5) = 427{,}35 \qquad \text{(c)}$$

Trecho de 3 m a 5 m:

$$\int M_i M_k = 1562{,}15 \qquad \text{(d)}$$

Aplicando os valores (b), (c) e (d) na equação (a), tem-se:

$$\int_0^3 M_0^{gpQ}\overline{M_1}dx = (-1{,}84 + 427{,}35) = 425{,}51$$

$$\int_3^5 M_0^{g,p,Q}dx = 1562{,}15$$

Então:

$$\delta_i^5 = \frac{2}{E_c I_c}\, 425{,}51 + \frac{2}{E_c I_i}\, 1562{,}15$$

$$\delta_i^5 = \frac{2 \cdot 425{,}51}{319041} + \frac{2 \cdot 1562{,}15}{315569}$$

Deformação total na seção 5:

$$\delta_i^5 = 2{,}67\ \text{mm} + 9{,}9\ \text{mm} = 12{,}57\ \text{mm} < \frac{10000}{300} =$$

$$= 33\ \text{mm}$$

Ação isolada de Q dará origem ao deslocamento linear δ_{iQ}^5:

$$\delta_{iQ}^5 = \delta_i^5 - \delta_{i,gp}^5 = (12{,}57 + 2{,}67) - (-\,3{,}72) =$$

$$= 18{,}96\ \text{mm} < \frac{10000}{500} = 20\ \text{mm}$$

Da passagem da ação móvel no tempo $t = \infty$ resultará:

$$\delta_f^5 = 3{,}2\ (-3{,}72) + 18{,}96 = 7{,}06\ \text{mm}$$

Esse valor, analisado diante dos "limites para deslocamentos" indicados na Tabela 13.3 da NBR 6118:2014, permitirá concluir a necessidade ou não da execução de contraflecha.

4.3.3 Exercício proposto

Resolva os Exemplos 1 e 2 (itens 4.3.1 e 4.3.2) considerando a seção transversal em T, composta por uma mesa colaborante de largura 3 m e espessura 15 cm, e analise as diferenças obtidas nos resultados.

PERDAS DA FORÇA DE PROTENSÃO PÓS-TENSÃO

Fotografia 23 Kuala Lumpur, Malásia, 2018. Montagem de armadura para protensão de lajes com ancoragens intermediárias de cabos. Fotografia de Stock, adquirida de https://br.depositphotos.com.

5.1 PERDAS IMEDIATAS

Podem provir de:

- deformação elástica provocada por carregamento externo ou por variação de tempo (conforme 5.1.1);
- deformação plástica provocada por cargas elevadas de curta duração, que não desaparecem totalmente;
- atrito do cabo ao longo de um percurso dentro do concreto (conforme 5.1.2);
- acomodação das ancoragens (conforme 5.1.3).

5.1.1 Perdas devidas à deformação elástica do concreto

Realizada a transferência da força de protensão $P^{(0)}$ ao concreto, o alongamento específico da armadura ativa $\varepsilon_p^{(0)}$ será diminuído pelo encurtamento específico ε_{cp} do concreto na altura da armadura protendida.

$$\varepsilon_p^{(0)} = \frac{\sigma_p^{(0)}}{E_p}$$

A deformação específica ε_p resultante na armadura ativa valerá:

$$\varepsilon_p = \varepsilon_p^{(0)} - \Delta\varepsilon_p^{(0)} = \varepsilon_p^{(0)} - \varepsilon_{cp}$$

A deformação específica ε_p corresponderá à tensão σ_p na armadura ativa e à força de protensão efetiva:

$$P = \sigma_p \cdot A_p \qquad (5.1)$$

O encurtamento específico ε_{cp} será função da tensão σ_{cp} do concreto na altura da armadura protendida, por causa da força de protensão efetiva P:

$$\varepsilon_{cp} = \frac{\sigma_{cp}}{E_c} \qquad (5.2)$$

$$\sigma_{cp} = \sigma_p \cdot A_p \left(\frac{1}{A_c} + \frac{e}{W_{cp}} \right) \qquad (5.3)$$

Da equação de coerência das deformações $\varepsilon_p = \varepsilon_p^{(0)} - \varepsilon_{cp}$, virá:

$$\frac{\sigma_p}{E_p} = \frac{\sigma_p^{(0)}}{E_p} - \frac{\sigma_{cp}}{E_c} = \frac{\sigma_p^{(0)}}{E_p} - \frac{\sigma_p \cdot A_p}{E_c} \left(\frac{1}{A_c} + \frac{e}{W_{cp}} \right)$$

Multiplicando ambos os membros por E_p e sendo $\alpha = \frac{E_p}{E_c}$, tem-se:

$$\sigma_p = \sigma_p^{(0)} - \alpha \cdot \sigma_p \cdot A_p \left(\frac{1}{A_c} + \frac{e}{W_{cp}} \right)$$

$$\therefore \sigma_p \left[1 + \alpha \cdot A_p \left(\frac{1}{A_c} + \frac{e}{W_{cp}} \right) \right] = \sigma_p^{(0)}$$

Sendo $k = \alpha A_p \left(\frac{1}{A_c} + \frac{e}{W_{cp}} \right)$, tem-se:

$$\sigma_p (1 + k) = \sigma_p^{(0)}$$

$$\therefore \quad \sigma_p = \frac{\sigma_p^{(0)}}{(1 + k)} \tag{5.4}$$

O valor k determinado em função de características mecânicas dos materiais e de características geométricas das seções transversais tem caráter de coeficiente de rigidez ao longo do eixo baricêntrico longitudinal de estruturas protendidas.

A expressão de σ_p multiplicada pela área A_p da seção transversal da armadura ativa fornece o valor da força de protensão efetiva P, considerada a perda imediata de tensão na armadura devida à deformação elástica do concreto:

$$\sigma_p \cdot A_p = \frac{\sigma_p^{(0)} \cdot A_p}{(1 + k)} \quad \therefore \quad P = \frac{P^{(0)}}{(1 + k)} \tag{5.5}$$

5.1.2 Perdas por atrito

A armadura ativa, ao ser gradativamente tensionada (aumentos progressivos de 0 a σ_{po}), sofre variações crescentes no seu comprimento inicial, sendo este alongamento influenciado pelo inevitável atrito que surge entre os dois materiais em contato, o aço de protensão e a bainha na qual este está alojado. O desenvolvimento quase sempre é curvo e apresenta ondulações parasitas. Em função do respectivo coeficiente de atrito aparente entre cabo e bainha, dado por μ, e das forças de inflexão decorrentes da curvatura do cabo, o valor da força de tração P e sua variação ao longo da armadura podem ser calculados como segue.

Na falta de dados experimentais, o valor do coeficiente de atrito μ pode ser estimado como a seguir (valores em 1/radianos) (ABNT, 2014, 9.6.3.3.2.2):

$\mu = 0{,}50$ entre cabo e concreto (sem bainha);

$\mu = 0{,}30$ entre barras ou fios com mossas ou saliências e bainha metálica;

$\mu = 0{,}20$ entre fios lisos ou cordoalhas e bainha metálica;

$\mu = 0{,}10$ entre fios lisos ou cordoalhas e bainha metálica lubrificada;

$\mu = 0{,}05$ entre cordoalha e bainha de polipropileno lubrificada.

Consideremos as ações sobre um elemento de comprimento infinitesimal "ds" da armadura ativa, conforme Figura 5.1.

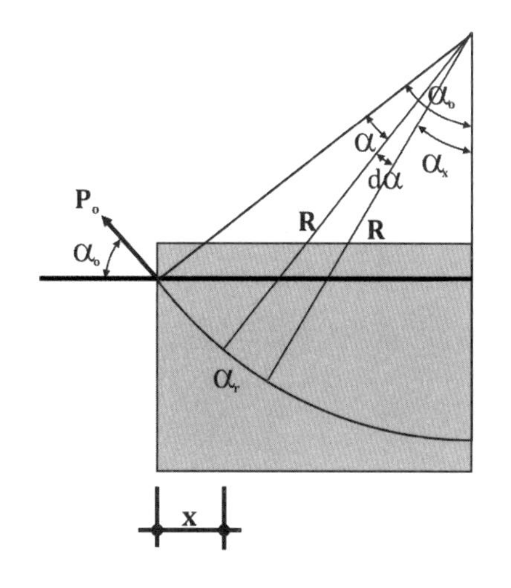

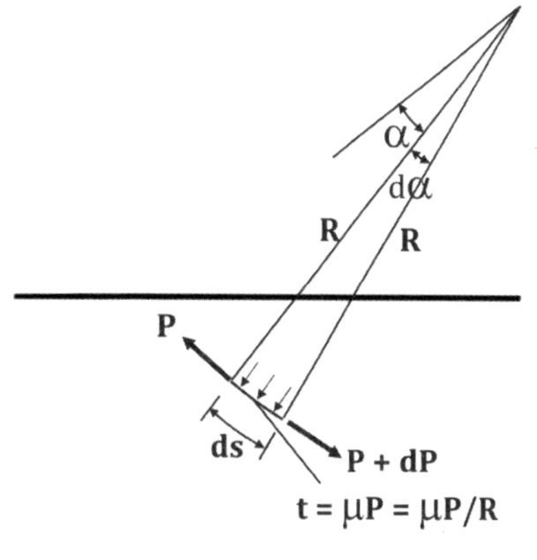

Figura 5.1 Ações sobre elemento da armadura ativa.

Da força de atrito, função de μ e P, sendo este de sentido contrário ao dos deslocamentos da armadura ativa em fase de protensão, resultará do equilíbrio de forças ao longo do elemento ds:

$$-P + tds + (P + dP) = 0$$

$$-P + tds + P + dP = 0 \quad \therefore \quad tds + dP = 0$$

Sendo:

$$t = \mu p = \mu \frac{P}{R} \quad e \quad ds = Rd\alpha$$

tem-se:

$$\mu \frac{P}{R} Rd\alpha + dP = 0$$

$$\mu P d\alpha + dP = 0 \quad \therefore \quad \frac{dP}{d\alpha} + \mu P = 0 \quad (a)$$

A equação diferencial terá como solução:

$$P = Ce^{-\mu\alpha}$$

e sua derivada será:

$$\frac{dP}{d\alpha} = -\mu\alpha Ce^{-\mu\alpha} \quad (b)$$

A substituição de (b) em (a) resulta em:

$$-\mu\alpha Ce^{-\mu\alpha} + \mu P = 0$$

A substituição de P evidencia a exatidão da solução da equação diferencial (soma dos termos igual a zero):

$$-\mu Ce^{-\mu\alpha} + \mu Ce^{-\mu\alpha} = 0$$

Para determinação da constante C, adota-se $\alpha = 0$, com o que P assumirá o valor P_0:

$$P = P_0 = Ce^{\mu \cdot O} = C \cdot 1 = P_0 e P = P_0 e^{-\mu\alpha} \quad (5.6)$$

$$\text{com } \alpha = \alpha_0 - \alpha_x \text{ (em radianos)}$$

A expressão fornece a força de protensão P em função do ângulo de inflexão α da armadura ativa, contado da origem até a seção transversal de abscissa x, independentemente da forma geométrica do cabo.

Do desenvolvimento em série da função exponencial virá:

$$e^{-\mu\alpha} = 1 - \frac{\mu\alpha}{1!} + \frac{\mu^2\alpha^2}{2!} - \frac{\mu^3\alpha^3}{3!} + \ldots \quad (5.7)$$

Para valores de $\mu\alpha < 0{,}15$, justifica-se a adoção só dos dois primeiros termos do desenvolvimento, donde a expressão de P na abscissa x:

$$P = P_o(1 - \mu\alpha) \quad (5.8)$$

$$P = P_o - P_0\mu\alpha \quad \therefore \quad P_o - P = P_0\mu\alpha$$

A diferença $(P_o - P)$ representa a perda ΔP^u da força de protensão contada da origem até a seção transversal de abscissa x à qual corresponde o ângulo de inflexão α do eixo da armadura ativa:

$$\Delta P^u = P_0\mu\alpha \quad (5.9)$$

O valor de α leva em conta o ângulo de inflexão da armadura de protensão definido pelo traçado geométrico adotado no projeto estrutural. A reprodução deste traçado em obra, porém, dificilmente é alcançada, em virtude das múltiplas pequenas incorreções que ocorrem durante a execução. Esta inexatidão, ponderados possíveis desvios verticais e horizontais, é considerada por meio do chamado ângulo involuntário de atrito γ, contado da origem e expresso em radianos por metro linear de armadura ativa. Esse ângulo é somado ao ângulo de inflexão α anteriormente considerado, resultando o valor da perda de tensão na armadura ativa devida ao atrito:

$$P_o - P_x = \Delta P^u = P_0\mu\,(\alpha + \gamma l_c)$$

em que l_c é o comprimento do cabo na abscissa x. Ou, ainda:

$$P_o - P_x = \Delta P_x = P_o(\mu\alpha + \mu\gamma x)$$

e fazendo $\mu\gamma = k$, tem-se:

$$\Delta P_x = P_o(\mu\alpha + kx) \quad \therefore \quad (P_0 - P_x) = P_0(\mu\alpha + kx)$$

$$P_x = P_0 \cdot [1 - (\mu\alpha + kx)] \quad (5.10)$$

que é a equação indicada no item 9.6.3.3.2.2 da NBR 6118:2014, no qual se encontra a expressão:

$$P_o - P_x = \Delta P_x = P_o[1 - e^{-(\mu\Sigma\alpha + kx)}]$$

$$\text{ou seja:} \quad P = P_o e^{-(\mu\Sigma\alpha + kx)} \quad (5.11)$$

Os valores dos coeficientes μ e γ são determinados experimentalmente e dependem de fatores diversos como tipo de aço (trefilado, liso ou não), estado das superfícies (com ou sem lubrificação) e tipo da bainha (flexível sem lubrificante, galvanizada, lubrificada, semirrígida, de polietileno etc.). γ depende de fatores construtivos, como rigidez das bainhas (diâmetro, espessura da parede), distância entre apoios da bainha, maior ou menor esmero na execução etc. A NBR 6118:2014 (item 9.6.3.3.2.2) fornece os valores para o coeficiente de atrito μ e indica para o coeficiente de perda por metro provocada por curvaturas não intencionais do cabo o valor $k = 0{,}01\ \mu$ (1/m).

A vivência profissional nos tem mostrado que o coeficiente de perdas por metro γ, provocado por curvaturas não intencionais, varia sensivelmente com o diâmetro da bainha (cabos de grande diâmetro deformam menos). Com base em recomendações do Euro-International Committee for Concrete e da International Federation for Pre-Stressing (CEB-FIP), sugere-se que isso seja considerado conforme a Tabela 5.1.

Tabela 5.1 Coeficiente de perdas por metro

Diâmetro da bainha (mm)	30	40	50	> 60
Coeficiente γ (rad/m)	0,015	0,010	0,008	0,006
Coeficiente $k = \mu\gamma$	0,015 μ	0,010 μ	0,008 μ	0,006 μ

A equação:

$$P_x = P_o[1 - \mu(\alpha + \gamma x)]$$

mostra que num trecho retilíneo do cabo ($\alpha = 0$) tem-se

$$P_x = P_o(1 - \mu\gamma x)$$

P_x varia linearmente com x. Num trecho curvo, α sendo função linear de x, P_x também irá variar linearmente com x.

A representação gráfica da variação da força de protensão P_x ao longo da estrutura em consequência do atrito facilita bastante a visualização da força de protensão realmente disponível (Figuras 5.2 e 5.3).

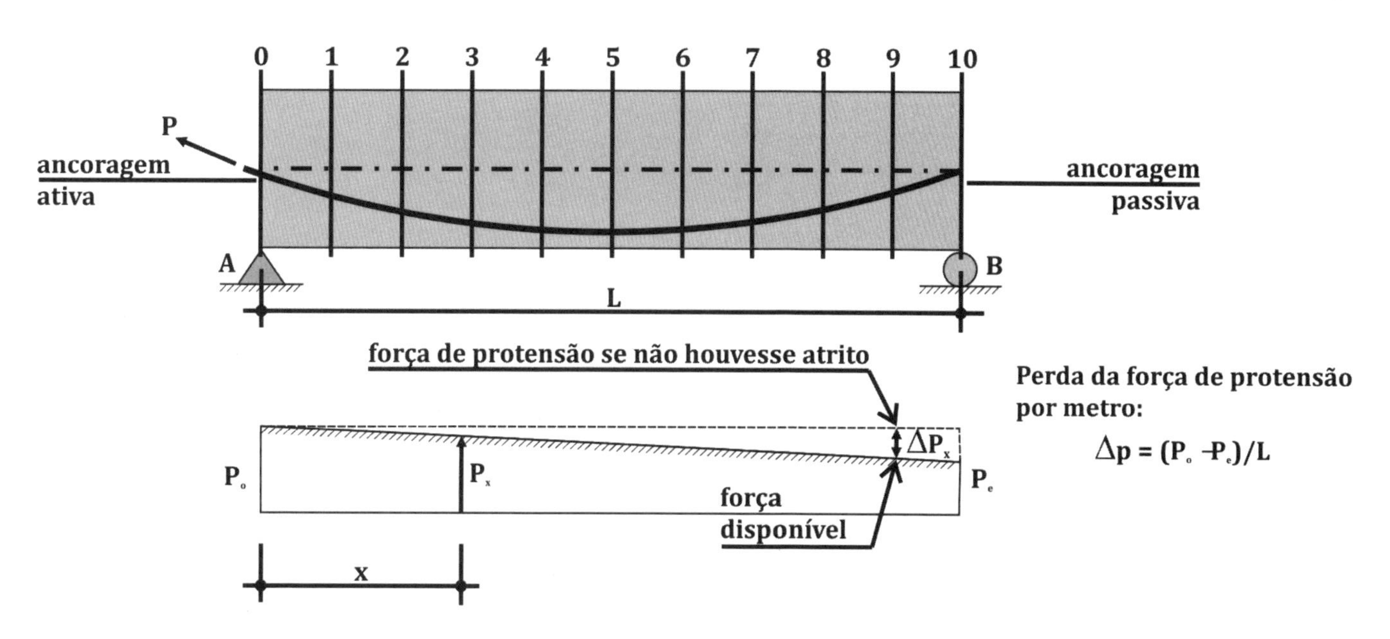

Figura 5.2 Perdas por atrito na protensão unilateral.

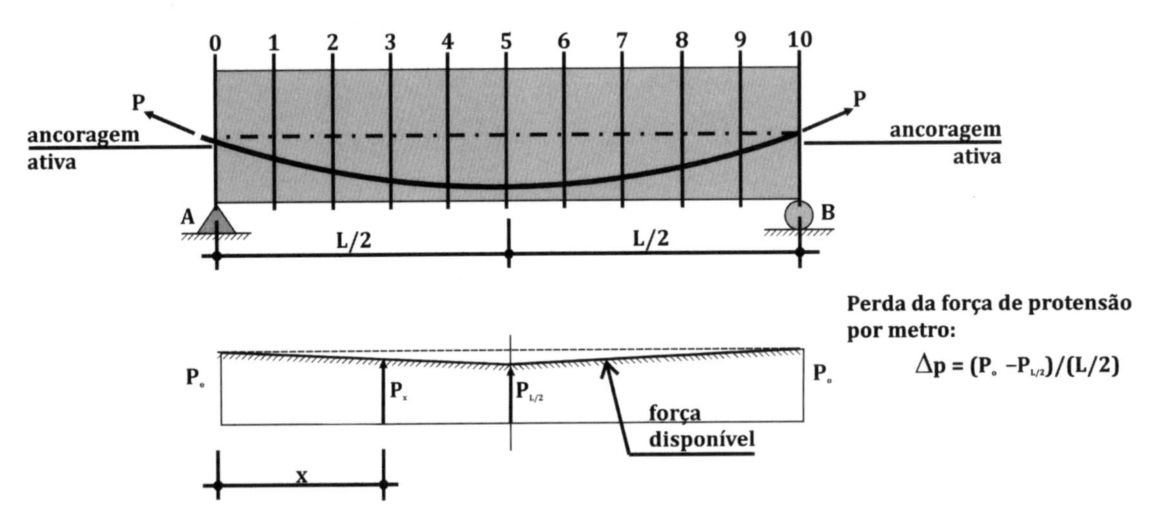

Figura 5.3 Perdas por atrito na protensão bilateral.

5.1.3 Perdas por acomodação das ancoragens

A armadura de protensão será distendida até que se atinja o alongamento calculado e especificado no projeto estrutural (conforme Capítulo 8), ao qual corresponde uma determinada força de protensão gerada pelo cabo tensionado. Essa força deverá ser agora transferida para o concreto por meio das ancoragens, a fim de que este seja protendido.

As ancoragens, que em geral são metálicas, bloqueiam o retorno do cabo, quase sempre com o auxílio de cunhas bi ou tripartidas, que se alojam em furos troncocônicos dos blocos metálicos (cabeçotes) apoiados no concreto. Ao se alojar, as cunhas permitem que o cabo sofra um pequeno recuo, em consequência do qual se origina uma perda de alongamento e, portanto, uma perda de protensão. Esse recuo, que é de 5 mm ou 6 mm, pode ser mais ou menos significativo conforme o comprimento do cabo.

A força gerada pelo atrito tem a direção do próprio cabo, ponto por ponto, porém no sentido oposto ao do movimento, de modo que por ocasião do recuo ela irá se opor a ele, dando origem a um atrito negativo. Vimos a expressão:

$$\Delta_p = \frac{P_o - P_x}{x}$$

na qual Δ_p, sendo a variação da força de protensão por unidade de comprimento, ocasiona a inclinação do diagrama representado na Figura 5.2. Com o atrito negativo, essa inclinação terá o sinal trocado, isto é, após a perda devida à cravação ocorrerá um aumento Δ_p/m da força de protensão, até que o diagrama ascendente encontre em $x = x_r$ o diagrama primitivo (anterior à cravação), descendente (Figura 5.4).

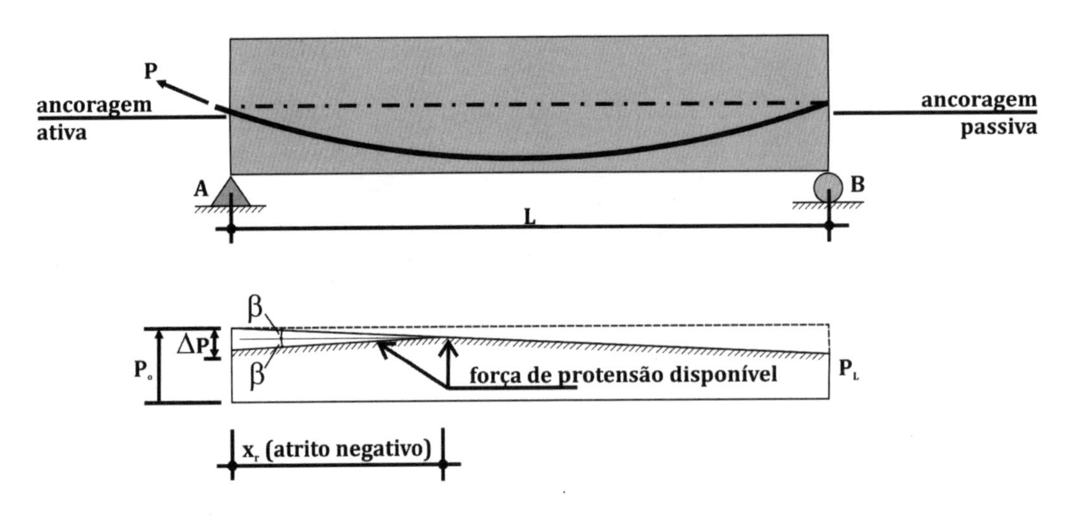

Figura 5.4 Perdas por cravação junto à ancoragem.

Chamemos de λ_r o recuo devido à cravação das cunhas, A_p a seção transversal do cabo, e seja $f = \Delta_p x_r$ a perda da força de protensão no comprimento x_r. Pela Lei de Hooke, tem-se:

$$\lambda_r = \frac{f \cdot x_r}{A_p E_p} \qquad (5.12)$$

Então:

$$\lambda_r = \frac{f \cdot x_r}{A_p E_p} = \frac{\Delta_p x_r^2}{A_p E_p} \quad \therefore$$

$$\therefore \quad x_r = \sqrt{\frac{\lambda_r E_p A_p}{\Delta_p}} \qquad (5.13)$$

A perda da força de protensão junto à ancoragem, devida à acomodação das cunhas, valerá, conforme Figura 5.4:

$$\Delta P = 2\Delta_p x_r \qquad (5.14)$$

Na Figura 5.4, a linha hachurada indica a força de protensão residual (disponível) para a protensão do concreto.

5.2 PERDAS PROGRESSIVAS DA FORÇA DE PROTENSÃO

As perdas progressivas da força de protensão devem-se a uma diminuição de volume do concreto, decorrente dos fenômenos de retração e deformação lenta, já estudados. Devem-se também à fluência do aço, à qual corresponde uma relaxação, isto é, perda de tensão (conforme item 2.1.4 deste volume). As perdas progressivas originam-se, pois, de fenômenos de natureza intrínseca dos materiais aço e concreto, podendo seus efeitos ser amenizados por medidas e cuidados especiais. Essas perdas devem obrigatoriamente ser consideradas no projeto e na execução de estruturas protendidas.

5.2.1 Perdas por retração e deformação lenta do concreto[1]

Consideremos, numa estrutura de concreto sujeita às ações permanentes da força de protensão P, do peso próprio g e das cargas permanentes G, um elemento de comprimento unitário, conforme Figura 5.5. Da atuação conjunta dessas forças resultarão, nas fibras de concreto de igual altura da armadura protendida, tensões iniciais $\sigma_{co,p}^{pg}$ de compressão, responsáveis pelo encurtamento elástico $\varepsilon_{co,p}^{pg}$ do elemento unitário.

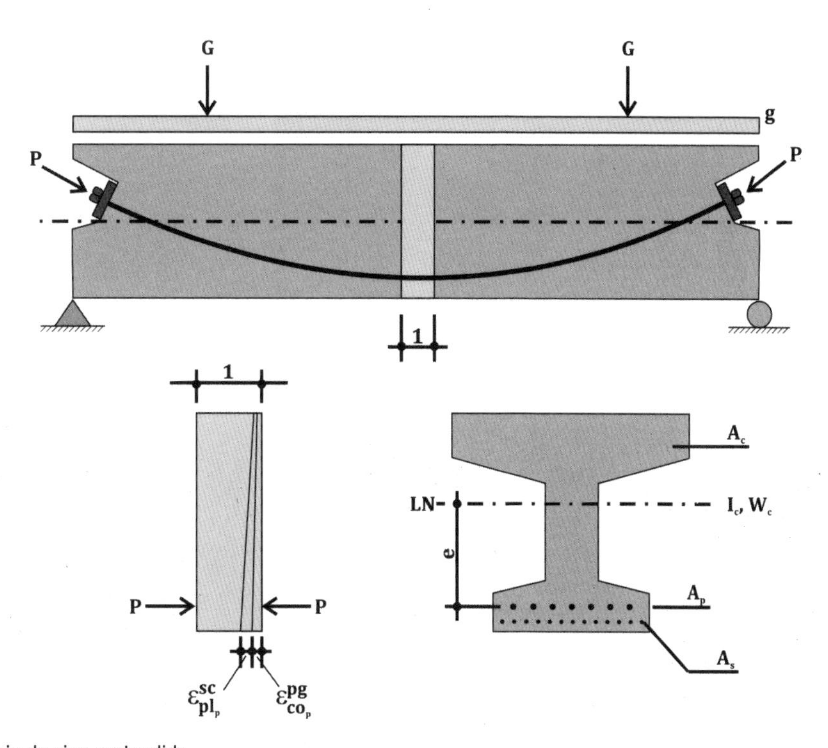

Figura 5.5 Elemento unitário de viga protendida.

1 Baseado em Fritsch (1985).

A tensão inicial σ_p e a deformação inicial ε_p da armadura ativa serão função da força de protensão efetiva P (após as perdas imediatas). A deformação elástica inicial do elemento unitário, na altura da armadura ativa, será:

$$\varepsilon^{pg}_{co,p} = \frac{\sigma^{pg}_{co,p}}{E_c}$$

Decorrido o tempo t após a ação conjunta de P, g e G, a deformação plástica $\varepsilon^{sc}_{pl,p}$ do concreto, decorrente da retração e da deformação lenta, terá afetado a deformação ε_p da armadura ativa, minorando-a de $\Delta\varepsilon^{sc}_p$. Da deformação residual $\varepsilon_p - \Delta\varepsilon^{sc}_p$ resultará uma força de protensão evidentemente menor que P e, em consequência, os valores iniciais $\sigma^{pg}_{co,p}$ e $\varepsilon^{pg}_{co,p}$ serão diminuídos de $\Delta\sigma^{sc}_{cp}$ e $\Delta\varepsilon^{sc}_{cp}$, respectivamente.

Para os valores finais de φ (deformação lenta) e ε^s_c (retração), a perda de tensão na armadura ativa vale:

$$\Delta\sigma^{cs}_p = \frac{\left(\frac{N_p}{A_c} + \frac{M_{pg}}{W_{cp}}\right)\frac{\varphi_\infty}{E_c} + \varepsilon^s_{c\infty}}{1 + k(1 + 0{,}5\varphi_\infty)} E_p \qquad (5.15)$$

$$k = \alpha A_p\left(\frac{1}{A_c} + \frac{e}{W_{cp}}\right) \qquad (5.16)$$

$$\alpha = \frac{E_p}{E_c} = \frac{E_p}{E_{ci28}}$$

$$E_{ci28} = \alpha_e \cdot 5600\sqrt{f_{ck}}$$

em que:

M_{pg} = momento decorrente da protensão mais cargas permanentes;

φ_∞ = coeficiente final de deformação lenta (conforme Tabela 2.3);

$\varepsilon^s_{c\infty}$ = retração final (conforme Tabela 2.2);

N_p = componente normal de P;

k = coeficiente de rigidez da seção considerada (na pós-tensão, varia com e);

e = excentricidade do cabo na seção considerada;

A_p = seção transversal da armadura ativa;

A_c = seção transversal em concreto.

No caso particular de armadura ativa aplicada no baricentro longitudinal, por exemplo, em tirantes protendidos, tem-se:

$$e = 0$$

$$k = \alpha\frac{A_p}{A_c}e$$

$$\Delta\sigma^{cs}_p = \frac{\frac{1N_p}{E_c A_c}\varphi_\infty + \varepsilon^s_{c\infty}}{1 + \alpha\frac{A_p}{A_c}(1 + 0{,}5\varphi_\infty)}$$

5.2.2 Perdas devidas à fluência do aço – relaxação

Conforme mencionado no item 2.1.4, a quantificação das perdas de tensão $\Delta\sigma^r_p$ nas armaduras de protensão devidas à fluência do aço pode ser feita por meio da seguinte fórmula experimental:

$$\Delta\sigma^r_p = \varphi_\infty(\sigma_p - 2\Delta\sigma^{cs}_p) \qquad (5.17)$$

$$\varphi_\infty = 2\varphi_{1000h} \qquad (5.18)$$

sendo:

φ_{1000h} = coeficiente que traduz a perda de tensão no aço ensaiado durante 1000h, submetido a tensões correspondentes a 60%, 70% e 80% de f_{ptk};

σ_p = tensão na armadura ativa resultante da força efetiva P de protensão, após as perdas imediatas (atrito e acomodação das ancoragens). Da relação σ_p/f_{ptk} resultará, em função de φ_{60}, φ_{70} e φ_{80} ensaiados e tabelados, o valor correspondente do coeficiente de relaxação φ_{1000h} e, portanto, de $\varphi_\infty = 2\varphi_{1000h}$;

$\Delta\sigma^{cs}_p$ = perda devida à retração e à deformação lenta, alterando o comprimento da armadura ativa.

5.3 EXEMPLO NUMÉRICO: CÁLCULO DE PERDAS DA PROTENSÃO

Considerando que a viga ilustrada na Figura 5.2 tem vão de 11 m, seção transversal retangular com 25 cm × 75 cm e está sujeita a carregamento total de 25 kN/m (incluindo peso próprio), determinar a sua força de protensão para equilibrar 70% das cargas totais e calcular as perdas dessa força na seção de maior momento fletor. Considerar cabo parabólico protendido só de um lado, saindo no centro de gravidade da seção transversal e com ângulo de saída de 4,9° em relação à horizontal. No seu ponto mais baixo, o cabo ficará a 8 cm da face inferior e terá excentricidade de 29,5 cm. Adotar aço de protensão do tipo CP 190 RB, com cordoalhas de diâmetro 12,7 mm.

5.3.1 Características geométricas da seção transversal

Momento de inércia em relação ao eixo baricentral:

$$I_c = \frac{25 \cdot 75^3}{12} = 878906,25 \text{ cm}^4$$

Módulos de resistência à flexão:

$$W_s = W_i = \frac{878906,25}{37,5} = 23437,5 \text{ cm}^3$$

Módulo de resistência da seção de momento máximo, na altura do cabo com e = 29,5 cm:

$$W_{cp_5} = \frac{878906,256}{29,5} = 29793,43 \text{ cm}^3$$

Momentos estáticos:

$$S_{c,s} = S_{c,i} = \frac{25 \cdot 75^2}{8} = 17578,125 \text{ cm}^3$$

5.3.2 Características do aço CP 190 (necessárias à resolução deste exercício)

Módulo de elasticidade: E_p = 200 GPa = 20000 kN/cm^2 (conforme ABNT, 2014, 8.4.4)

Módulo de elasticidade secante: E_{cs} = 2700 kN/cm² (ver Tabela 2.2)

Relação entre módulos de elasticidade do aço CP 190 e do concreto: adotou-se $\alpha = 15$

Área de uma cordoalha: 1,01 cm² = 101 mm²

Tensões permitidas no aço de protensão no tempo zero (momento da protensão) (ABNT, 2014, 9.6.1.2.1):

$$\sigma_{pi} \leq \begin{cases} 0,74 \cdot f_{ptk} = 0,74 \cdot 1900 = 1406 \dfrac{N}{mm^2} \\ 0,82 \cdot f_{pyk} = 0,82 \cdot (0,9 \cdot f_{ptk}) = 1402,2 \dfrac{N}{mm^2} \end{cases}$$

$$\text{Valor adotado: } \sigma_{pi} = 1402,2 \frac{N}{mm^2} = 140,22 \frac{kN}{cm^2}$$

5.3.3 Determinação da força de protensão e escolha do cabo

Momento equilibrado pela protensão:

$$M_{0,7} = \frac{(25 \cdot 0,7) \cdot 11^2}{8} = 264,6875 \text{ kNm}$$

Excentricidade do cabo na seção de momento máximo: e = 37,5 – 8 = 29,5 cm.

Força de protensão necessária:

$$P = \frac{A_c M_g}{W_i + A_c e} = \frac{1875 \cdot 264,6875 \cdot 100}{23437,5 \cdot 1875 \cdot 29,5} = 630,21 \text{ kN}$$

(ver Capítulo 6)

Capacidade de uma cordoalha após as perdas, supondo perdas totais de 20% no cabo de protensão, a partir da tensão σ_{pi} = 1402,2 N/mm²:

$$1402,2 \cdot 101 \cdot 0,8 = 113297,7 \text{ N} = 113,298 \text{ kN}$$

Número de cordoalhas necessárias: N = 630,21/113,298 = 5,56.

Escolha do cabo (será adotado um cabo de 6 cordoalhas): $A_p = 6 \cdot 1{,}01\ cm^2 = 6{,}06\ cm^2$.

5.3.4 Dados do traçado do cabo (necessários à resolução deste exercício)

Coeficiente de rigidez da seção de momento máximo $k_i = \alpha A_p\left(\frac{1}{A_c} + \frac{e}{W_{cp1}}\right)$:

$$: k = 15 \cdot 6{,}06\left(\frac{1}{1875} + \frac{29{,}5}{29793{,}43}\right) = 0{,}138$$

Inclinação do cabo na seção de momento máximo: $\beta = 0° = 0$ rad (ponto de inflexão do cabo)

5.3.5 Cálculo das perdas devidas ao atrito

$$P_x = P_o \cdot [1 - (\mu\alpha + kx)] \quad \therefore$$

$$\therefore \quad P_o = \frac{P_x}{1 - (\mu\alpha + kx)}$$

Na protensão com aderência, usaremos os seguintes valores: $\mu = 0{,}20$; $k = 0{,}0016$.

Do enunciado, tiramos que $\alpha = 4{,}9° = 0{,}0856$ rad e $x = 5{,}5$ m.

Portanto:

$$P_o = \frac{P_x}{1 - (0{,}2 \cdot 0{,}0856 + 0{,}0016 \cdot 5{,}5)} \quad \therefore$$

$$\therefore \quad P_x = 0{,}974 P_o$$

Considerando que aproximadamente 2% da força de protensão se perde no interior do equipamento de protensão, tem-se para o cabo de 6 cordoalhas a força máxima permitida, então:

$$P_o = \frac{6 \cdot 1{,}01 \cdot 140{,}22}{1{,}02} = 833{,}07\ kN$$

$$P_x = 0{,}974 \cdot 833{,}07 = 811{,}41\ kN$$

Perdas por atrito por metro:

$$\Delta_p = \frac{P_o - P_x}{x} = \frac{833{,}07 - 811{,}41}{5{,}5} = 3{,}938\ kN/m =$$

$$= 0{,}03938\ kN/cm$$

5.3.6 Cálculo das perdas por acomodação das ancoragens

Considerando o recuo devido à cravação das cunhas $\lambda_r = 6$ mm, tem-se:

$$x_r = \sqrt{\frac{\lambda_r E_p A_p}{\Delta_p}} = \sqrt{\frac{0{,}6 \cdot 20000 \cdot 6{,}06}{0{,}03938}} = 1358{,}9\ cm$$

Conforme a Figura 5.4:

$$\Delta P = 2\Delta_p x_r = 2 \cdot 3{,}938 \cdot 13{,}589 = 107{,}027\ kN$$

Força de protensão residual na seção de momento máximo:

$$N_p = 833{,}07 - 107{,}027 + 5{,}5 \cdot 3{,}938 = 747{,}702\ kN$$

Momento de protensão na seção de momento máximo:

$$M_p = N_p \cdot e = 747{,}702 \cdot 29{,}5 = 22057{,}209\ kNcm$$

Do valor de $q_1 = 17{,}5$ kN/m, resultará o momento $M_{q1} = q_1 \cdot \frac{l^2}{8} = 264{,}6875\ kNm = 26468{,}75\ kNcm$.

Do valor de $q_2 = 25$ kN/m, resultará o momento $M_{q2} = q_2 \cdot \frac{l^2}{8} = 378{,}125\ kNm = 37812{,}50\ kNcm$.

Da ação conjunta de P com q_1, resultarão os seguintes esforços solicitantes na seção de momento máximo:

Tabela 5.2 Esforços solicitantes na seção de momento máximo, considerando as perdas imediatas da força de protensão

P_0	(força inicial no cabo de protensão)	(kN)	833,07
N_p	(força no cabo de protensão na seção central)	(kN)	747,702
M_p	(momento de protensão, seção central)	(kNcm)	–22057,209
M_{q1}	(momento fletor devido à carga q_1, seção central)	(kNcm)	26468,75
M_{pq1}	(M_{q1} + M_p, momento resultante no tempo zero)	(kNcm)	4411,541

5.3.7 Cálculo de perdas progressivas: retração e deformação lenta

Espessura fictícia:

$$\frac{2A_c}{U_c} = \frac{2 \cdot 1875}{200} = 18{,}75$$

em que U_c = perímetro da seção transversal.

Adota-se:

$$\varepsilon_{cs} = 0{,}33 \cdot 10^{-3} = 0{,}33\%;\ \varphi = 2{,}2$$

Perda de tensão no cabo de protensão na seção de maior momento fletor:

$$\Delta\sigma_p^{cs} = \frac{\left(\frac{N_p}{A_c} + \frac{M_{pg}}{W_{cp}}\right)\frac{\varphi_\infty}{E_c} + \varepsilon_{c\infty}^{s}}{1 + k(1 + 0{,}5\varphi_\infty)} E_p$$

$$\Delta\sigma_{p5}^{cs} = \frac{\left(\frac{747{,}72}{1875} + \frac{15754{,}76}{29793{,}43}\right)\frac{2{,}2}{2700} + 0{,}00033}{1 + 0{,}138(1 + 0{,}5 \cdot 2{,}2)} 20000 =$$

$$= 16{,}82 \text{ kN/cm}^2$$

5.3.8 Fluência do aço

Das tensões na armadura ativa (t = 0) devidas à ação conjunta da força de protensão e do carregamento q_1 resultarão as relações que fornecerão os valores $r_f = \sigma_{pg2}/f_{ptk}$, com os quais se calculam as perdas de tensão $\Delta\sigma^r{}_p$ nas armaduras de protensão causadas pela fluência do aço.

$$\Delta\sigma_p^r = \psi_\infty(\sigma_{pg2} - 2\Delta\sigma_p^{cs})$$

σ_{pg2} é a tensão média no cabo na seção de momento máximo:

$$\frac{P}{A_p} = \frac{747{,}72}{6 \cdot 1{,}01} = 123{,}39 \text{ kN/cm}^2$$

Tem-se, então:

$$r_f = \frac{\sigma_{pg2}}{f_{ptk}} = \frac{123{,}39}{190} = 0{,}649$$

ψ_{1000h} será obtido por interpolação da Tabela 2.1: $x = \psi_{1000h} = 1{,}888$.

$$\Delta\psi_\infty = 2\psi_{1000h} = 2 \cdot 1{,}888 = 3{,}776\% = 0{,}03776$$

Perdas na seção central:

$$\Delta\sigma_{p5}^r = 0{,}03776 \cdot (123{,}39 - 2 \cdot 15{,}27) =$$

$$= 3{,}388 \text{ kN/cm}^2$$

Os valores finais das perdas de tensão na armadura ativa resultarão da soma dos valores de perdas progressivas (16,82 kN/cm²) e de fluência do aço (3,388 kN/cm²):

$$\Delta\sigma_{p5}^{csr} = 16{,}82 + 3{,}388 = 20{,}212 \text{ kN/cm}^2$$

Da perda da força de protensão $\Delta P = -A_p\Delta\sigma_p^{csr}$, interpretada como força de compressão na armadura ativa, resultarão os esforços solicitantes externos ΔP, ΔN_p e ΔM_p. Assim, tem-se:

$$\Delta P = -6{,}06 \cdot 20{,}212 = -122{,}48 \text{ kN} = \sim\Delta N_p$$

$$\Delta M_p = \Delta P \cdot e = 122{,}48 \cdot 29{,}5 = 3613{,}318 \text{ kNcm}$$

Pode-se então completar a Tabela 5.2 com os valores das perdas lentas de protensão.

Tabela 5.3 Esforços solicitantes e perdas de protensão na seção de momento máximo, considerando perdas imediatas e perdas lentas da protensão

P_0	(força inicial no cabo de protensão)	(kN)	833,07
N_p	(força no cabo de protensão, seção central, após perdas imediatas)	(kN)	747,702
M_p	(momento de protensão, seção central)	(kNcm)	−22057,209
M_{q1}	(momento fletor devido à carga q_1, seção central)	(kNcm)	26468,75
M_{q2}	(momento fletor devido à carga q_2, seção central)	(kNcm)	37812,5
M_{pq1}	($M_{q1} + M_p$, momento resultante no tempo zero, seção central)	(kNcm)	4411,541
ΔN_p	(perdas lentas na força de protensão, seção central)	(kN)	122,48
ΔM_p	(perdas lentas no momento de protensão, seção central)	(kNcm)	3613,32
M_{pq2}	($M_{q2} + M_p + \Delta M_p$, momento resultante, tempo infinito, seção central)	(kNcm)	19368,61
N_p final	(força final de protensão, após todas as perdas, seção central)	(kN)	625,22

Percebe-se pela Tabela 5.3 que a força final de protensão, na seção de momento fletor máximo e após todas as perdas, resulta em um valor 25% menor que o valor inicial da força de protensão no macaco.

5.4 EXERCÍCIO PROPOSTO

Resolva o exemplo do item 5.3 considerando a seção transversal em T composta por uma mesa colaborante de largura 3 m e espessura 15 cm e analise as diferenças obtidas nos resultados.

6 CÁLCULO DA FORÇA DE PROTENSÃO

Fotografia 24 Ponte estaiada Octávio Frias de Oliveira (São Paulo/SP, 2008). Projeto arquitetônico de Valente Arquitetos; projeto estrutural de Enescil Engenharia de Projetos. Fotografia de Cifotart, adquirida de https://br.depositphotos.com.

Para a determinação da força de protensão necessária, é preciso considerar:

- a classe de agressividade ambiental (CAA) na qual se situa a estrutura (ABNT, 2014, Tabela 6.1);
- o grau de protensão que se quer ou que se pode adotar, atendendo às exigências normativas (ABNT, 2014, Tabela 13.4);
- a definição das cargas a serem equilibradas como quase permanentes, frequentes ou raras.

Como exemplo, a Figura 6.1 mostra um caso de protensão direcionada para equilibrar a carga quase permanente.

A força de protensão costuma ser calculada a partir da seção mais solicitada e com base no grau de protensão escolhido. Assim, por exemplo, suponhamos uma CAA III (forte), que representa grande risco para a deterioração da estrutura, escolhendo então a protensão completa.

De acordo com a Tabela 3.1, a protensão completa existe quando:

a) Para as combinações frequentes de ações previstas no projeto, é respeitado o estado-limite de descompressão (ELS-D) do concreto. Na fibra situada no lado tracionado ou menos comprimido, sendo g_1 a carga frequente, tem-se:

$$\sigma_{ci} = -\frac{P}{A_c} - \frac{Pe}{W_i} + \frac{M_{g1}}{W_i} = 0$$

da qual resulta:

$$P = \frac{A_c M_{g1}}{W_i + A_c e} \qquad (6.1)$$

Nesse caso, P é a força de protensão que, para o carregamento g_1, anula as tensões de tração no concreto, na seção escolhida, após ocorridas as perdas imediatas e lentas (tempo $t = \infty$). Para obtermos a força de protensão junto ao macaco (tempo $t = 0$), a força P deverá ser acrescida do valor correspondente a essas perdas.

Perdas por atrito e cravação podem ser calculadas já, com precisão. Perdas lentas devidas à retração, à deformação lenta do concreto e à fluência do aço deverão por ora ser estimadas, porque dependem do valor de P.

b) Para as combinações raras de ações, é respeitado o estado-limite de formação de fissuras (ELS-F). Na fibra situada no lado tracionado ou menos comprimido, sendo q a carga rara, tem-se:

$$\sigma_{ci} = -\frac{P}{A_c} - \frac{Pe}{W_i} + \frac{M_q}{W_i} = f_{ctk}$$

da qual resulta:

$$P = \frac{A_c M_q - A_c W_i f_{ctk}}{W_i + A_c e} \qquad (6.2)$$

Nesse caso, P é a força de protensão que, para o carregamento q, anula as tensões de tração no concreto, na seção escolhida, após ocorridas as perdas imediatas e lentas (tempo $t = \infty$). Para obtermos a força de protensão junto ao macaco (tempo $t = 0$), a força P deverá ser acrescida do valor correspondente a essas perdas.

Pretendendo-se que a seção não fissure, as tensões de tração no concreto devem limitar-se a valores preestabelecidos (NBR 6118:2014).

As equações mostradas no Capítulo 4 fornecem as tensões σ_s (armadura passiva) e σ_{px} (acréscimo de tensão na armadura ativa), e permitem verificar as quantidades dessas armaduras. A_p pode ser obtido pelo valor de P (fórmula (6.2)) dividido pela capacidade de uma cordoalha após as perdas e para A_s pode-se usar, de início, a armadura mínima indicada no item 3.7.

Suponhamos agora que se opte pela protensão limitada. Ela existe quando (ABNT, 2014, Tabela 13.4):

- para as combinações quase permanentes de ações previstas no projeto, é respeitado o ELS-D do concreto;
- para as combinações frequentes de ações previstas no projeto, é respeitado o limite de formação de fissuras (ELS-F; resistência à tração do concreto f_{ctk}).

A sequência de cálculo é a mesma de antes, alterando-se o g_1, que passa a ser agora o carregamento para as combinações quase permanentes, e o momento de fissuração (estádio Ib), que deverá ser verificado para o carregamento proveniente de combinações frequentes de ações previstas no projeto. Isto é, o máximo momento que se obtém de combinações frequentes não deverá ser superior ao momento do qual a seção é capaz:

$$M_r = A_{ct} f_{tk} z_t + A_s \sigma_s z_s + A_p(\sigma_p^{(o)} + \sigma_{px}) z_p$$

conforme visto no Capítulo 4.

Se a opção for por protensão parcial, a norma indica para as combinações frequentes o respeito ao limite de abertura das fissuras.

A sequência de cálculo é a seguinte:

- M_{g2} e σ_{g2}, sendo agora g_2 o carregamento correspondente às combinações frequentes;
- força de protensão P, dada pela fórmula anterior, mas com momento M_{g2}.

Para as combinações frequentes, o limite de abertura de fissuras será calculado no estádio IIa (conforme item 4.3.2 deste volume).

Uma vez calculadas as tensões σ_c, σ_s e σ_p (conforme Capítulo 4), o controle das aberturas das fissuras poderá ser feito de acordo com as normas (conforme item 3.6 deste volume).

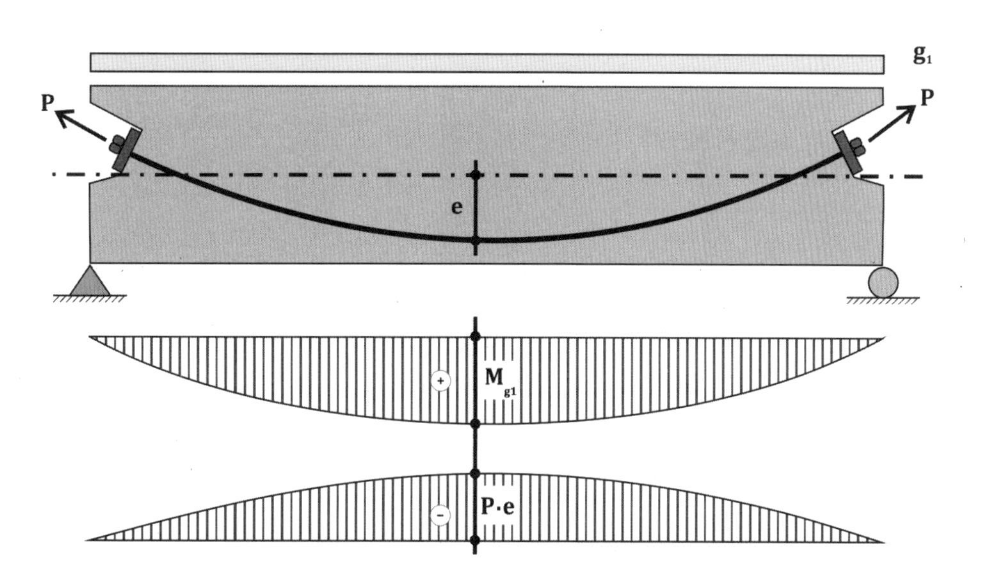

Figura 6.1 Força de protensão equilibrando o momento resultante da carga g_1.

7 DESENVOLVIMENTO DOS CABOS

Fotografia 25 Rodoferroviária de Curitiba/PR, 1972. Vigas protendidas para rodoviária – vista do meio dos vãos, sobre a passagem de ônibus. Projeto arquitetônico de Rubens Meister. Fotografia de Maria Regina Sarro.

7.1 FORMA GERAL

Os cabos pós-tensionados têm a forma dos diagramas dos momentos fletores, e a flexão proveniente da protensão tende a equilibrar aquela decorrente das forças externas.

Em geral, as seções são verificadas em cada décimo de vão, sendo que as seções mais solicitadas definem os quantitativos dos materiais mínimos necessários. Nas demais seções, os cabos assim definidos terão excentricidades menores. Se existirem vários cabos, muitas vezes é possível ir ancorando-os gradativamente, na medida da diminuição dos esforços.

7.2 DIMENSIONAMENTO

A partir da força de protensão final máxima necessária, o projetista escolherá o número de cabos a adotar. No mercado brasileiro oferecem-se cabos de protensão desenvolvendo forças de 10 em 10 tf, até a força máxima de 390 tf num único cabo.

O espaço disponível para acomodação de ancoragens, bainhas, fretagens e armadura de fendilhamento deve ser levado em conta na escolha da cablagem.

A partir da força de protensão necessária na seção mais solicitada, faz-se o retorno, considerando as perdas de protensão imediatas e lentas, a fim de obter a força de protensão junto ao macaco.

7.3 EQUAÇÃO DA CURVA

Dos desenvolvimentos curvos da cablagem, o parabólico é o de emprego mais geral, conforme Figura 7.1. Dentre as funções racionais inteiras, o polinômio de grau n tem como expressão:

$$y = a_n x^n + a_{n-1} x^{n-1} + ... + a_2 x^2 + a_1 x + a_o$$

Para n = 2, define-se uma função quadrática, a parábola do segundo grau:

$$y = a_2 x^2 + a_1 x + a_o$$

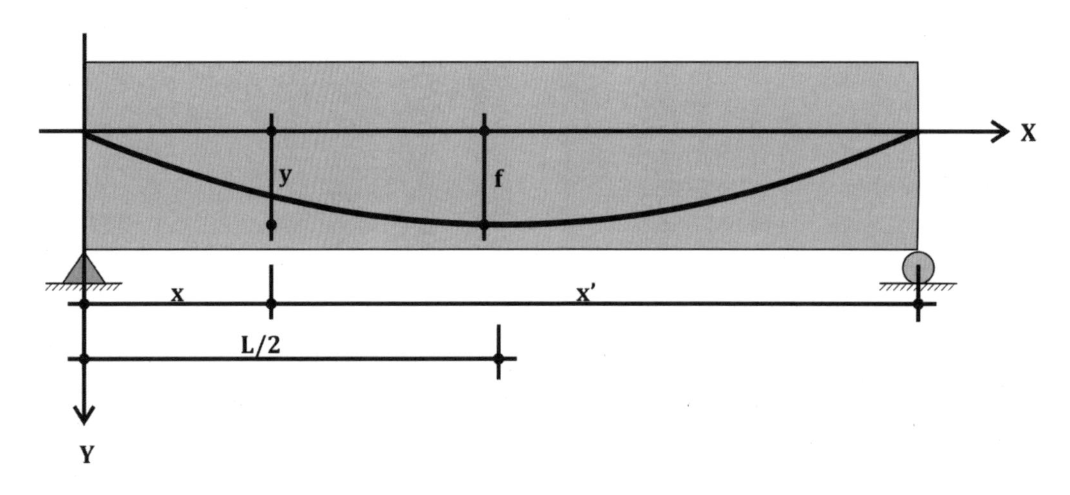

Figura 7.1 Caminhamento do cabo parabólico.

Os coeficientes a_2, a_1 e a_0 da variável independente serão determinados pelas condições a seguir.

Para x = 0, y = 0 (origem da parábola):

$$0 = a_2 0 + a_1 0 + a_0 \quad \therefore \quad a_o = 0$$

Para x = L, y = 0 (término da parábola):

$$0 = a_2 L^2 + a_1 L + 0 \quad \therefore \quad a_1 = - a_2 L$$

Para $x = \frac{L}{2}$, y = f (flecha da parábola):

$$f = \frac{a_2 L^2}{4} + \frac{a_1 L}{2} = \frac{a_2 L^2}{4} - \frac{a_2 L^2}{2} = - \frac{a_2 L^2}{4} \quad \therefore$$

$$\therefore \quad a_2 = - \frac{4f}{L^2} \quad \text{e} \quad a_1 = \frac{4f}{L}$$

e a expressão de parábola será:

$$y = - \frac{4fx^2}{L^2} + \frac{4fx}{L} = \frac{4fx}{L^2}(L - x)$$

$$y = \frac{4f}{L^2} xx' \qquad (7.1)$$

Para desenvolvimentos curvos pouco acentuados da armadura de protensão, o valor do ângulo de inflexão $\alpha(\alpha = \alpha_0 - \alpha_x)$ poderá ser expresso em função da abscissa x.

$$y = \frac{4fx(L-x)}{L^2} \quad \therefore \quad y' = tg\alpha_x = \frac{4f(L-2x)}{L^2}$$

Para ângulos pequenos:

$$\alpha_x = \frac{4f(L-2x)}{L^2} \quad \therefore$$

$$\therefore \quad \alpha_x = \frac{4f(L-x-x)}{L^2} = \frac{4f(x'-x)}{L^2}$$

Para x = 0, o valor da tangente geométrica na origem será:

$$tg\alpha_o = \frac{4f}{L} \quad \therefore \quad \alpha_o = \frac{4f}{L}$$

Como valor do ângulo de inflexão α na abscissa x, virá:

$$\alpha = \alpha_o - \alpha_x = \frac{4f}{L} - \frac{4f}{L^2}(L-2x) = \frac{4f}{L} - \frac{4f}{L} + \frac{8fx}{L^2}$$

$$\alpha = \frac{8fx}{L^2} \qquad (7.2)$$

O coeficiente de x expressa o ângulo de inflexão da armadura ativa por metro linear (rad/m).

Para os cabos de trajetória parabólica, podem ser utilizadas também as ordenadas indicadas na Figura 7.2, com divisões em 12, 10 e 8 segmentos.

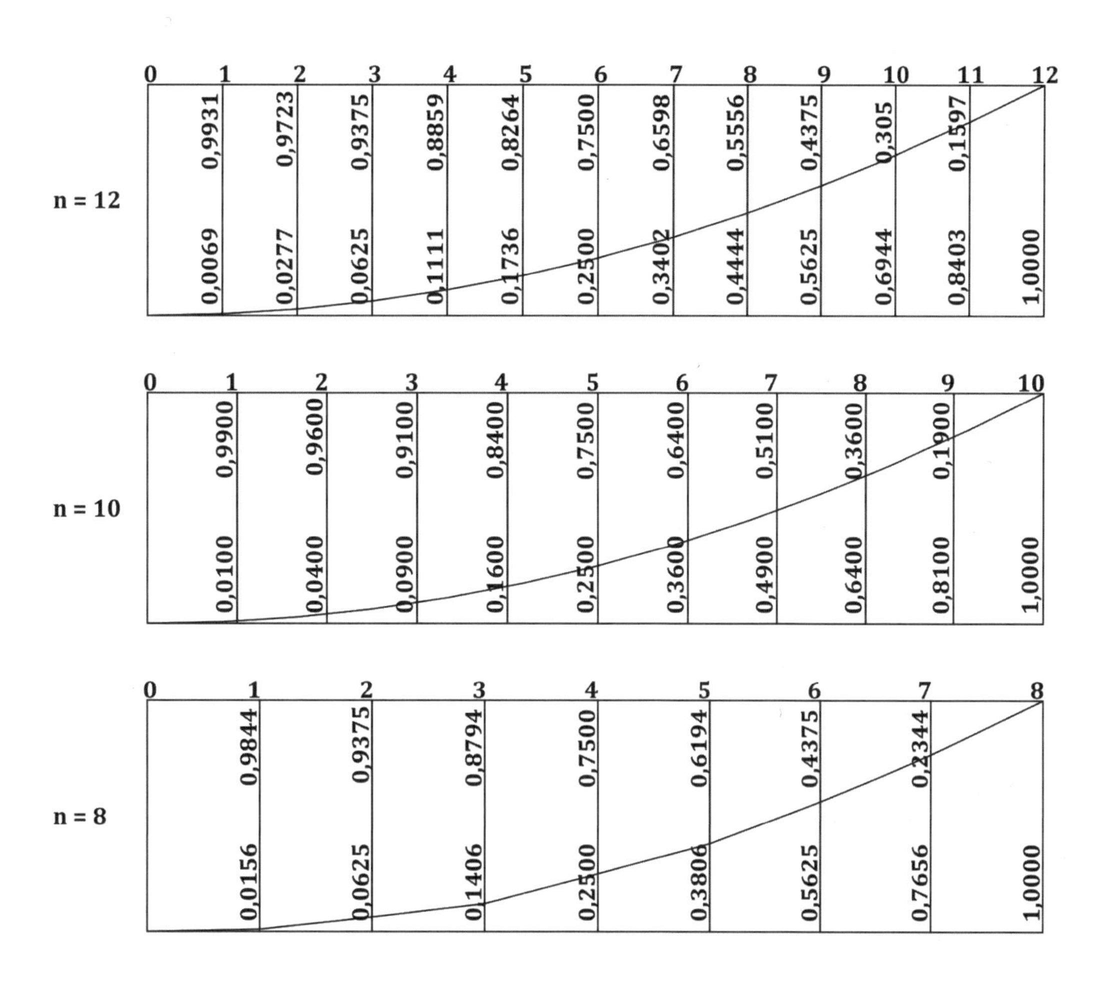

Figura 7.2 Ordenadas da parábola.

7.4 POLIGONAIS DA CABLAGEM

Os desenvolvimentos poligonais da cablagem decorrem das características do diagrama de momentos fletores, ou seja, da peculiaridade do carregamento, ou de determinadas condições decorrentes do processo construtivo, por exemplo, na protensão com aderência inicial na qual os elementos tensores são retos ou poligonais, conforme Figura 1.10.

7.5 CONTROLE DA EXCENTRICIDADE AO LONGO DO VÃO

Uma vez determinada a força de protensão e sua excentricidade na seção crítica e supondo-se que essa força, a menos das variações decorrentes do atrito, se mantenha em toda a extensão, torna-se necessário controlar a excentricidade em cada seção, a fim de que as tensões de borda não ultrapassem os valores previstos.

7.5.1 Método do núcleo-limite

Da Resistência dos Materiais, sabe-se que o *núcleo central de inércia* é uma área dentro da qual qualquer força axial de compressão não produzirá tensões de tração na seção. O núcleo central de inércia depende da geometria da seção, mas independe da força de protensão aplicada e das tensões permitidas (Figura 7.3).

O *núcleo-limite*, por sua vez, é a área da seção dentro da qual uma determinada força pode ser aplicada sem que as tensões permitidas ou previstas (de tração e compressão) sejam ultrapassadas.

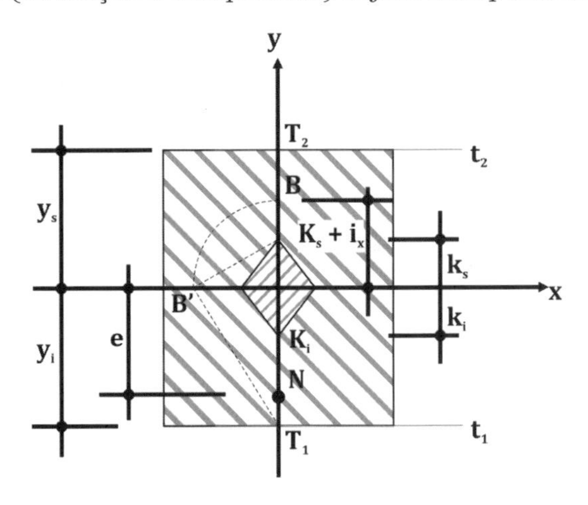

Figura 7.3 Núcleo central de inércia.

Sejam k_s e k_i os antipolos em relação à elipse central de inércia (i_x, i_y) das tangentes t_1 e t_2 da figura, respectivamente.

$$\frac{k_s}{i_x} = \frac{i_x}{y_i} \quad \therefore \quad k_s = \frac{i_x^2}{y_i} \cdot \frac{A}{A} = \frac{I_x}{Ay_i} = \frac{W_{xi}}{A} \quad \therefore$$

$$\therefore \quad W_{xi} = k_s A$$

e, analogamente,

$$W_{xs} = k_i A$$

As tensões normais de borda em relação aos momentos nucleares, conforme a Resistência dos Materiais, valem:

$$\sigma_s = \frac{N(e - k_i)}{W_{xs}} \qquad \sigma_i = \frac{N(e + k_s)}{W_{xi}}$$

Considerando o tempo $t = t_0$ e sendo N_{po} = força de compressão inicial (componente normal da força de protensão) e M_{g1} = momento fletor da carga quase permanente ou da carga a ser mobilizada, vale a condição:

$$\sigma^s_{cpo} - \sigma^s_{cg1} \leq \sigma^o_{ct}$$

ou seja:

$$\frac{N_{po}(e - k_i)}{W_{xs}} - \frac{M_{g1}}{W_{xs}} \leq \sigma^o_{ct} \quad \therefore$$

$$\therefore \quad N_{po}e - N_{Po}k_i - M_{g1} \leq \sigma^o_{ct} W_{xs}$$

$$N_{po}e \leq \sigma^o_{ct} W_{xs} + N_{Po}k_i + M_{g1} \quad \therefore$$

$$\therefore \quad e \leq \frac{\sigma^o_{ct} W_{xs}}{N_{po}} \cdot \frac{A_c}{A_c} + k_i + \frac{M_{g1}}{N_{po}}$$

$$e \leq k_i \left(\frac{\sigma^o_{ct} A_c}{N_{po}} + 1 \right) + \frac{M_{g1}}{N_{po}} = e_1 \qquad (7.3)$$

Para não ocorrer na fibra superior (borda de compressão pré-tracionada) tração maior que σ_{ct}^{0}, deve-se ter $e \leq e_1$.

Considerando o tempo $t = t_\infty$ e sendo $N_{p\infty}$ = a força de compressão final, após as perdas, e M_q = o momento fletor da carga máxima, valem as condições:

$$\sigma_{cp}^{s} - \sigma_{cq}^{s} \leq \sigma_{cc}^{\infty} e - \sigma_{cp}^{i} + \sigma_{cq}^{i} \leq \sigma_{ct}^{\infty}$$

Dessa última, tiramos:

$$-\frac{N_{p\infty}(e + k_s)}{W_{xi}} + \frac{M_q}{W_{xi}} \leq \sigma_{ct}^{\infty} \quad \therefore$$

$$\therefore \quad -N_{p\infty} e - N_{p\infty} k_s + M_q \leq W_{xi} \sigma_{ct}^{\infty}$$

$$e \geq \frac{M_q}{N_{p\infty}} - k_s \left(\frac{\sigma_{ct}^{\infty} A_c}{N_{p\infty}} + 1 \right) = e_2 \qquad (7.4)$$

Para não ocorrer na fibra inferior tração maior que σ_{ct}^{∞}, deve-se ter $e \geq e_2$.

Conhecido o valor de M_q, e representa a excentricidade mínima a ser usada para que não seja ultrapassado o limite σ_{ct} preestabelecido (ver item 2.2.3 deste volume).

O valor M_{g1} que aparece nas equações anteriores é o momento da carga mínima, no tempo $t = t_o$, que costuma ocorrer em fase de construção. O valor M_q é o momento que decorre do grau de protensão adotado. Se for momento de descompressão, σ_{ct} = 0, e o núcleo-limite coincidirá com o núcleo central de inércia.

O método do núcleo-limite (Figuras 7.4 e 7.5) se resume em, dados uma força de protensão e um momento externo, ambos variando ao longo do vão, calcular as excentricidades-limite para que as tensões-limite sejam respeitadas. O lugar geométrico destas excentricidades-limite superiores e inferiores, ao longo do vão, chamamos de envolvente do aço de protensão, e a zona situada entre os limites, de zona-limite ou faixa de pressão.

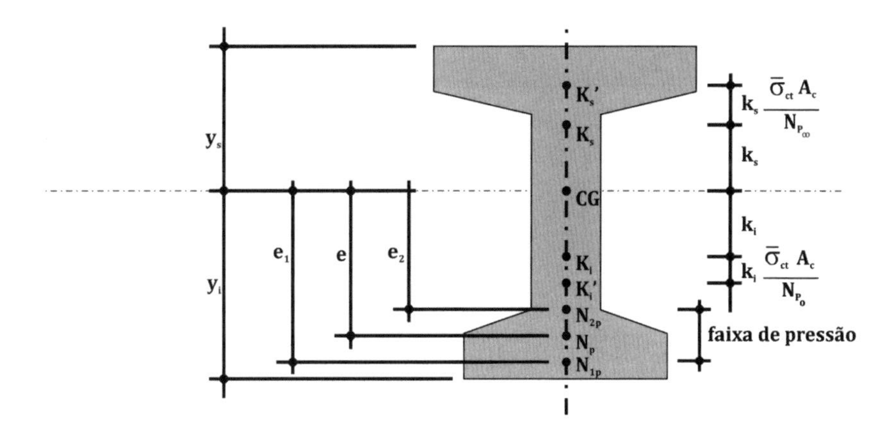

Figura 7.4 Representação na seção transversal de núcleo central de inércia, núcleo-limite e zona-limite.

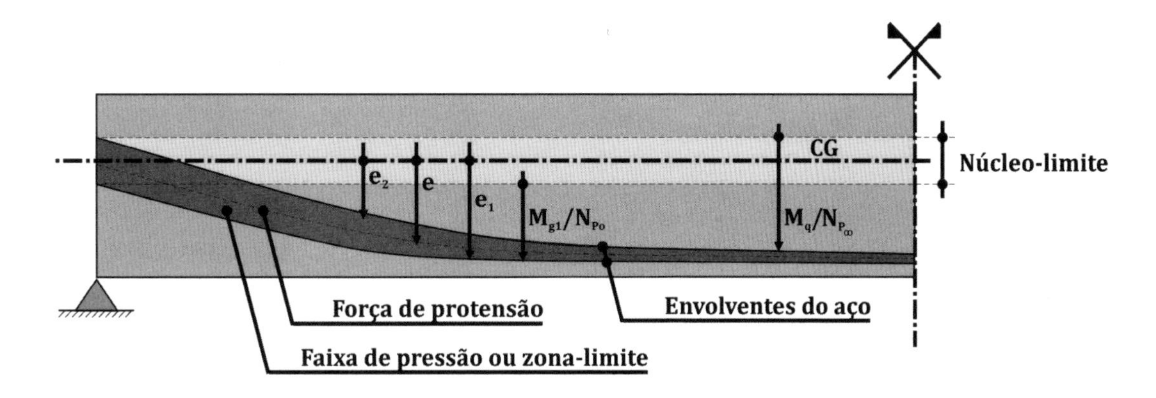

Figura 7.5 Núcleo-limite e zona-limite.

8 CÁLCULO DOS ALONGAMENTOS DA ARMADURA ATIVA

Fotografia 26 Rodoferroviária de Curitiba/PR, 1972. Aplicação da protensão centrada em estrutura elevada para reservatório de água, para união de peças pré-moldadas e compensação dos esforços de vento. Projeto arquitetônico de Rubens Meister. Fotografia de Maria Regina Sarro.

8.1 CONSIDERAÇÕES INICIAIS

O engenheiro, principalmente o engenheiro de obra, tem no alongamento dos cabos de protensão uma referência valiosa para "sentir" se a força de protensão realmente foi transmitida sem anormalidade ao concreto. O projetista calcula o alongamento teórico, e o engenheiro ou técnico que executa a protensão mede o alongamento real; a comparação dos dois valores, o calculado e o medido, permite uma avaliação do comportamento do cabo no interior do concreto durante e após a protensão.

A implantação da força de protensão em obra será acompanhada sempre das leituras métrica (alongamentos) e manométrica (pressões), devendo ambas ser registradas pelos operadores da protensão.

8.2 CÁLCULO APROXIMADO DO ALONGAMENTO

O cálculo do alongamento teórico do cabo de protensão é feito a partir da lei de Hooke, cuja expressão é:

$$\lambda_p = \sigma_p^m L_1 / E_p \tag{8.1}$$

em que σ_p^m é a tensão média na armadura ativa, já consideradas as perdas imediatas de tensão $\Delta\sigma_p^u$ devidas ao atrito (Figuras 5.2 e 8.1); L_1 é o comprimento do cabo cujo alongamento está sendo calculado; E_p é o módulo de elasticidade do aço de protensão.

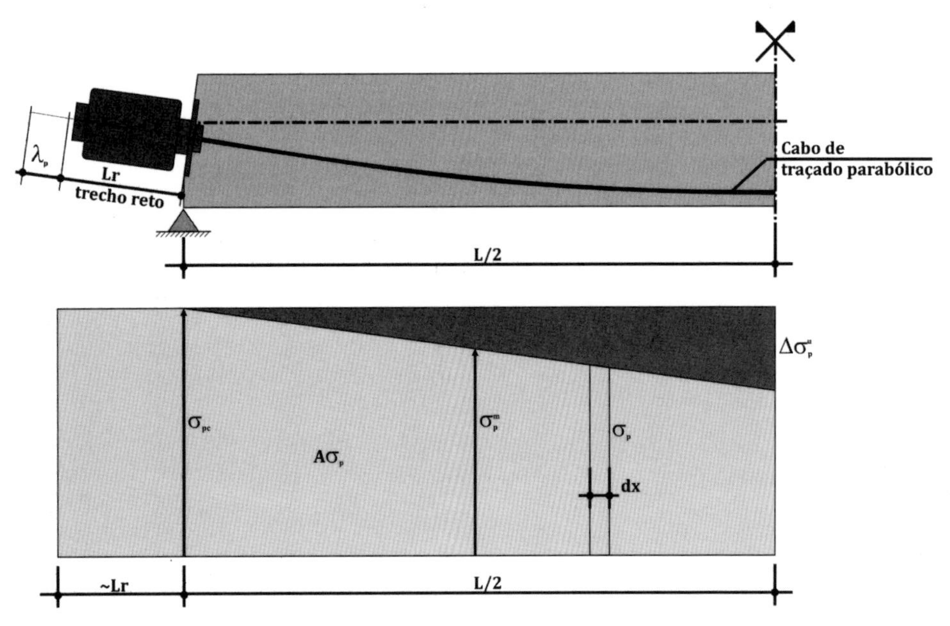

Figura 8.1 Variação das tensões ao longo do cabo.

Para o cálculo do alongamento, consideramos uma força de protensão média entre a força junto ao macaco e a força no final do trecho considerado. Esta força P_m média pode ser obtida com o auxílio do nomograma ilustrado na Figura 8.2. Partindo de P_o = 100% e do expoente ($\mu\alpha$ + kx), encontramos P_x e P_m em porcentagem de P_o.

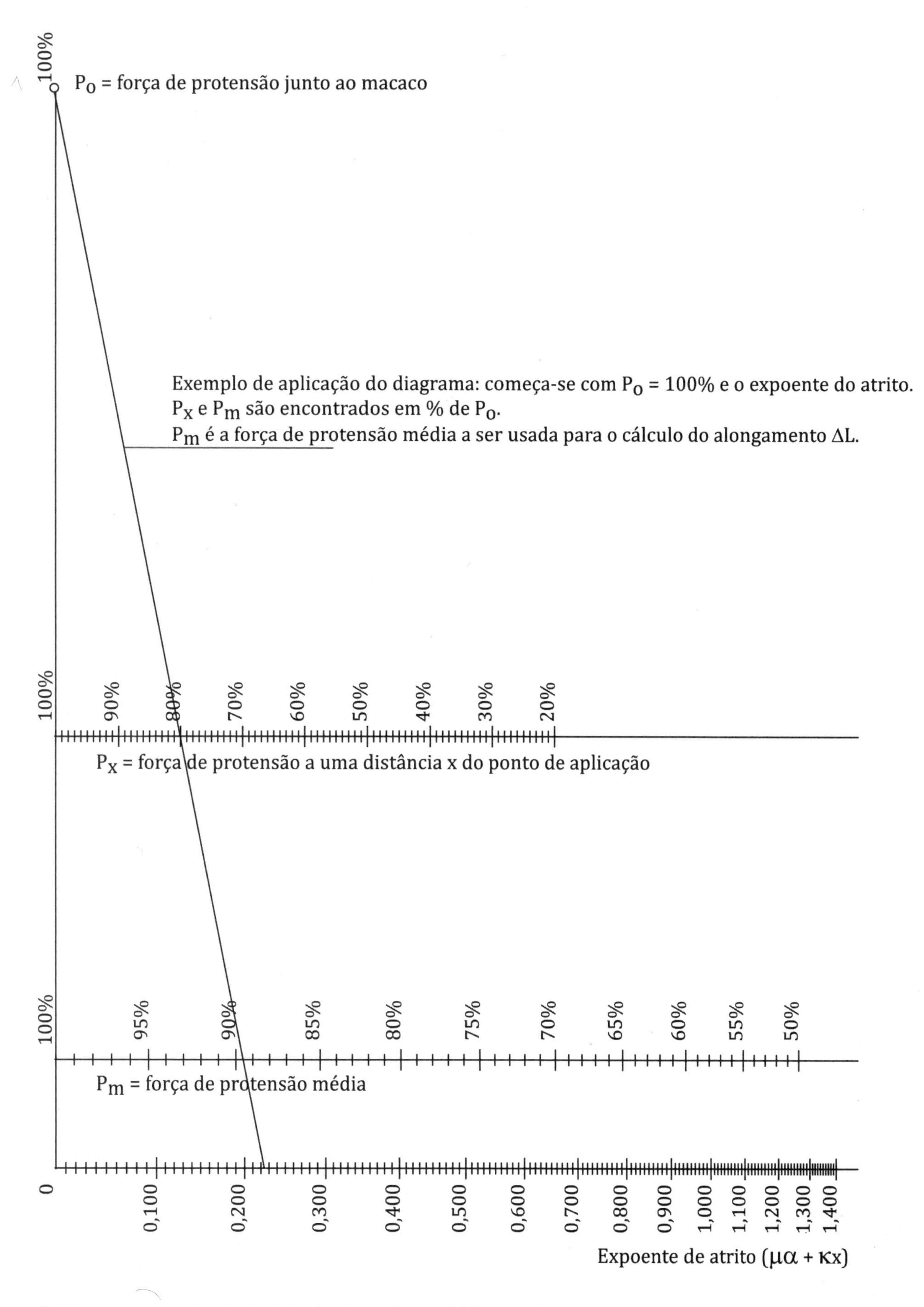

Figura 8.2 Nomograma para determinação de P_x e P_m. Fonte: adaptada de VSL International (1981).

No canteiro de obra será medido o deslocamento progressivo de uma referência R marcada sobre o cabo de protensão. O esforço de protensão desenvolvido pelo macaco será conhecido pelas pressões crescentes registradas no manômetro a ele acoplado. Caso a protensão deva ser feita por ambas as extremidades do cabo, os alongamentos se obterão pela soma das deformações contadas a partir da seção central ou aproximadamente central, na qual são iguais as perdas por atrito calculadas a partir de cada extremidade do cabo.

8.3 CÁLCULO EXATO DO ALONGAMENTO[1]

Determinado o diagrama de tensões σ_p da armadura ativa, com a consideração das perdas imediatas de tensão $\Delta\sigma_p^u$ devidas ao atrito, a implantação da força de protensão implicará o alongamento da armadura ao longo do seu traçado curvo, delimitado pelo diagrama de tensões σ_p. Para traçados pouco acentuados, o comprimento curvo se assemelha à sua projeção horizontal. O alongamento da armadura ativa corresponde ao diagrama de tensões σ_p (projeção horizontal "L/2" do traçado curvo, conforme Figura 8.1). Resultará da integração do alongamento elementar:

$$\frac{\sigma_p}{E_p}dx$$

$$\lambda_{p,\frac{L}{2}} = \int_0^{\frac{L}{2}} \frac{\sigma_p}{E_p} dx = \frac{1}{E_p}\int_0^{\frac{L}{2}} \sigma_p dx = \frac{A_{\sigma p}}{E_p}$$

Como σ_p decresce linearmente da origem até a seção transversal central, resultará para a área o valor:

$$A_{\sigma p} = \sigma_p^m \frac{L}{2} \quad \therefore \quad \lambda_{p,\frac{L}{2}} = \frac{\sigma_p^m}{E_p}\frac{L}{2}$$

O comprimento reto da cabeceira, isento de atrito, será definido por:

$$\lambda_{p,LR} = \frac{\sigma_{po}}{E_p} L_R \qquad (8.2)$$

1 Baseado em Fritsch (1985).

A ação da força de protensão sobre as seções transversais da estrutura acarretará um encurtamento elástico do concreto ao longo da armadura ativa, o qual deve ser compensado nos alongamentos. De valor muito inferior ao dos alongamentos da armadura, o encurtamento elástico do concreto poderá ser determinado ao longo do eixo baricêntrico longitudinal da estrutura, em função de σ_p^m.

$$\lambda_{c\frac{L}{2}} = \frac{A_p}{A_c}\frac{\sigma_p^m}{E_c}\frac{L}{2}$$

em que $A_p\sigma_p^m$ é a força de protensão média dos cabos já protendidos.

Da soma das deformações resultará o alongamento correspondente à força de protensão definida no projeto, a ser implantada. O alongamento pode ser visualizado pelo deslocamento da referência R, já mencionada:

$$\lambda_{p,i} = \lambda_{p\frac{L}{2}} + \lambda_{p,L_R} + \lambda_{c\frac{L}{2}}$$

Durante a acomodação das ancoragens (ver item 5.1.2), o alongamento anteriormente atingido diminui do valor λ_a e também do valor λ_{p,L_R} correspondente ao trecho reto L_R, que fica agora sem tensão.

O deslocamento da referência R, após a acomodação da ancoragem, será:

$$\lambda_{pf} = \lambda_{p,i} - \lambda_{p,L_R} - \lambda_a \qquad (8.3)$$

8.4 OBSERVAÇÃO FINAL E EXEMPLO PRÁTICO

Ao operador no canteiro de obra interessa o valor $\lambda_{p,i}$, atingido antes da cravação. Suponhamos o exemplo prático a seguir.

Deseja-se protender um cabo de 12 cordoalhas de 12,7 mm, aço CP 190 RB, pertencente à viga de um pavimento comercial. Dados do projeto:

- comprimento do cabo: L = 15,80 m;
- força de protensão inicial: P_0 = 1385 kN;
- alongamento teórico: λ_{pi} = 111 mm.

Considerando que o macaco a ser utilizado na protensão tem um êmbolo com seção transversal s_m = 355,3 cm², a pressão manométrica correspondente à força máxima de P_0 = 1385 kN valerá:

$$\sigma_m = \frac{1385}{355,3} = 3,9\frac{kN}{cm^2}$$

A Tabela 8.1 mostra a situação hipotética de protensão de um cabo na qual um operador aciona o macaco gradativamente, parando nos valores 500 N/cm², 1000 N/cm², 2000 N/cm² e 3000 N/cm². Para cada um desses valores, ele mede o alongamento ocorrido e o anota. No último acionamento do macaco, o manômetro atinge a pressão de 3900 N/cm², que corresponde à força máxima desejada no caso.

Tabela 8.1 Alongamentos medidos na protensão de um cabo

σ_m (N/mm²)	Alongamentos medidos (mm)
500	133
1000	148
2000	176
3000	201
3900	234

Na Tabela 8.1, uma parte do alongamento entre σ_m = 0 e σ_m = 1000 N/cm² corresponde não à deformação elástica, mas à acomodação das cordoalhas até virem a sofrer a primeira tração. É difícil avaliar o valor dessa acomodação, mas tem-se usado em obras o procedimento descrito a seguir.

O alongamento real do cabo será dado por:

$$\Delta L_r = (\Delta L_{final} - \Delta L_{1000})f_c \quad (8.4)$$

em que f_c = coeficiente prático-empírico, obtido da relação:

$$f_c = \frac{\sigma_{final}}{\sigma_{final} - \sigma_{1000}} \quad (8.5)$$

Portanto:

$$\Delta L_r = \frac{\sigma_{final}}{\sigma_{final} - \sigma_{1000}}(\Delta L_{final} - \Delta L_{1000}) \quad (8.6)$$

No exemplo deste item, então, o alongamento real vale:

$$\Delta L_r = \frac{3900}{3900 - 1000}(234 - 148) = 115 \text{ mm}$$

É aceitável que o valor ΔL_r assim obtido possa diferir até 5% do valor teórico do alongamento. As razões dessa possível diferença estão nas pequenas variações dos coeficientes μ, α, k e E do projeto para a realidade da obra. Se a diferença for superior a 5%, o projetista deve ser consultado.

Para avaliar o desempenho de uma estrutura ao ser protendida, o engenheiro dispõe, na obra, de três recursos importantes: o alongamento dos cabos, a pressão manométrica correspondente e, de maneira menos acadêmica (mas mesmo assim importante), a observação visual do comportamento da estrutura, a qual vai gradativamente se liberando do escoramento.

9 VIGAS PROTENDIDAS HIPERESTÁTICAS

Fotografia 27 Rodoferroviária de Curitiba/PR, 1972. Vigas protendidas para rodoviária – vista das extremidades em balanço. Projeto arquitetônico de Rubens Meister. Fotografia de Maria Regina Sarro.

9.1 HIPERESTATICIDADE EM VIGAS PROTENDIDAS

As considerações sobre hiperestáticos feitas aqui se baseiam no material de Fritz Leonhardt (1962, 1980).

As forças de protensão dão origem a deformações longitudinais e de flexão. Na estrutura isostática, essas deformações são naturalmente possíveis e não alteram as reações de apoio, tampouco as solicitações internas. Nos apoios hiperestáticos, porém, a estrutura considerada "sem peso", ao ser protendida, se desacomoda dos seus apoios, necessitando de forças adicionais para restaurar o equilíbrio inicial.

Por exemplo, considere uma viga contínua de dois vãos, apoiada sobre A, B e C, conforme Figura 9.1. Supondo que essa viga seja protendida por um cabo reto colocado na parte inferior, ela irá fletir para cima, separando-se do apoio do meio. Para segurá-la sobre o apoio, torna-se necessário aplicar em B uma força negativa de ancoragem B_v com um valor mínimo suficiente para anular a deformação v (–) em B. Como existe equilíbrio, surgem nos apoios A e C reações positivas correspondentes. Nota-se então que a protensão alterou as reações de apoio da estrutura, originando reações hiperestáticas, chamadas aqui de A_v, B_v, C_v.

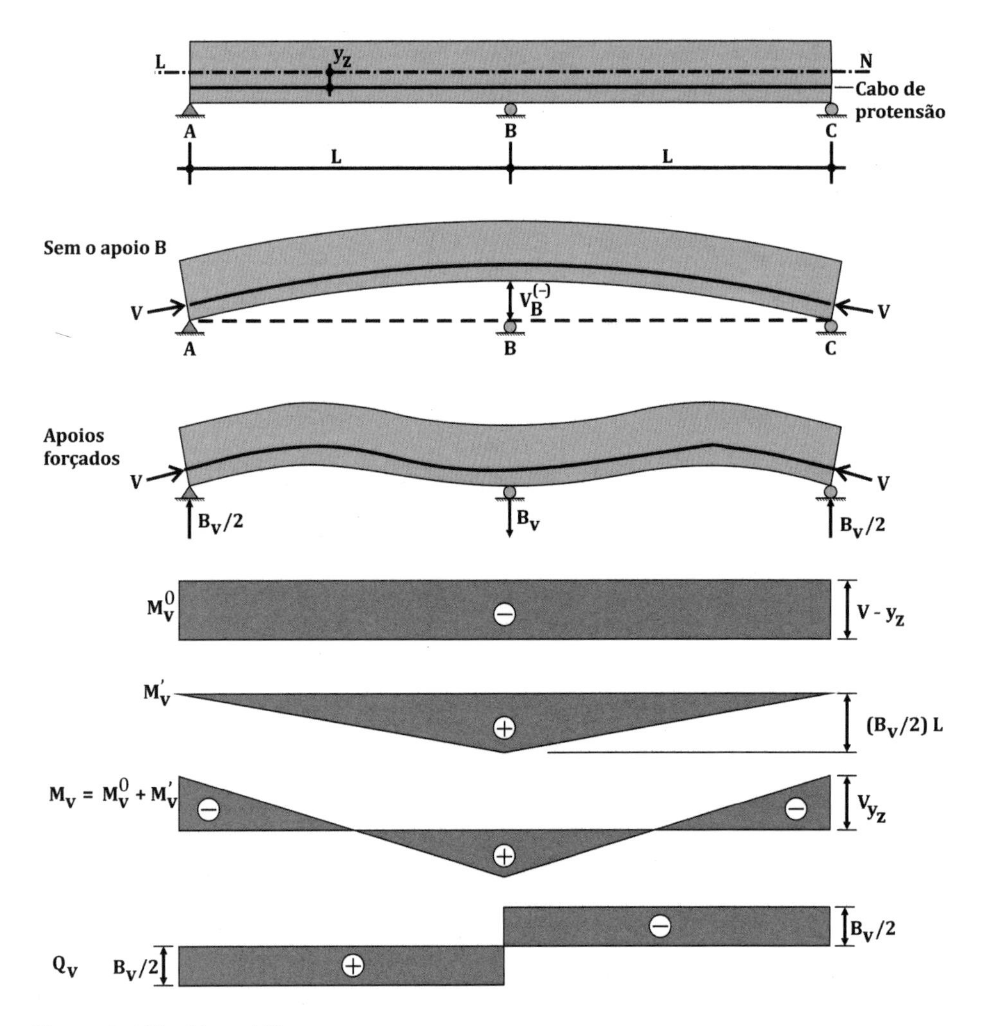

Figura 9.1 Viga hiperestática.

A soma dos momentos hiperestáticos e estáticos resultará no momento final devido à protensão:

$$M_v = M_v^0 + M_v' \qquad (9.1)$$

O mesmo ocorre com as forças cortantes:

$$Q_v = Q_v^0 + Q_v' \qquad (9.2)$$

As reações de apoio valem:

$$A_V = A_V'$$

sendo $A_v^0 = 0$ porque supostamente a viga está sem peso.

As reações de apoio hiperestáticas A_V', B_V' provenientes da protensão estão em equilíbrio entre si, porque as forças de protensão também estão. A grandeza das forças hiperestáticas varia com o caminhamento que for dado aos cabos, tornando-se grande quando y_z for grande e o cabo estiver situado no mesmo lado da LN, ou podendo se anular se o cabo for conduzido de maneira a não originar alterações nos apoios.

O cálculo das forças hiperestáticas da protensão pode ser feito como se faz para calcular as forças hiperestáticas de outros tipos de carregamento (carga permanente ou carga acidental). Aqui será usado o processo da distribuição dos momentos devido a Cross.

9.2 CONSIDERAÇÕES BÁSICAS A PARTIR DE UMA VIGA DE DOIS VÃOS

Sejam J = momento de inércia da seção transversal, constante; $V_x = V$ = força de protensão constante; f = flecha positiva quando componentes transversais apontam para cima.

Será considerado que no apoio B está aplicada uma força vertical única de cima para baixo, e a parábola quadrática do cabo é prolongada até o eixo do apoio B, onde ela tem a ordenada e (negativa). As flechas f_1 e f_2 serão medidas conforme mostra a Figura 9.2, mas o cabo tem no apoio B a excentricidade y_{ZB}.

O ângulo das tangentes extremas é τ, a força de protensão é V e o momento hiperestático Mv' = 1 aplicado no apoio B.

Seccionando a estrutura em B, apresentam-se duas vigas isostáticas birrotuladas: AB e BC. A incógnita é, pois, o momento M_{Bv}' que vai anular a rotação da linha elástica LE nas extremidades da viga em B, uma vez que a LE é contínua e $\Sigma\tau_B = 0$.

Pelo teorema de Mohr, os ângulos das tangentes extremas τ_B são as reações de apoio da viga carregada com M_v^0/EJ, sendo $M_v^0 = V \cdot y_{ZB}$.

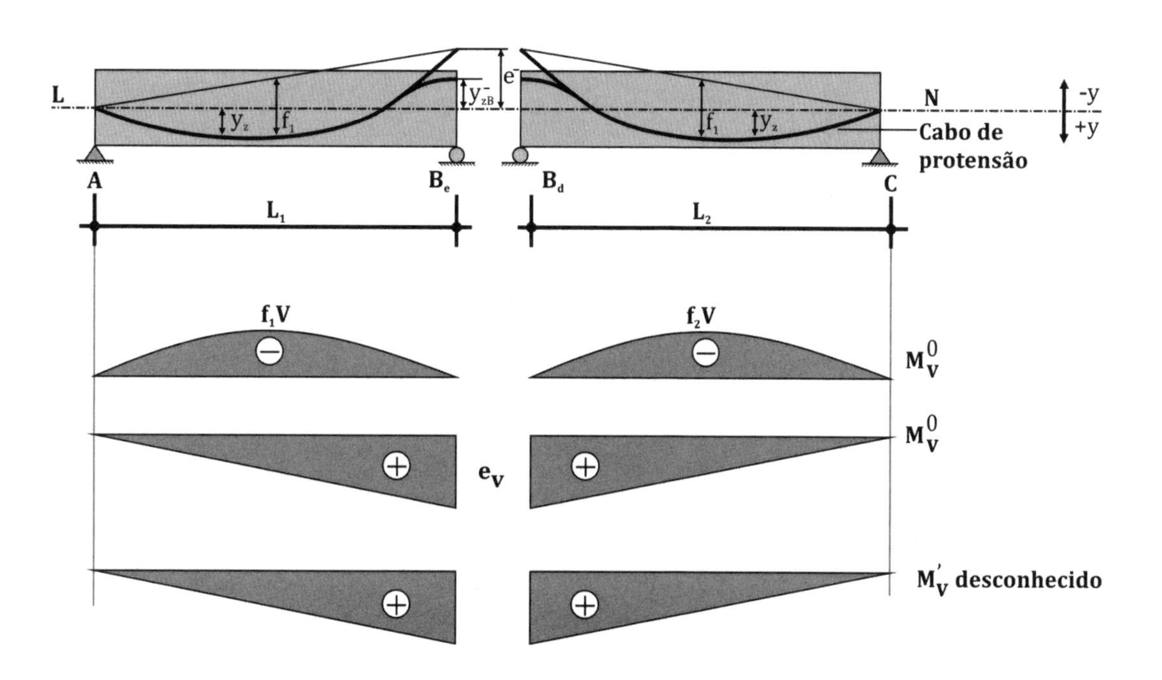

Figura 9.2 Estudo da hiperestaticidade.

Na Figura 9.2, ocorre:

y_z = positivo quando para baixo;

V = compressão (negativo);

e = negativo;

f = positivo.

O ângulo das tangentes em B (reações do carregamento M_v^0/EJ) é:

$$EJ\tau_{Be}^0 = \frac{1}{2}\left(-\frac{2}{3}L_1 f_1 V\right) + \frac{2}{3}\cdot\frac{L_1}{2}\cdot e\cdot V = \frac{V\cdot L_1}{3}(e - f_1)$$

$$EJ\tau_{Bd}^0 = \frac{V\cdot L_2}{3}(e - f_2)$$

O momento hiperestático M'_{Bv} (incógnita) gera os diagramas de momento triangulares M_v' (Figura 9.2).

O ângulo das tangentes extremas em B (reações do carregamento M_v'/EJ) é:

$$EJ\tau'_{Be} = \frac{2}{3}\frac{L_1}{2}M'_{Bv} = \frac{L_1}{3}M'_{Bv}$$

$$EJ\tau'_{Bd} = \frac{L_2}{3}M'_{Bv}$$

Dada a continuidade da LE em B, a soma dos ângulos das tangentes é nula. Portanto:

$$\Sigma\tau = \tau_{Be}^0 + \tau_{Bd}^0 + \tau'_{Be} + \tau'_{Bd} = 0$$

$$\frac{VL_1}{3}(e - f_1) + \frac{VL_2}{3}(e - f_2) + \frac{M'_{Bv}}{3}(L_1 + L_2) = 0$$

Donde:

$$M'_{Bv} = V\left(\frac{(L_1 f_1 + L_2 f_2)}{(L_1 + L_2)} - e\right)$$

Se $L_1 = L_2$ e $f_1 = f_2$, resultará:

$$M'_{Bv} = V(f - e) \qquad (9.3)$$

O momento total devido à protensão valerá:

$$M_v = M_v^0 + M'_v$$

O momento final em B (Figura 9.3) será:

$$M_{Bv} = V\cdot y_{zB} + V\left(\frac{L_1 f_1 + L_2 f_2}{L_1 + L_2} - e\right) = V\left(\frac{L_1 f_1 + L_2 f_2}{L_1 + L_2} - e - y_{zB}\right) = V\left(\frac{L_1 f_1 + L_2 f_2}{L_1 + L_2} - \Delta_e\right) \qquad (9.4)$$

sendo $e - y_{zB} = \Delta_e$ sempre negativo.

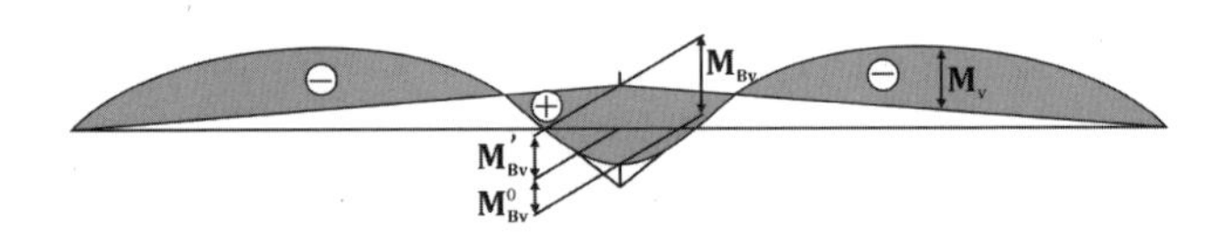

Figura 9.3 Hiperestaticidade – viga de dois vãos.

Se $L_1 = L_2$ e $f_1 = f_2 = f$, tem-se:

$$M_{Bv} = -V(f + \Delta_e)$$

Em vigas contínuas dotadas de cabos parabólicos, os momentos finais de protensão M_v situados fora da região do arredondamento independem da excentricidade e do cabo sobre o apoio, mas dependem da flecha f. Na região do arredondamento, porém, os momentos M_v dependem de f e Δ_e.

A partir dos momentos hiperestáticos calculados, podem-se obter as forças cortantes hiperestáticas:

$$Q'_{Av} = A'_v = \frac{M'_{Bv}}{L_1}$$

$$Q'_{Cv} = -C'_v = -\frac{M'_{Bv}}{L_2}$$

$$Q'_{Bev} = \frac{M'_{Bv}}{L_1}$$

$$Q'_{Bdv} = -\frac{M'_{Bv}}{L_2}$$

$$B'_v = Q'_{Bdv} - Q'_{Bev}$$

9.3 VIGAS DE TRÊS OU MAIS VÃOS

Para vigas de três ou mais vãos (Figura 9.4), os hiperestáticos da protensão podem ser calculados, entre outros, pelo método de Cross, que aqui será comentado. Nesse processo, consideram-se de início todos os nós (apoios) bloqueados e calcula-se, com o auxílio das fórmulas a seguir apresentadas, os momentos de engastamento perfeito para cada tramo. A somatória dos momentos em cada apoio com os respectivos sinais (Cross) dará o momento de giro no nó quando este for liberado.

O momento assim obtido será repartido entre as barras adjacentes de acordo com a rigidez de cada barra k = J/L; em seguida, se J for constante, metade do seu valor será enviada para o nó seguinte, no qual será somada aos momentos lá existentes.

A relação k/Σk no nó fornece a respectiva porcentagem de momento para cada tramo.

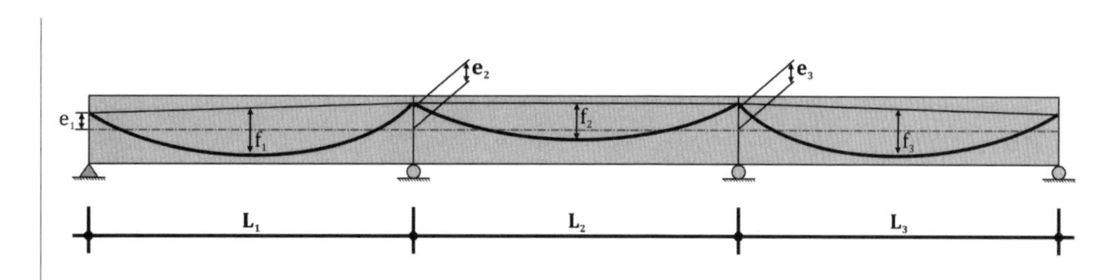

Figura 9.4 Viga de três ou mais vãos.

Momentos hiperestáticos de engastamento devidos à protensão, a serem considerados no processo de Cross:

a) Para tramo biengastado:

Nó 2: $$M'_{2v} = -V\left(\frac{2}{3}f_2 + e_2\right)$$

Nó 3: $$M'_{3v} = -V\left(\frac{2}{3}f_2 + e_3\right)$$

Sendo $M^0_{2v} = Ve_2$, o momento total da protensão nesse tramo biengastado vale:

$$M_{2v} = M^0_{2v} + M'_{2v} = -\frac{2}{3}f_2V$$

$$M_{3v} = \frac{2}{3}f_2V$$

Isso mostra que os momentos M_v na viga biengastada dependem só da flecha f.

O momento total no meio do vão vale:

$$M_{0,5l,v} = \frac{1}{3}fV$$

b) Para tramo com engastamento unilateral (nó 2):

Nó 2: $$M'_{2v} = -V\left(f_1 + e_2 + \frac{e_1}{2}\right)$$

O momento total devido à protensão vale:

$$M_{2v} = -V\left(f_1 + \frac{e_1}{2}\right)$$

No meio do vão, o momento total vale:

$$M_{0,5l,v} = \frac{1}{2}V\left(f + \frac{e_1}{2}\right)$$

Do mesmo modo, tem-se para o nó 3 a expressão:

$$M'_{3v} = -V\left(f_3 + e_3\frac{e_4}{2}\right)$$

O momento total devido à protensão é:

$$M_{3v} = -V\left(f_3 + \frac{e_3}{2}\right)$$

No meio do vão, o momento total vale:

$$M_{0,5l,v} = \frac{1}{2}V\left(f + \frac{e_4}{2}\right)$$

10 EXEMPLO DE CÁLCULO: VIGA PROTENDIDA

Fotografia 28 Museu de Arte Contemporânea (Niterói/RJ, 1996). Vigas radiais protendidas sobre seis pilares centrais permitem o balanço contínuo no edifício de planta circular. A rampa de acesso é estruturada em grelha protendida. Projeto arquitetônico do arq. Oscar Niemeyer; projeto estrutural do eng. Bruno Contarini. Fotografia adaptada de CelsoDiniz, adquirida de https://br.depositphotos.com/.

10.1 ESQUEMA DA ESTRUTURA

A Figura 10.1 mostra as pré-formas de pavimento que se destina para fins comerciais. Trata-se de uma laje de 15 cm em concreto armado, apoiada em vigas protendidas com 15 m de vão livre e distanciadas de 5 m uma da outra. A título de exemplo ilustrativo, para a matéria contida nos Capítulos 1 a 8, será dimensionada a armadura da viga V2 usando-se protensão com aderência e concreto com f_{ck} = 30 MPa. Sua seção transversal está ilustrada na Figura 10.2.

10.2 CARREGAMENTO, DIMENSÕES PROVÁVEIS

Variáveis adotadas nesta seção	
H	Altura da seção transversal da viga protendida
L	Vão de cálculo da viga protendida
b	Largura da seção transversal da viga protendida
b_f	Largura da mesa colaborante na seção transversal da viga protendida
b_w	Largura da alma da seção transversal da viga protendida
b_1	Largura de cada aba da mesa colaborante
a	Distância entre pontos de momento fletor nulo na viga

As dimensões prévias adotadas decorrem do seguinte critério usual em concreto protendido:

a) Altura h da viga = aproximadamente 1/20 do vão, ou seja:

$$h = \frac{L}{20} = \frac{15{,}8}{20} = 0{,}79 \sim 80 \text{ cm}$$

b) Largura b da viga: suficiente para abrigar corretamente os cabos que forem necessários para a protensão. No caso, a largura b acompanha a dimensão do pilar: 30 cm.

Os carregamentos são calculados a partir da geometria das peças e dos valores adotados para sobrecarga e revestimento:

a) Lajes:

Peso próprio: $0{,}15 \cdot 25 = 3{,}75$ kN/m²

Revestimento: 1 kN/m²

Sobrecarga: 2,5 kN/m²

Total: 7,25 kN/m²

b) Vigas:

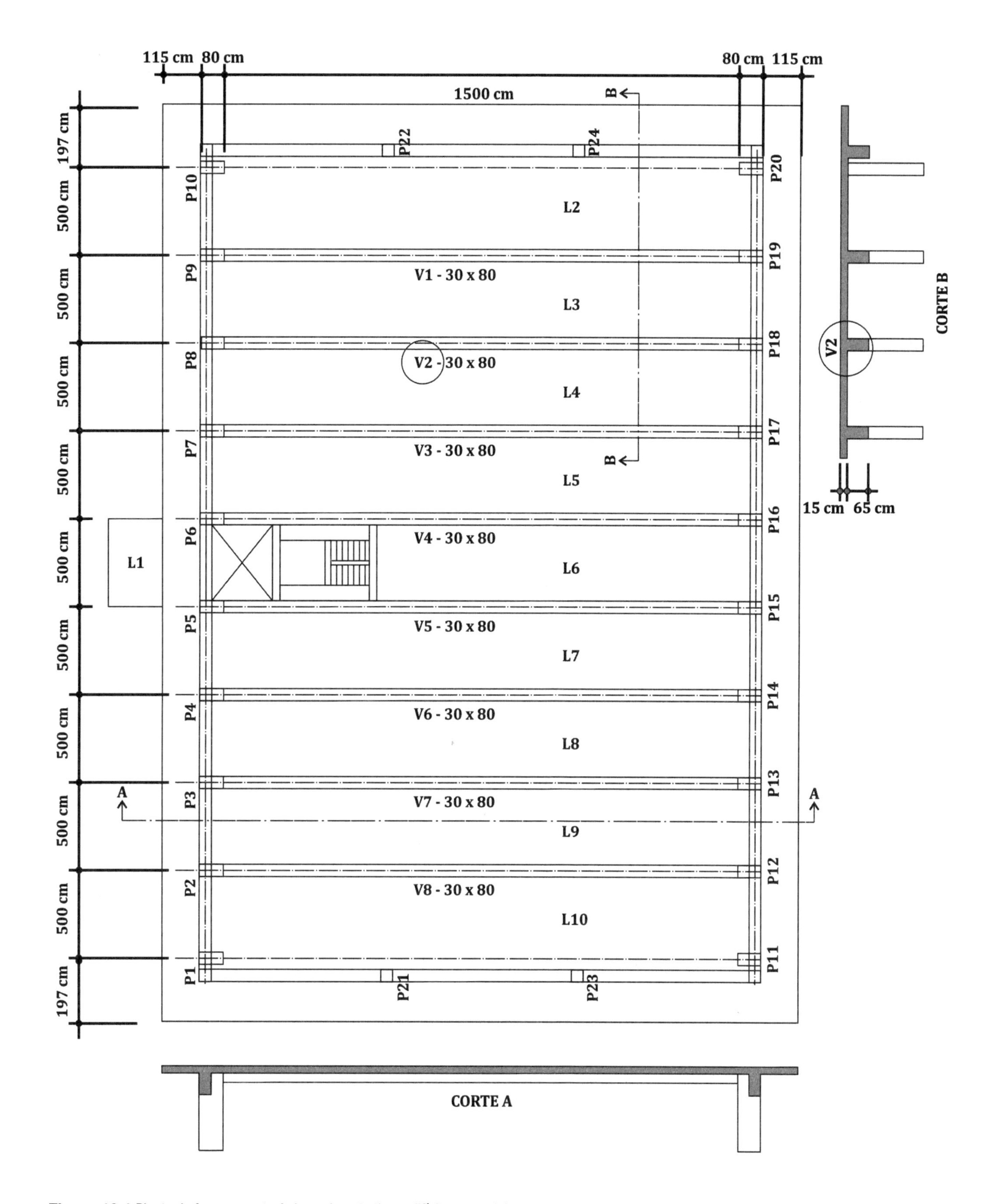

Figura 10.1 Planta de forma e corte A de pavimento tipo, edifício comercial.

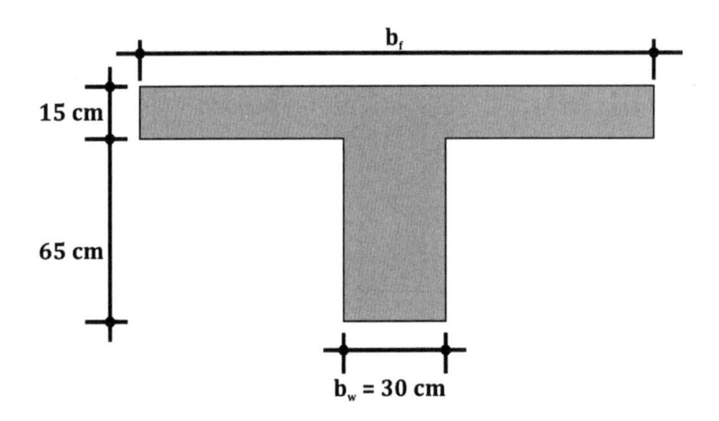

Figura 10.2 Seção transversal da viga V2, com indicação da largura da mesa colaborante.

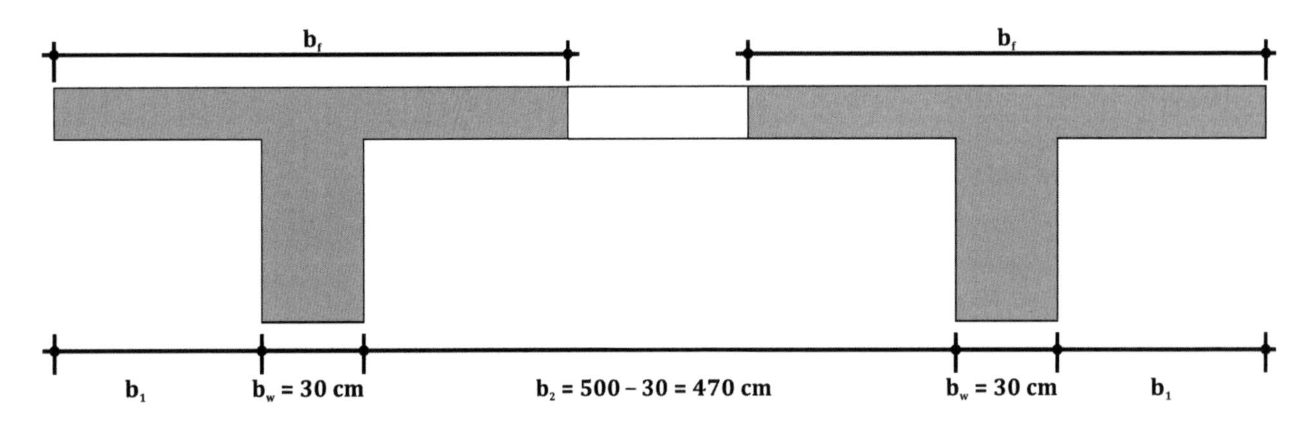

Figura 10.3 Indicação de valores auxiliares para cálculo de b_f.

Determinação da largura da mesa colaborante b_f, conforme Figura 10.3 (ABNT, 2014, item 14.6.2.2).

$$a = 1 \cdot L = 15{,}8 \text{ m}$$

$$b_1 \leq \begin{cases} 0{,}5 \cdot b_2 = 0{,}5 \cdot 4{,}7 = 2{,}35 \text{ m} \\ \\ 0{,}1 \cdot a = 0{,}1 \cdot 15{,}8 = 1{,}58 \text{ m} \end{cases}$$

$$b_f = b_w + 2b_1 = 30 + 2 \cdot 158 = 346 \text{ cm}$$

Carregamento mínimo (combinação permanente):

Peso próprio da nervura:

$0{,}30 \cdot 0{,}65 \cdot 25 = 4{,}875$ kN/m

Peso próprio da laje:

$0{,}15 \cdot 5 \cdot 25 = 18{,}750$ kN/m

Revestimento:

$1 \cdot 5 = 5$ kN/m

Total: 28,625 kN/m

Carregamento usual (combinação quase permanente) (ABNT, 2014, 13.4.2):

Peso próprio da nervura:

$0{,}3 \cdot 0{,}65 \cdot 25 = 4{,}875$ kN/m

Peso próprio da laje:

$0{,}15 \cdot 5 \cdot 25 = 18{,}750$ kN/m

Revestimento:

$1 \cdot 5 = 5$ kN/m

Sobrecarga:

$1 \cdot 5 = 5$ kN/m

Total: 33,625 kN/m

Carregamento máximo (combinação rara ELS-F):

Peso próprio da nervura:

$0{,}3 \cdot 0{,}65 \cdot 25 = 4{,}875$ kN/m

Laje (carga total):

$7{,}25 \cdot 5 = 36{,}250$ kN/m

Total: 41,125 kN/m

10.3 VALORES GEOMÉTRICOS DA SEÇÃO TRANSVERSAL

Os cálculos a seguir foram feitos em planilha eletrônica, que considera o valor inteiro de cada variável, de forma bem precisa. Por isso, uma eventual execução manual dos cálculos, com calculadora, usando-se valores arredondados, não chegará exatamente aos mesmos resultados.

Variáveis adotadas nesta seção	
n	Identificação genérica de cada parte da seção transversal da viga
A_n	Área da parte n da seção transversal da viga
A_1	Área da parte 1 da seção transversal da viga
A_2	Área da parte 2 da seção transversal da viga
y_n	Distância vertical genérica do CG da parte n à base da seção da viga
y_1	Distância vertical do CG da parte 1 à base da seção da viga
y_2	Distância vertical do CG da parte 2 à base da seção da viga
y_s	Distância do CG da seção transversal à sua borda superior
y_i	Distância do CG da seção transversal à sua borda inferior
y_g	Distância do CG de cada parte da seção ao CG da seção toda
I_c	Momento de inércia da ST em relação ao eixo baricentral
W_s	Módulo de resistência superior
W_i	Módulo de resistência inferior
W_c	Módulo de resistência na altura do cabo de protensão
W_a	Módulo de resistência na base da mesa da seção transversal da viga
$S_{c,s}$	Momento estático da região acima do eixo baricentral
$S_{c,i}$	Momento estático da região abaixo do eixo baricentral

CG = centro de gravidade; ST: seção transversal.

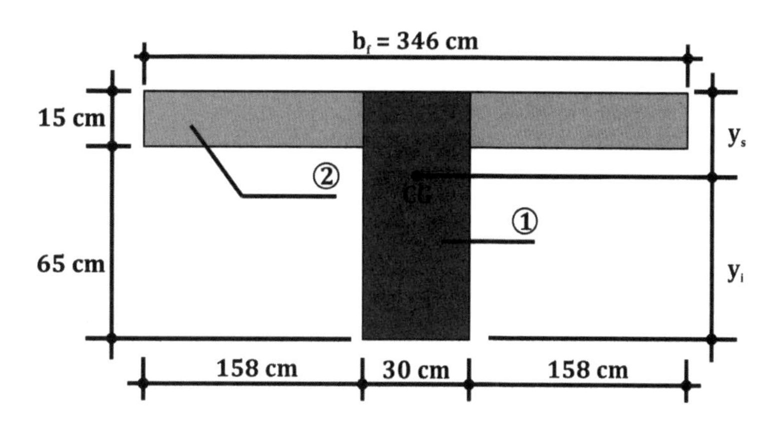

Figura 10.4 Valores geométricos da seção transversal.

Tabela 10.1 Cálculos auxiliares

Parte n	A_n (cm^2)	y_n (cm)	A_ny (cm^3)
1	$30 \cdot 80 = 2400$	40	96000
2	$316 \cdot 15 = 4740$	72,5	343650
Total	$A_c = 7140$		439650

$$y_i = \frac{(\Sigma_{n=1}^{2} A_n \cdot y_n)}{\Sigma_{n=1}^{2} A_n} = \frac{439650}{7140} = 61{,}575 \text{ cm}$$

$$y_s = 80 - 61{,}58 = 18{,}425 \text{ cm}$$

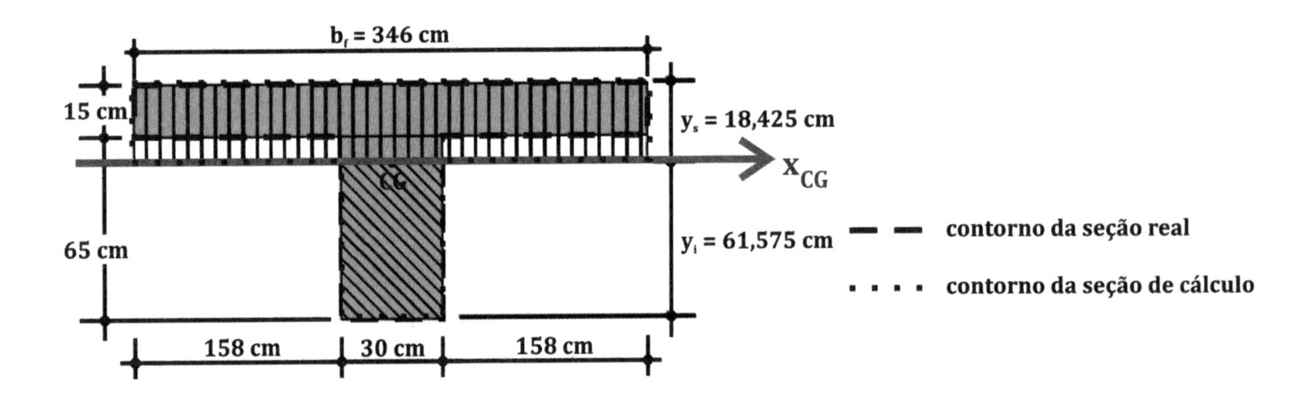

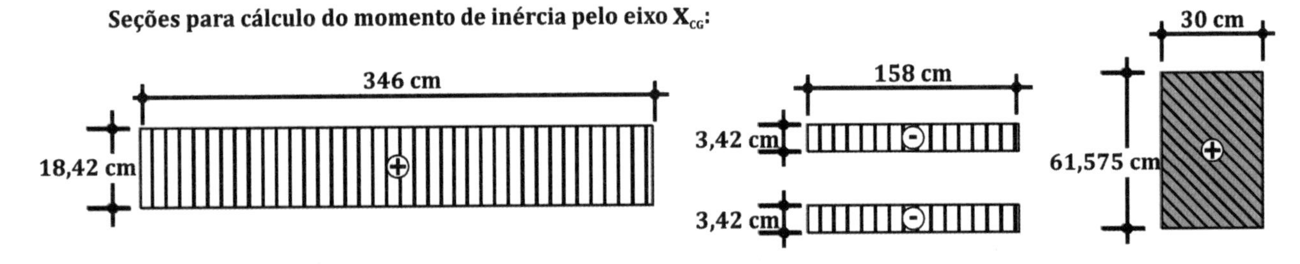

Figura 10.5 Figuras auxiliares para cálculo do momento de inércia.

Calcularemos o momento de inércia a partir do eixo que passa pelo CG, conforme a Figura 10.5:

$$I_c = \frac{346 \cdot 18{,}42^3}{3} - \frac{(158 \cdot 2) \cdot 3{,}42^3}{3} + \frac{30 \cdot 61{,}58^3}{3} =$$

$$= 3051774{,}16 \text{ cm}^4$$

$$W_s = \frac{3051774{,}16}{18{,}425} = 165632{,}24 \text{ cm}^3$$

$$W_i = \frac{3051774{,}16}{61{,}575} = 49561{,}9 \text{ cm}^3$$

$$W_c = \frac{3051774{,}16}{3{,}425} = 891028{,}95 \text{ cm}^3$$

(entre mesa e nervura)

Momentos estáticos:

$$S_{c,s} = 346 \cdot 15(18{,}425 - 7{,}5) + 30 \cdot 3{,}425^2/2 =$$

$$= 56876{,}7 \text{ cm}^3$$

$$S_{c,i} = 30 \cdot 61{,}575^2/2 = 56872{,}2 \text{ cm}^3$$

10.4 PROPRIEDADES MECÂNICAS DOS MATERIAIS

Variáveis adotadas nesta seção	
σ_{pi}	Tensão na armadura de protensão na saída do aparelho de tração
f_{ck}	Resistência característica à compressão do concreto
f_{tk}	Resistência característica à tração do concreto
f_{ptk}	Resistência característica à tração do aço de protensão
f_{pyk}	Resistência característica ao escoamento do aço de protensão
σ_y	Tensão de escoamento de cálculo na armadura passiva
$\overline{\sigma^0_{cc}}$	Tensão admissível à compressão no concreto, no tempo zero
$\overline{\sigma^0_{ct}}$	Tensão admissível à tração no concreto, no tempo zero
$\overline{\sigma^\infty_{cc}}$	Tensão admissível à compressão no concreto, no tempo infinito
$\overline{\sigma^\infty_{ct}}$	Tensão admissível à tração no concreto, no tempo infinito
E_{cs}	Módulo de deformação secante do concreto

E_p	Módulo de elasticidade do aço de protensão
α	Relação entre os módulos de elasticidade do aço de protensão e do concreto

10.4.1 Aço CA 50

$$\sigma_y = 500/1{,}15 = 434{,}7\ N/mm^2 = 43{,}47\ kN/cm^2$$

10.4.2 Aço CP 190 RB, cordoalha de 12,7 mm (conforme Anexo)

10.4.2.1 Tensões permitidas[1]

$$\sigma_{pi} \leq \begin{cases} 0{,}74 \cdot f_{ptk} = 0{,}74 \cdot 1900 = 1406 \dfrac{N}{mm^2} \\ 0{,}82 \cdot f_{pyk} = 0{,}82 \cdot (0{,}9 \cdot f_{ptk}) = 1402{,}2 \dfrac{N}{mm^2}: \end{cases}$$

valor adotado

10.4.2.2 Módulo de elasticidade

E_p = 200 GPa = 20000 kN/cm² (conforme ABNT, 2014, 8.4.4)

10.4.3 Concreto

$$f_{ck} = 3\ kN/cm^2 = 300\ kgf/cm^2 = 30\ MPa$$

$$f_{tk} = 0{,}3 \cdot 30^{2/3} = 2{,}89\ N/mm^2 = 28{,}9\ kgf/cm^2 =$$

$$= 0{,}289\ kN/cm^2$$

10.4.3.1 Tensões permitidas[2]

Para t = 0:

$$\overline{\sigma_{cc}^0} \leq 0{,}7\ f_{cjk} = 0{,}7 \cdot 30 = 21\ MPa = 2{,}1\ kN/cm^2$$

$$\overline{\sigma_{ct}^0} = 0{,}36\ f_{ck}^{2/3} = 0{,}36 \cdot 30^{2/3} = 3{,}47\ MPa = 0{,}347\ kN/cm^2$$

Para t = ∞:

$$\overline{\sigma_{cc}^{\infty}} = 0{,}5\ f_{ck} = 1{,}5\ kN/cm^2$$

Para combinações frequentes e quase permanentes:

$$W_k \leq 0{,}2\ mm$$

10.4.3.2 Módulo de elasticidade secante

$$E_{cs} = 2700\ kN/cm^2 \text{ (ver Tabela 2.2)}$$

10.4.3.3 Relação entre os módulos de elasticidade do aço de protensão e do concreto

$$\alpha = \frac{E_p}{E_{cs}} = \frac{20000}{2700} = 7{,}40 \text{ (para estádios Ia e Ib)}$$

α = 15 (para estádios IIa e IIb, conforme item 3.6.1.1)

10.5 DETERMINAÇÃO DA FORÇA DE PROTENSÃO E ESCOLHA DO CABO

Variáveis adotadas nesta seção	
M_{g3}	Momento fletor máximo devido ao carregamento máximo (combinações raras)
M_{g2}	Momento fletor máximo devido ao carregamento usual (combinações frequentes)
M_{g1}	Momento fletor máximo devido ao carregamento mínimo (combinações permanentes)
A_c	Área da seção transversal da viga
W_i	Módulo de resistência inferior
e	Excentricidade do cabo em relação ao eixo baricentral
P	Força de protensão
N	Número de cordoalhas de cálculo
A_p	Área da seção transversal da armadura ativa
y	Altura do cabo de protensão na seção longitudinal

1 Baseado em ABNT (2014), 9.6.1.2.1.
2 Ver item 2.2.3.

f	Flecha da parábola formada pelo cabo de protensão
x	Abscissa do cabo para cálculo da flecha
x'	Abscissa auxiliar do cabo para cálculo da flecha
e_0 a e_5	Excentricidades do cabo nas seções de cálculo
W_{cp1} a W_{cp5}	Módulos de resistência da seção transversal em diferentes alturas do cabo
k_1 a k_5	Coeficientes de rigidez da seção transversal nas seções de cálculo
β_1 a β_5	Inclinações do cabo nas seções de cálculo

10.5.1 Força de protensão

Optamos por protensão parcial. A força de protensão será calculada para a carga permanente (peso próprio e revestimento) de 28,625 kN/m. Na seção de momento máximo tem-se:

$$M_g = \frac{28{,}625 \cdot 15{,}8^2}{8} = 893{,}24 \text{ kNm}$$

e a força de protensão necessária será de:

$$P = \frac{A_c M_g}{W_i + A_c e} \quad \text{(ver Capítulo 6)}$$

Considerando que, na seção de maior momento, o cabo de protensão esteja a 9,5 cm do fundo da viga, tem-se:

$$e = 61{,}575 - 9{,}5 = 52{,}075 \text{ cm} \quad \therefore$$

$$\therefore \quad P = \frac{7140 \cdot 893{,}24 \cdot 100}{49561{,}9 + 7140 \cdot 52{,}075} = 1513{,}54 \text{ kN}$$

10.5.2 Escolha do cabo

Após perdas de aproximadamente 20%, com σ_{pi} = 1402,2 N/mm² (ver item 10.4.2.1) e cordoalhas com área aproximada de 101 mm²:

Capacidade da cordoalha:

$$1402{,}2 \cdot 101 \cdot 0{,}8 = 113297{,}7 \text{ N} = 113{,}298 \text{ kN}$$

Número de cordoalhas necessárias:

$$N = 1513{,}54/113{,}298 = 13{,}36$$

Para usar um cabo único, adotamos 1 cabo de 12 cordoalhas:

$$A_p = 12 \cdot 1{,}01 \text{ cm}^2 = 12{,}12 \text{ cm}^2$$

10.5.3 Traçado do cabo

Escolhemos o desenvolvimento curvo parabólico e 10 seções transversais a serem verificadas, conforme Figura 10.6.

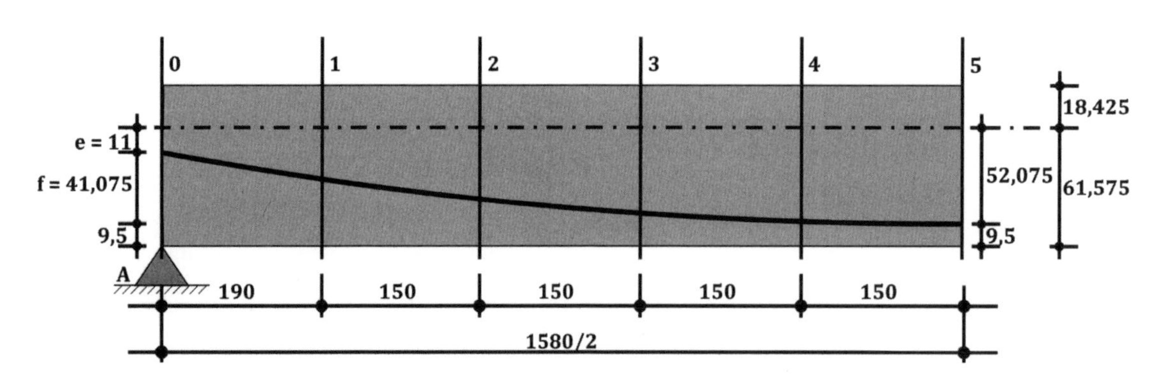

Figura 10.6 Seções de cálculo e posição do cabo de protensão em corte longitudinal.

Como vimos no Capítulo 7, a equação da parábola é:

$$y = e_0 + \frac{4f}{L^2} xx'$$

$$e_0 = 11 \text{ cm} \qquad f = 0{,}41075 \text{ m}$$

$$e_1 = 0{,}11 + 4 \cdot \frac{0{,}41075}{15{,}8^2} 1{,}9\,(15{,}8 - 1{,}9) =$$

$$= 0{,}2838 \text{ m} = 28{,}38 \text{ cm} = e_9$$

$$e_2 = 0{,}11 + 0{,}006581\,(3{,}40 \cdot 12{,}4) = 0{,}3874 \text{ m} =$$

$$= 38{,}74 \text{ cm} = e_8$$

$$e_3 = 0{,}11 + 0{,}006581\,(4{,}9 \cdot 10{,}9) = 0{,}4615 \text{ m} =$$

$$= 46{,}15 \text{ cm} = e_7$$

$$e_4 = 0{,}11 + 0{,}006581\,(6{,}4 \cdot 9{,}4) = 0{,}5059 \text{ m} =$$

$$= 50{,}59 \text{ cm} = e_6$$

$$e_5 = 0{,}11 + 0{,}006581\,(7{,}9 \cdot 7{,}9) = 0{,}5207 \text{ m} =$$

$$= 52{,}07 \text{ cm}$$

Os módulos de resistência das seções na altura do cabo valerão:

$$W_{cp1} = \frac{3051774{,}16}{28{,}38} = 107532{,}56 \text{ cm}^3 = W_{cp9}$$

$$W_{cp2} = \frac{3051774{,}16}{38{,}74} = 78775{,}79 \text{ cm}^3 = W_{cp8}$$

$$W_{cp3} = \frac{3051774{,}16}{46{,}15} = 66127{,}28 \text{ cm}^3 = W_{cp7}$$

$$W_{cp4} = \frac{3051774{,}16}{50{,}59} = 60323{,}66 \text{ cm}^3 = W_{cp6}$$

$$W_{cp5} = \frac{3051774{,}16}{52{,}07} = 58609{,}07 \text{ cm}^3$$

Donde resultarão os coeficientes de rigidez k das seções (ver Capítulo 5):

$$k_i = \alpha A_p \left(\frac{1}{A_c} + \frac{e_i}{W_{cpi}} \right)$$

$$k_1 = 7{,}4 \cdot 12{,}12 \left(\frac{1}{7140} + \frac{28{,}38}{107532{,}56} \right) = 0{,}036 = k_9$$

$$k_2 = 7{,}4 \cdot 12{,}12 \left(\frac{1}{7140} + \frac{38{,}75}{78775{,}79} \right) = 0{,}057 = k_8$$

$$k_3 = 7{,}4 \cdot 12{,}12 \left(\frac{1}{7140} + \frac{46{,}15}{66127{,}28} \right) = 0{,}075 = k_7$$

$$k_4 = 7{,}4 \cdot 12{,}12 \left(\frac{1}{7140} + \frac{50{,}59}{60323{,}66} \right) = 0{,}088 = k_6$$

$$k_5 = 7{,}4 \cdot 12{,}12 \left(\frac{1}{7140} + \frac{52{,}08}{58609{,}07} \right) = 0{,}092$$

As inclinações do cabo nas seções de 1 a 5 valem $\beta = \text{arctg} \frac{4f}{l^2}(x' - x)$:

$$\beta_1 = \text{arctg} \frac{4 \cdot 0{,}41075}{15{,}8^2} (13{,}90 - 1{,}90) = 4{,}516° =$$

$$= 0{,}079 \text{ rad} = \beta_9$$

$$\beta_2 = \text{arctg}0{,}0065(12{,}40 - 3{,}40) = 3{,}390° =$$

$$= 0{,}059 \text{ rad} = \beta_8$$

$$\beta_3 = \text{arctg}0{,}0065(10{,}9 - 4{,}9) = 2{,}261^\circ =$$

$$= 0{,}039 \text{ rad} = \beta_7$$

$$\beta_4 = \text{arctg}0{,}0065(9{,}4 - 6{,}4) = 1{,}131^\circ =$$

$$= 0{,}02 \text{ rad} = \beta_6$$

$$\beta_5 = \text{arctg}0{,}0065(7{,}9 - 7{,}9) = 0^\circ =$$

$$= 0 \text{ rad}$$

10.6 PERDAS DA FORÇA DE PROTENSÃO

Variáveis adotadas nesta seção	
P_x	Força normal de protensão na seção de abscissa x
P_0	Força normal de protensão junto ao macaco
μ	Coeficiente de atrito aparente entre cabo e bainha
α	Ângulo de inflexão do eixo da armadura ativa
k	Coeficiente de perda por metro provocada por curvaturas não intencionais do cabo
ΔP_x	Perda por atrito no cabo
A_p	Seção transversal da armadura ativa na viga
ΔP	Perda devida à cravação da ancoragem
x_r	Comprimento de cabo afetado pela cravação da ancoragem
N_{p1} a N_{p5}	Esforços normais devidos à protensão nas seções de cálculo
V_{p1} a V_{p5}	Esforços cortantes devidos à protensão nas seções de cálculo
M_{p1} a M_{p5}	Momentos devidos à protensão nas seções de cálculo
M_{g1} a M_{g5}	Momentos fletores nas seções de cálculo
β_1 a β_5	Inclinações do cabo nas seções de cálculo
M_{pg1} a M_{pg5}	Momento combinado de protensão + peso próprio nas seções
A_c	Área de concreto da seção transversal da viga
U_c	Soma dos comprimentos de faces da seção transversal
φ_∞	Coeficiente final de deformação lenta
W_{cp}	Módulo de resistência da seção na altura do cabo
$\varepsilon^s_{c\infty}$	Retração no tempo infinito
k	Coeficiente de rigidez da seção considerada
E_c	Módulo de deformação secante do concreto
E_p	Módulo de elasticidade do aço de protensão
ψ_∞	Coeficiente de relaxação
$\Delta\sigma^{cs}_{p1}$ a $\Delta\sigma^{cs}_{p5}$	Perdas de tensão nas armaduras ativas, nas seções de cálculo (devidas à retração e à deformação lenta)
σ_{pg2}	Tensão média no cabo adotado para a viga
r_f	Valor auxiliar de cálculo da fluência do aço
$\Delta\sigma^{r}_{p1}$ a $\Delta\sigma^{r}_{p5}$	Perdas de tensão nas armaduras de protensão nas seções de cálculo (devidas à fluência do aço)
Δ_p	Esforço solicitante externo de protensão (compressão) na armadura ativa, por metro, devido à perda da força de protensão
ΔP	Esforço solicitante externo de protensão (compressão) na armadura ativa, devido à perda da força de protensão
ΔN_p	Esforço normal solicitante externo na armadura ativa, devido à perda da força de protensão
ΔM_p	Esforço solicitante externo de flexão na armadura ativa, devido à perda da força de protensão
λ_r	Recuo devido à cravação das cunhas

10.6.1 Perdas imediatas

10.6.1.1 Perdas devidas ao atrito

Da expressão (5.10), sabe-se que:

$$P_x = P_o \cdot [1 - (\mu\alpha + kx)] \therefore P_o = \frac{P_x}{1 - (\mu\alpha + kx)}$$

Na protensão com aderência, usaremos os seguintes valores:

$\mu = 0{,}20$;

$k = 0{,}008 \cdot \mu = 0{,}0016$;

$\Sigma\alpha = \beta_1 = 4{,}516° = 0{,}0788$ rad (valor calculado da seção 0 até a seção 5);

$x = 7{,}90$ m.

Portanto:

$$P_o = \frac{P_x}{1 - (0{,}2 \cdot 0{,}0788 + 0{,}0016 \cdot 7{,}9)} = 1{,}0292\, P_x \therefore$$

$$\therefore P_x = 0{,}9716\, P_o$$

Considerando que aproximadamente 2% da força de protensão se perdem no interior do equipamento de protensão, tem-se para o cabo de 12 cordoalhas a força máxima permitida, então:

$$P_o = \frac{12 \cdot 1{,}01 \cdot 140{,}22}{1{,}02} = 1666{,}14 \text{ kN/cabo}$$

$$P_x = 0{,}9716 \cdot 1666{,}14 = 1618{,}81 \text{ kN}$$

$$\Delta_p = \frac{P_o - P_x}{x} = \frac{1666{,}14 - 1618{,}82}{7{,}9} = 5{,}990 \text{ kN/m} =$$

$$= 0{,}0599 \text{ kN/cm}$$

10.6.1.2 Perdas por acomodação das ancoragens, por cabo

Considerando o recuo devido à cravação das cunhas $\lambda_r = 6$ mm, tem-se:

$$x_r = \sqrt{\frac{\lambda_r E_p A_p}{\Delta_p}} = \sqrt{\frac{0{,}6 \cdot 20000 \cdot 12{,}12}{0{,}0599}} = 1558{,}09 \text{ cm}$$

$$\Delta P = 2\Delta_p x_r = 2 \cdot 5{,}991 \cdot 15{,}5809 = 186{,}67 \text{ kN}$$

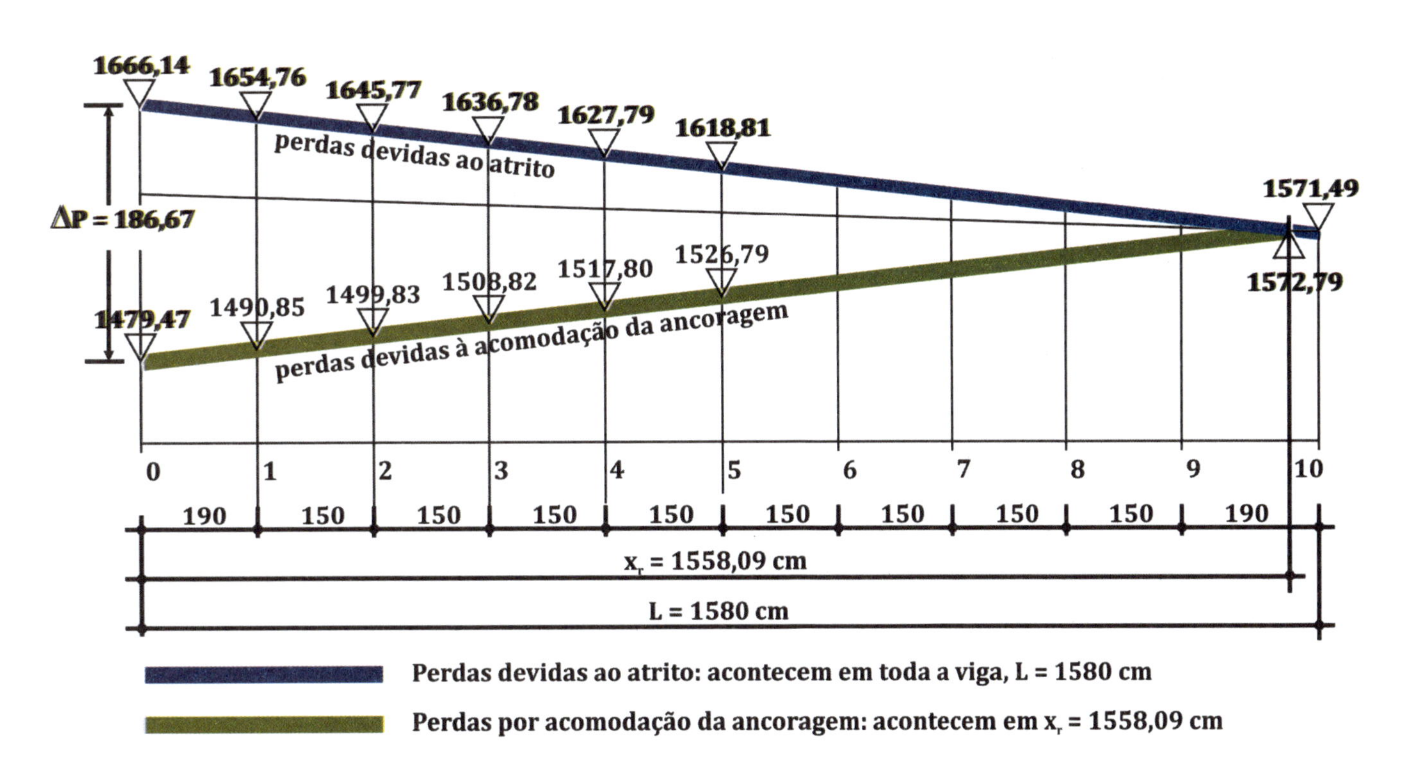

Figura 10.7 Diagrama de perdas imediatas da força de protensão.

10.6.1.3 Força de protensão residual no cabo

O exemplo trata de um caso de cabo curto, sendo então suficiente protendê-lo por um lado apenas. Assim, haverá uma ancoragem ativa e uma passiva em cada extremidade, resultando na força de protensão final no tempo t = 0, em cada seção.

Os resultados são mostrados para as seções 1 a 5, uma vez que o maior momento fletor e de protensão acontece na seção 5. O cálculo para as seções 6 a 10 é similar.

Na seção 0: $P_0 = 1666,14 - 186,67 = 1479,47$ kN

Na seção 1: $P_1 = 1479,47 + 1,90 \cdot 5,990 = 1490,85$ kN

Na seção 2: $P_2 = 1490,85 + 1,50 \cdot 5,990 = 1499,83$ kN

Na seção 3: $P_3 = 1499,83 + 1,50 \cdot 5,990 = 1508,82$ kN

Na seção 4: $P_4 = 1508,82 + 1,50 \cdot 5,990 = 1517,8$ kN

Na seção 5: $P_5 = 1517,80 + 1,50 \cdot 5,990 = 1526,79$ kN

10.6.1.4 Esforços solicitantes devidos à protensão P e ao carregamento frequente g_1 no tempo t = 0

$$N_{p1} = P_1\cos\beta_1 = 1490,85 \cdot \cos 4,516° =$$

$$= 1486,22 \text{ kN} = \sim P_1$$

$$M_{p1} = P_1\cos\beta_1 \cdot e_1 = 1486,22 \cdot 28,38 = 42178,98 \text{ kNcm}$$

$$V_{p1} = P_1\text{sen}\beta_1 = 1490,85 \cdot \text{sen}4,516° = 117,38 \text{ kN}$$

$$N_{p2} = P_2\cos\beta_2 = 1499,83 \cdot \cos 3,39° =$$

$$= 1497,21 \text{ kN} = \sim P_2$$

$$M_{p2} = P_2\cos\beta_2 \cdot e_2 = 1497,21 \cdot 38,74 = 58001,94 \text{ kNcm}$$

$$V_{p2} = P_2\text{sen}\beta_2 = 1499,83 \cdot \text{sen}3,39° = 88,68 \text{ kN}$$

$$N_{p3} = P_3\cos\beta_3 = 1508,82 \cdot \cos 2,261° = 1507,64 \text{ kN}$$

$$M_{p3} = N_{p3}e_3 = 1507,64 \cdot 46,15 = 69577,59 \text{ kNcm}$$

$$V_{p3} = P_3\text{sen}\beta_3 = 1508,82 \cdot \text{sen}2,261° = 59,54 \text{ kN}$$

$$N_{p4} = P_4\cos\beta_4 = 1517,8 \cdot \cos 1,131° = 1517,5 \text{ kN}$$

$$M_{p4} = N_{p4}e_4 = 1517,5 \cdot 50,59 = 76770,33 \text{ kNcm}$$

$$V_{p4} = P_4\text{sen}\beta_4 = 1517,8 \cdot \text{sen}1,131° = 29,96 \text{ kN}$$

$$N_{p5} = P_5\cos\beta_5 = 1526,79 \cdot \cos 0° = 1526,79 \text{ kN}$$

$$M_{p5} = N_{p5}e_5 = 1526,79 \cdot 52,07 = 79499,9 \text{ kNcm}$$

$$V_{p5} = \sim 0$$

Do valor de $g_1 = 28,625$ kN/m correspondente ao carregamento mínimo, resultarão, nas seções transversais de 1 a 5, os momentos:

$$Mg_1 = 0,5 \cdot g_1 \cdot x \cdot (1 - x)$$

$$M_{g_1 1} = 0,5 \cdot 0,28625 \cdot 190(1580 - 190) =$$

$$= 37799,31 \text{ kNcm} = M_{g_1 9}$$

$$M_{g_1 2} = 0,5 \cdot 0,28625 \cdot 340(1580 - 340) =$$

$$= 60341,5 \text{ kNcm} = M_{g_1 8}$$

$$M_{g_1 3} = 0,5 \cdot 0,28625 \cdot 490(1580 - 490) =$$

$$= 76443,06 \text{ kNcm} = M_{g_1 7}$$

$$M_{g_1 4} = 0,5 \cdot 0,28625 \cdot 640(1580 - 640) =$$

$$= 86104 \text{ kNcm} = M_{g_1 6}$$

$$M_{g_1 5} = 0,5 \cdot 0,28625 \cdot 790(1580 - 790) =$$

$$= 89324,31 \text{ kNcm}$$

Analogamente, para $g_2 = 33,625$ kN/m (carregamento frequente):

$M_{g_21} = 44401,81 \text{ kNcm} = M_{g_29}$

$M_{g_22} = 70881,50 \text{ kNcm} = M_{g_28}$

$M_{g_23} = 89795,56 \text{ kNcm} = M_{g_27}$

$M_{g_24} = 101144 \text{ kNcm} = M_{g_26}$

$M_{g_25} = 104926,81 \text{ kNcm}$

Do valor de $g_3 = 41,125$ kN/m, correspondente ao carregamento máximo (combinações raras), tem-se:

$M_{g_31} = 54305,56 \text{ kNcm} = M_{g_39}$

$M_{g_32} = 86691,50 \text{ kNcm} = M_{g_38}$

$M_{g_33} = 109824,31 \text{ kNcm} = M_{g_37}$

$M_{g_34} = 123704 \text{ kNcm} = M_{g_36}$

$M_{g_35} = 128330,56 \text{ kNcm}$

Da ação conjunta de P com g_1, g_2 e g_3 resultarão os esforços solicitantes a seguir:

Tabela 10.2 Esforços solicitantes

		1	2	3	4	5
N_p	(kN)	1486,22	1497,21	1507,64	1517,50	1526,78
M_p	(kNcm)	42178,92	58001,92	69577,59	76770,33	79499,90
M_{g1}	(kNcm)	37799,31	60341,50	76443,06	86104,00	89324,31
M_{g2}	(kNcm)	44401,81	70881,50	89795,56	101144,00	104926,81
M_{g3}	(kNcm)	54305,56	86691,50	109824,31	123704,00	128330,56
M_{pg1}	(kNcm)	–4379,61	2339,58	6865,47	9333,68	9824,41
M_{pg2}	(kNcm)	2222,89	12879,58	20217,98	24373,68	25426,91
M_{pg3}	(kNcm)	12126,64	28689,58	40246,73	46933,68	48830,66

10.6.2 Perdas progressivas[3]

10.6.2.1 Retração[4]

Espessura fictícia:

$$\frac{2A_c}{U_c} = \frac{2 \cdot 7140}{(346 + 316 + 130 + 30)} = \frac{14280}{852} = 17,37$$

Considerando que a protensão, em princípio, será aplicada entre o décimo e o trigésimo dias após a concretagem, tomamos

$$\varepsilon_{cs} = 0,23 \cdot 10^{-3} = 0,23\%$$

10.6.2.2 Deformação lenta do concreto[5]

Espessura fictícia = 17,37 cm (como no item anterior).

Coeficiente de deformação lenta $\varphi = 2,2$ (Tabela 2.4, sendo espessura fictícia = 20 cm, umidade média = 75% e $t_0 = 30$ dias).

Podemos calcular agora a perda de tensão nas armaduras ativas, $\Delta\sigma_p^{cs}$, em cada uma das seções examinadas, considerando aplicado o carregamento usual (combinação frequente, quase permanente):

$$\Delta\sigma_p^{cs} = \frac{\left(\frac{N_p}{A_c} + \frac{M_{pg}}{W_{cp}}\right)\frac{\varphi_\infty}{E_c} + \varepsilon_{c\infty}^s}{1 + k(1 + 0,5\varphi_\infty)} E_p$$

3 Ver item 5.2.
4 Ver item 5.2.1.

5 Ver item 5.2.1.

$$\Delta\sigma_{p1}^{cs} = \frac{\left(\frac{1486{,}22}{7140} + \frac{2222{,}89}{107532{,}56}\right)\frac{2{,}2}{2700} + 0{,}00023}{1 + 0{,}0362\,(1 + 0{,}5 \cdot 2{,}2)} \cdot 20000 = 4{,}59 \text{ kN/cm}^2$$

$$\Delta\sigma_{p2}^{cs} = \frac{\left(\frac{1497{,}21}{7140} + \frac{12879{,}58}{78775{,}79}\right)\frac{2{,}2}{2700} + 0{,}00023}{1 + 0{,}0567\,(1 + 0{,}5 \cdot 2{,}2)} \cdot 20000 = 9{,}52 \text{ kN/cm}^2$$

$$\Delta\sigma_{p3}^{cs} = \frac{\left(\frac{1507{,}64}{7140} + \frac{20217{,}98}{66127{,}28}\right)\frac{2{,}2}{2700} + 0{,}00023}{1 + 0{,}0752\,(1 + 0{,}5 \cdot 2{,}2)} \cdot 20000 = 11{,}23 \text{ kN/cm}^2$$

$$\Delta\sigma_{p4}^{cs} = \frac{\left(\frac{1517{,}5}{7140} + \frac{24373{,}68}{60323{,}66}\right)\frac{2{,}2}{2700} + 0{,}00023}{1 + 0{,}0878\,(1 + 0{,}5 \cdot 2{,}2)} \cdot 20000 = 12{,}35 \text{ kN/cm}^2$$

$$\Delta\sigma_{p5}^{cs} = \frac{\left(\frac{1526{,}78}{7140} + \frac{25426{,}91}{58609{,}07}\right)\frac{2{,}2}{2700} + 0{,}00023}{1 + 0{,}0922\,(1 + 0{,}5 \cdot 2{,}2)} \cdot 20000 = 12{,}68 \text{ kN/cm}^2$$

10.6.2.3 Fluência do aço

Das tensões na armadura ativa (t = 0) devidas à ação conjunta da força de protensão e do carregamento usual g_2 resultarão as relações que fornecerão os valores $r_f = \sigma_{pg2}/f_{ptk}$, com os quais se calculam as perdas de tensão $\Delta\sigma_p^r$ nas armaduras de protensão devidas à fluência do aço.

$$\Delta\sigma_p^r = \psi_\infty(\sigma_{pg2} - 2\Delta\sigma_p^{cs})$$

σ_{pg2} = tensão média no cabo (seção 5) =

$$= \frac{P_5}{A_p} = \frac{1526{,}78}{12 \cdot 1{,}01} = 125{,}97 \text{ kN/cm}^2$$

Tem-se, então:

$$r_f = \frac{\sigma_{pg2}}{f_{ptk}} = \frac{125{,}97}{190} = 0{,}663$$

com o que ψ_∞ será obtido por interpolação da Tabela 2.1:

$$x = 2{,}056$$

$$\Delta\psi = 2\psi_{1000h} = 2 \cdot 2{,}056 = 4{,}112\% = 0{,}04112$$

e as perdas nas seções valerão:

$$\Delta\sigma_{p1}^r = 0{,}04112\,(125{,}97 - 2 \cdot 4{,}59) = 4{,}8 \text{ kN/cm}^2$$

$$\Delta\sigma_{p2}^r = 0{,}04112\,(125{,}97 - 2 \cdot 9{,}52) = 4{,}4 \text{ kN/cm}^2$$

$$\Delta\sigma_{p3}^r = 0{,}04112\,(125{,}97 - 2 \cdot 11{,}23) = 4{,}26 \text{ kN/cm}^2$$

$$\Delta\sigma_{p4}^r = 0{,}04112\,(125{,}97 - 2 \cdot 12{,}35) = 4{,}16 \text{ kN/cm}^2$$

$$\Delta\sigma_{p5}^r = 0{,}04112\,(125{,}97 - 2 \cdot 12{,}68) = 4{,}14 \text{ kN/cm}^2$$

Os valores finais das perdas de tensão na armadura ativa resultarão da soma dos valores anteriormente calculados:

$$\Delta\sigma_{p1}^{csr} = 4{,}59 + 4{,}8 = 9{,}39 \text{ kN/cm}^2$$

$$\Delta\sigma_{p2}^{csr} = 9{,}52 + 4{,}4 = 13{,}92 \text{ kN/cm}^2$$

$$\Delta\sigma_{p3}^{csr} = 11{,}23 + 4{,}26 = 15{,}48 \text{ kN/cm}^2$$

$$\Delta\sigma_{p4}^{csr} = 12{,}35 + 4{,}16 = 16{,}51 \text{ kN/cm}^2$$

$$\Delta\sigma_{p5}^{csr} = 12{,}68 + 4{,}14 = 16{,}82 \text{ kN/cm}^2$$

Da perda da força de protensão $\Delta P = -A_p \Delta\sigma_p^{csr}$, interpretada como força de compressão na armadura ativa, resultarão os esforços solicitantes externos ΔN_p e ΔM_p. Assim, tem-se:

$$\Delta P_1 = -12{,}12 \cdot 9{,}39 = -113{,}81 \text{ kN} = \sim\Delta N_{p1}$$

$$\Delta P_2 = -12{,}12 \cdot 13{,}92 = -168{,}71 \text{ kN} = \sim\Delta N_{p2}$$

$$\Delta P_3 = -12{,}12 \cdot 15{,}48 = -187{,}67 \text{ kN} = \sim\Delta N_{p3}$$

$$\Delta P_4 = -12{,}12 \cdot 16{,}51 = -200{,}14 \text{ kN} = \sim\Delta N_{p4}$$

$$\Delta P_5 = -12{,}12 \cdot 16{,}82 = -203{,}8 \text{ kN} = \sim\Delta N_{p5}$$

$$\Delta M_{p1} = \Delta P \cdot e = 113{,}81 \cdot 28{,}38 = 3230{,}01 \text{ kNcm}$$

$$\Delta M_{p2} = 168{,}71 \cdot 38{,}74 = 6535{,}87 \text{ kNcm}$$

$$\Delta M_{p3} = 187{,}67 \cdot 46{,}15 = 8660{,}98 \text{ kNcm}$$

$$\Delta M_{p4} = 200{,}14 \cdot 50{,}59 = 10125{,}31 \text{ kNcm}$$

$$\Delta M_{p5} = 203{,}8 \cdot 52{,}07 = 10611{,}81 \text{ kNcm}$$

Podemos então complementar a Tabela 10.2, obtendo a Tabela 10.3.

Tabela 10.3 Complemento aos esforços solicitantes, seções 1 a 5

Seção de cálculo	1	2	3	4	5
ΔN_p (kN)	113,81	168,71	187,67	200,14	203,8
ΔM_p (kNcm)	3230,01	6535,87	8660,98	10125,31	10611,81

10.7 TENSÕES NORMAIS DE BORDA NOS TEMPOS t = 0 E t = ∞, ESTÁDIO Ia

Variáveis adotadas nesta seção	
σ_{c_s}	Tensão normal de borda, de compressão superior
σ_{c_i}	Tensão normal de borda, de compressão inferior
A_c	Área da seção transversal da viga
M	Momento fletor M_{pg} resultante na seção, conforme g
W_{c_s}	Módulo de resistência superior
W_{c_i}	Módulo de resistência inferior

As tensões normais de borda no estádio Ia são calculadas pela expressão a seguir e asseguram a verificação no estádio Ia, com os valores geométricos da seção transversal:

$$\sigma_{c_{s,i}} = \frac{N}{A_c} + \frac{M}{W_{s,i}}$$

Como A_c = 7140 cm², W_{c_s} = 165632,24 cm³, $W_{s,i}$ = 49561,90 cm³, tem-se as tensões resultantes em kN/cm².

Na seção 5, tem-se:

$$N_{p5} = 1526{,}78 \text{ kN}$$

$$M_{p5} = 79499{,}9 \text{ kNm}$$

$$M_{g1} = 89324{,}31 \text{ kNm}$$

$$M_{pg1} = 89324{,}31 - 79499{,}9 = 9824{,}41 \text{ kNm}$$

$$W_{cp5} = 58609{,}07 \text{ cm}^3$$

$$\sigma_{c_s} = -\frac{1526{,}78}{7140} - \frac{9824{,}41}{165632{,}24} = -0{,}214 - 0{,}059 =$$

$$= -0{,}273 \text{ kN/cm}^2$$

$$\sigma_{c_i} = -\frac{1526{,}78}{7140} + \frac{9824{,}41}{49561{,}90} = -0{,}214 + 0{,}198 =$$

$$= -0{,}016 \text{ kN/cm}^2$$

$$\sigma_{c_p} = -\frac{1526{,}78}{7140} + \frac{9824{,}41}{58609{,}07} = -0{,}214 + 0{,}1676 =$$

$$= -0{,}046 \text{ kN/cm}^2$$

Seguindo o mesmo critério para as demais seções, chega-se à Tabela 10.4.

Tabela 10.4 Tensões resultantes

Seção	Posição	a	b	(a + b)	c	(a + c)	d	(a + d)	e	f	(a + c) + (e + f)	(a + d) + (e + f)
		σ_{Np}	σ_{Mpg1}	σ_{pg1}	σ_{Mpg2}	σ_{pg2}	σ_{Mpg3}	σ_{pg3}	$\sigma_{\Delta Np}$	$\sigma_{\Delta Mp}$	$\sigma_{pg2\Delta p}$	$\sigma_{pg3\Delta p}$
1	s	−0,208	0,026	−0,182	−0,013	−0,222	−0,073	−0,281	0,016	−0,020	−0,225	−0,285
	i	−0,208	−0,088	−0,297	0,045	−0,163	0,245	0,037	0,016	0,065	−0,082	0,118
2	s	−0,210	−0,014	−0,224	−0,078	−0,287	−0,173	−0,383	0,024	−0,039	−0,303	−0,399
	i	−0,210	0,047	−0,162	0,260	0,050	0,579	0,369	0,024	0,132	0,206	0,525
3	s	−0,211	−0,041	−0,253	−0,122	−0,333	−0,243	−0,454	0,026	−0,052	−0,359	−0,480
	i	−0,211	0,139	−0,073	0,408	0,197	0,812	0,601	0,026	0,175	0,398	0,802
4	s	−0,213	−0,056	−0,269	−0,147	−0,360	−0,283	−0,496	0,028	−0,061	−0,393	−0,529
	i	−0,213	0,188	−0,024	0,492	0,279	0,947	0,734	0,028	0,204	0,512	0,967
5	s	−0,214	−0,059	−0,273	−0,154	−0,367	−0,295	−0,509	0,029	−0,064	−0,403	−0,544
	i	−0,214	0,198	−0,016	0,513	0,299	0,985	0,771	0,029	0,214	0,542	1,014

Na Tabela 10.4, tem-se:

- Na coluna b (carregamento mínimo + protensão no tempo t = 0): tensões de flexão resultantes da atuação da carga g_1 em combinação com o momento de protensão. O momento de protensão só é maior que o momento fletor M_{g1} nas seções 1 e 9, então nelas aparecem tensões inferiores de compressão e superiores de tração. Nas demais seções, apesar da existência da protensão, ainda assim as tensões resultantes são de tração inferiormente e compressão superiormente.
- Na coluna (a + b) (carregamento mínimo + protensão no tempo t = 0): tensões resultantes da combinação de tensões normais com tensões de flexão, para a atuação de g_1 e P_o. Mostram as tensões atuantes na seção transversal no estádio Ia (comportamento elástico do concreto e atuação de g_1 e P_o). Percebe-se que neste estádio não existe a ocorrência de tração e os

valores de tensões de compressão estão dentro dos valores-limite estabelecidos no item 10.4.2.1.

- Na coluna (c) (carregamento usual + protensão em t = 0): valores básicos das perdas para estado-limite de descompressão. Como em todas as seções, o momento de protensão é menor que o momento fletor; trata-se tensões inferiores de tração e superiores de compressão.
- Na coluna (a + d) (carregamento máximo + protensão): como em todas as seções, o momento de protensão é menor que o momento fletor; trata-se de tensões inferiores de tração e superiores de compressão.
- Na coluna (a + d) + (e + f) (carregamento máximo + protensão + perdas): valores-limite para a formação de fissuras.

10.7.1 Verificação das tensões normais de borda com os limites convencionais admissíveis

De acordo com as tensões-limite permitidas estabelecidas no item 10.4.2.1, obtêm-se os resultados a seguir.

10.7.1.1 Tempo zero

Maior tensão de compressão observada:

$\sigma_{pg3_{5s}}$ = 0,51 kN/cm²: valor menor que

$\overline{\sigma^0_{cc}}$ = 2,1 kN/cm²: atende ao valor máximo

Maior tensão de tração observada:

$\sigma_{pg3_{5i}}$ = 0,77 kN/cm² : valor maior que

$\overline{\sigma^0_{ct}}$ = 0,347 kN/cm²: *não atende ao valor máximo*

10.7.1.2 Tempo infinito

Maior tensão de compressão observada:

$\sigma_{pg3\Delta p_{5s}}$ = 0,54 kN/cm² : valor maior que

$\overline{\sigma^\infty_{cc}}$ = 1,5 kN/cm²: atende ao valor máximo

Maior tensão de tração observada:

$\sigma_{pg3\Delta p_{5i}}$ = 1,01 kN/cm² : valor maior que

$\overline{\sigma^\infty_{ct}}$ = 0,0 kN/cm²: *não atende ao valor máximo*

10.8 VERIFICAÇÕES NO ESTÁDIO Ib (CONCRETO COM TENSÕES DE COMPRESSÃO E TRAÇÃO IMEDIATAMENTE ANTERIORES À FORMAÇÃO DA PRIMEIRA FISSURA)

Dada a equação (4.19), de equilíbrio no estádio Ib:

$$3S_x + [A_{ct} + 3\alpha(A_s + A_p) + r_f]\,x - [A_{ct}h +$$

$$+ 3\alpha(A_s d_s + A_p d_p) + r_f h] = 0$$

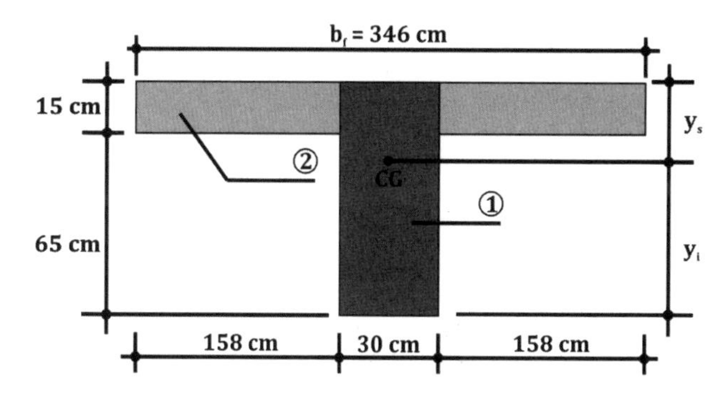

Figura 10.8 Seção transversal da viga calculada.

Admitindo-se de início que a LN esteja fora da mesa (x > 15 cm), têm-se os seguintes valores:

$$S_x = 346 \cdot 15 \cdot (x - 7{,}5) + 30 \cdot (x - 15)^2/2$$

$$S_x = 4740x + 15x^2 - 35550$$

ou seja: $3S_x = 14220x + 45x^2 - 106650$

$$A_{ct} = 7140 - [346 \cdot 15 + 30(x - 15)]$$

$$A_{ct} = 2400 - 30x$$

Adotaremos A_s = 12,0 cm² (equivalente a 6 barras Φ 16 mm).

Conforme item 10.6.1.3, a força de protensão residual na seção 5 vale P_5 = 1526,79 kN. Então:

$$\sigma_{pg2} = \frac{P_5}{A_p} = \frac{1526,78}{12 \cdot 1,01} = 125,97 \text{ kN/cm}^2$$

e a tensão normal, incluindo o que veio do estádio Ia:

$$\sigma_P^{(0)} = \sigma_{P_0^{t=\infty}} + \alpha\sigma_c^P = 125,97 + 7,40 \cdot 0,046 =$$

$$= 126,31 \text{ kN/cm}^2$$

e a força de protensão valerá:

$$P^{(0)} = 126,31 \cdot 12,12 = 1530,87 \text{ kN}$$

O valor auxiliar r_f vale:

$$r_f = \frac{P^{(0)}}{f_{ctk}} = \frac{1530,87}{0,289} = 5297,128 \text{ cm}^2$$

e

$$r_f \cdot h = 5297,128 \cdot 80 = 423770,24$$

Entrando com esses valores na equação (4.19), tem-se:

$$3S_x + [A_{ct} + 3\alpha(A_s + A_p) + r_f]\, x - [A_{ct}h$$

$$+ 3\alpha(A_s d_s + A_p d_p) + r_f h] = 0$$

$$(14220x + 45x^2 - 106650) + [(2400 - 30x) + 3 \cdot$$

$$\cdot 7,4\,(12,0 + 12,12) + 5297,128]x - [(2400 - 30x) \cdot$$

$$\cdot 80 + 3 \cdot 7,4 \cdot (12 \cdot 76 + 12,12 \cdot 70,5) +$$

$$+ 423770,24] = 0$$

A resolução dessa equação resulta em:

$$x = 30,099 \text{ cm}$$

$$x_t = 80 - 30,099 = 49,901 \text{ cm}$$

$$A_{ct} = 2400 - 30 \cdot 30,099 = 1497,03 \text{ cm}^2$$

As tensões normais valem:

$$\sigma_c = 3f_{tk}\frac{x}{x_t} = 3 \cdot 0,289 \cdot \frac{30,099}{49,901} = 0,523 \text{ kN/cm}^2$$

$$\sigma_s = \alpha \cdot 3 \cdot f_{tk}\frac{(d_s - x)}{x_t} = 7,4 \cdot \frac{3 \cdot 0,289}{49,901}\,(76,0 -$$

$$- 30,099) = 5,902 \text{ kN/cm}^2$$

$$\sigma_{px} = \alpha \cdot 3 \cdot f_{tk}\frac{(d_p - x)}{x_t} = 7,4 \cdot \frac{3 \cdot 0,289}{49,901}\,(70,50 -$$

$$- 30,099) = 5,19 \text{ kN/cm}^2$$

$$\sigma_P = \sigma_P^{(0)} + \sigma_{px} = 126,31 + 5,19 = 131,50 \text{ kN/cm}^2 <$$

$$< f_{pyd} = 140,22 \text{ kN/cm}^2 \text{ (atende ao valor máximo)}$$

Os braços de alavanca internos são:

$$Z_t = \frac{2}{3}x + \frac{x_t}{2} = \frac{2}{3}30,099 + \frac{49,901}{2} = 45,017 \text{ cm}$$

$$Z_s = d_s - \frac{x}{3} = 76 - \frac{30,099}{3} = 65,967 \text{ cm}$$

$$Z_p = d_p - \frac{x}{3} = 70,5 - \frac{30,099}{3} = 60,467 \text{ cm}$$

O momento de fissuração é:

$$M_r = A_{ct}f_{tk}Z_t + A_s\sigma_s Z_s + A_p\sigma_p Z_p$$

$$A_{ct} = 2000 - 25 \cdot 48{,}47 = 788{,}25 \text{ cm}^2$$

$$M_r = 1497{,}03 \cdot 0{,}289 \cdot 45{,}017 + 12 \cdot 5{,}902 \cdot$$

$$\cdot\, 65{,}967 + 12{,}12 \cdot 131{,}5 \cdot 60{,}467 =$$

$$= 120519{,}37 \text{ kNcm}$$

Conclusão da análise do estádio Ib: como o momento fletor na seção 5 é igual a 128330,56 kNcm, maior que o momento resistente calculado aqui, a seção irá fissurar, estabelecendo-se o seu equilíbrio no estádio IIa.

10.9 VERIFICAÇÕES NO ESTÁDIO IIa (FISSURAÇÃO DA ZONA TRACIONADA DA SEÇÃO TRANSVERSAL)

Dada a equação (4.36), obtém-se o valor de x:

$$x = \frac{r_f\alpha(A_s d_s + A_p d_p) + S_x(d_p - r_f) + \alpha A_s d_s a + I_x}{r_f\alpha(A_s + A_p) + \alpha A_s a + S_x}$$

Para x > 15, na seção transversal adotada, tem-se:

$$I_x = \frac{346 \cdot 15^3}{12} + 346 \cdot 15 \cdot (x - 7{,}5)^2 + \frac{30 \cdot (x - 15)^3}{3}$$

$$I_x = 97312{,}5 + 5190 \cdot (x - 7{,}5)^2 + 10 \cdot (x - 15)^3 \quad \text{(a)}$$

Do item 4.2.2.2, considera-se que:

$$\frac{M_k}{P^{(0)}} = r_f \quad \text{e} \quad a = d_s - d_p$$

$$r_f = \frac{M_k}{P^{(0)}} = \frac{M_{g_3}}{P^{(0)}} = \frac{128330{,}56}{1530{,}87} = 83{,}8285 \text{ cm}$$

$$\alpha = 15$$

$$a = d_s - d_p = 76 - 70{,}5 = 5{,}5$$

Então:

$$r_f\alpha\,(A_s + A_p) = 83{,}8285 \cdot 15 \cdot (12 + 12{,}12) =$$

$$= 30333{,}31 \text{ cm}^3 \quad \text{(b)}$$

$$r_f\alpha\,(A_s d_s + A_p d_p) = 83{,}8285 \cdot 15 \cdot (12 \cdot 76 +$$

$$+\, 12{,}12 \cdot 70{,}5) = 2221195{,}8 \text{ cm}^4 \quad \text{(c)}$$

$$S_x = 4740x + 15x^2 - 35550 \quad \text{(d)}$$

$$d_p - r_f = 70{,}5 - 83{,}8285 = -13{,}3285 \text{ cm}$$

$$S_x(d_p - r_f) = (4740x + 15x^2 - 35550) \cdot (-13{,}3285)$$

$$S_x(d_p - r_f) = -63177{,}09 - 199{,}9275x^2 + 473828{,}175 \quad \text{(e)}$$

$$\alpha A_s a = 15 \cdot 12 \cdot 5{,}5 = 990 \text{ cm}^3 \quad \text{(f)}$$

$$\alpha A_s d_s a = 15 \cdot 12 \cdot 76 \cdot 5{,}5 = 75240 \text{ cm}^3 \quad \text{(g)}$$

Substituindo-se esses valores na equação (4.36), tem-se:

$$x = \frac{r_f\alpha(A_s d_s + A_p d_p) + S_x(d_p - r_f) + \alpha A_s d_s a + I_x}{r_f\alpha(A_s + A_p) + \alpha A_s a + S_x}$$

Ou seja:

$$x = \frac{(c) + (e) + (g) + (a)}{(b) + (f) + (d)}$$

Reduzindo os termos semelhantes, chega-se a:

$$x = \frac{3062586{,}885 + 4540{,}0725x^2 - 71100x + 10x^3}{(4740x + 15x^2 - 4266{,}69)}$$

$$x = 22{,}78 \text{ cm}$$

O cálculo de x pode ser feito por meio de planilha ou calculadora programável – a partir de um x arbitrado no primeiro membro, deve-se chegar ao mesmo valor no segundo membro.

O cálculo exibido aqui foi feito em planilha, e o resultado é mostrado na Figura 10.9, em que a reta a 45° mostra os valores arbitrados para x, no primeiro membro da equação, e a curva mostra os valores encontrados com a substituição do x no segundo membro da equação. O resultado de x real aparece onde essas linhas se encontram (x = 22,78 cm).

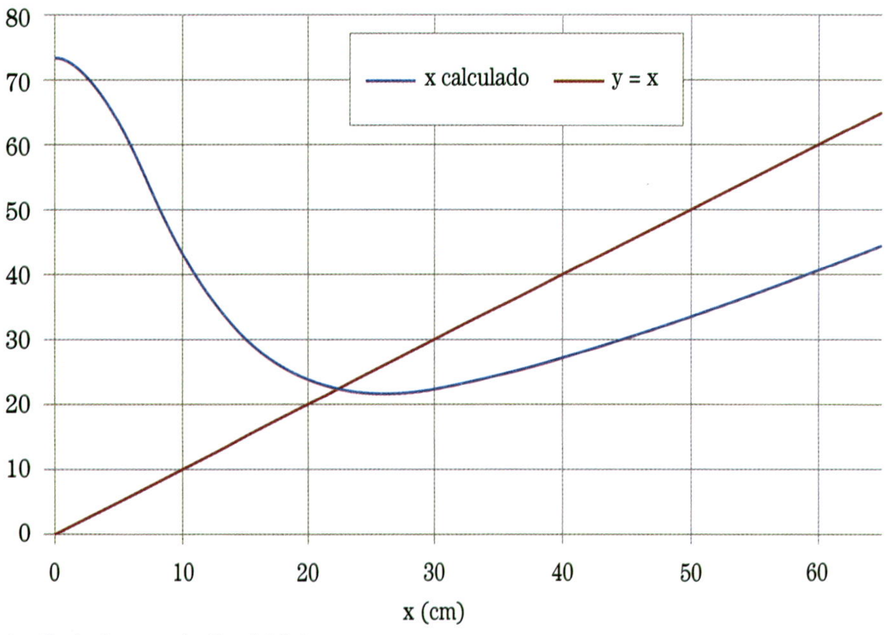

Figura 10.9 Resultado do cálculo de x por planilha eletrônica.

A partir do valor de x, torna-se possível o cálculo das tensões σ_c, σ_s e σ_P:

$$(ds - x) = 76 - 22{,}78 = 53{,}22 \text{ cm}$$

$$(dp - x) = (70{,}5 - 22{,}78) = 47{,}72$$

$$\sigma_c = \frac{P^{(0)}x}{S_x - \alpha A_s(d_s - x) - \alpha A_p(d_p - x)} =$$

$$= \frac{1530{,}87 \cdot 22{,}78}{80211{,}13 - 15 \cdot 12 \cdot 53{,}22 - 15 \cdot 12{,}12 \cdot 47{,}72} =$$

$$= 0{,}5628 \text{ kN/cm}^2$$

$$\sigma_s = \alpha \frac{\sigma_c}{x}(d_s - x) = 15 \cdot \frac{0{,}5628}{22{,}78} \cdot 53{,}22 =$$

$$= 19{,}7252 \text{ kN/cm}^2$$

$$\sigma_{px} = \alpha \frac{\sigma_c}{x}(d_p - x) = 15 \cdot \frac{0{,}5628}{22{,}78} \cdot 47{,}72 =$$

$$= 17{,}68 \text{ kN/cm}^2$$

$$\sigma_P = \sigma_P^{(0)} + \sigma_{px} = 126{,}31 + 17{,}68 = 143{,}99 \text{ kN/cm}^2$$

Como σ_p = 143,99 kN/cm² > f_{pyd}= 140,22 kN/cm²: *não atende ao valor máximo.*

Deve-se tomar providências para resolver isso, conforme indicações no fim deste exercício.

10.10 VERIFICAÇÃO DA SEGURANÇA À RUÍNA – ESTÁDIO IIb

Variáveis adotadas nesta seção	
f_{ck}	Resistência característica à compressão do concreto
f_{cd}	Resistência de cálculo à compressão do concreto
f_{pyd}	Resistência de cálculo à tração da armadura ativa
f_{yd}	Resistência de cálculo à tração da armadura passiva
f_{yk}	Resistência característica à tração da armadura passiva
E_p	Módulo de elasticidade do aço de protensão

A_{ccr}	Área de região comprimida da seção transversal
x	Altura da região comprimida da seção transversal
A_p	Área da seção transversal da armadura ativa
$A_{smín}$	Área mínima de armadura passiva na região tracionada da viga
A_s	Área real de armadura passiva usada na região tracionada da viga
R_{pt}	Força resultante na armadura ativa
R_{st}	Força resultante na armadura passiva

Admitindo que, em situação de ruína, a linha neutra esteja dentro da mesa da seção transversal, e sendo válidas as propriedades mecânicas já utilizadas anteriormente:

$$f_{ck} = 3{,}0 \text{ kN/cm}^2$$

$$f_{cd} = 0{,}85 \cdot 3{,}0/1{,}4 = 1{,}82 \text{ kN/cm}^2$$

$$f_{pyd} = 140{,}22 \text{ kN/cm}^2$$

$$f_{yd} = f_{yk}/1{,}15 = 50/1{,}15 = 43{,}478 \text{ kN/cm}^2$$

$$E_p = 20000 \text{ kN/cm}^2$$

$$A_{ccr} = 346 \cdot x_r$$

$$A_p = 12{,}12 \text{ cm}^2$$

$A_s = 12$ cm² (equivalente a 6 barras Φ 16 mm)

A resultante de tração R_t é calculada por $R_{pt} + R_{st} = R_t$:

$$R_{pt} = A_p f_{pyd} = 12{,}12 \cdot 140{,}22 = 1699{,}46 \text{ kN}$$

$$R_{st} = A_s f_{yd} = 12 \cdot 43{,}478 = 521{,}74 \text{ kN}$$

$$R_t = R_{pt} + R_{st} = 2221{,}21 \text{ kN} = 346 \cdot 1{,}82 x_r$$

A resultante de compressão valerá:

$$R_{cc} = A_{ccr} \cdot f_{cd} = 346 \cdot x_r \cdot 1{,}82 = 629{,}72 \cdot x_r$$

Como há equilíbrio, tem-se $R_{cc} = R_t$:

$$629{,}72 \cdot x_r = 2221{,}21 \quad \therefore$$

$$\therefore \quad x_r = 3{,}53 \text{ cm} \quad \text{e} \quad x = \frac{x_r}{0{,}8} = 4{,}41 \text{ cm}$$

Como x < 15 cm, a LN está dentro da mesa da seção transversal.

Considerando carregamento máximo (q = 41,125 kN/m) na seção 5, na qual a força de protensão residual vale $P_5 = 1526{,}78$ kN $= N_{p5}$, tem-se:

$$\sigma_p^{(0)} = \frac{N_{p5}}{A_p} = \frac{1526{,}78}{12{,}12} = 125{,}97 \text{ kN/cm}^2$$

Sendo:

$$M_{g_3 5} = 128330{,}56 \text{ kNcm}$$

$$W_{cp5} = 58609{,}07 \text{ cm}^3$$

e considerando a perda de protensão $\Delta\sigma_{p5}^{csr} = 16{,}82$ kN/cm² (conforme item 10.6.2.3), tem-se:

$$\sigma_p = \sigma_p^{(0)} + \sigma_{px} - \Delta\sigma_p =$$

$$= 125{,}97 + 15 \cdot \frac{128330{,}56}{58609{,}07} - 16{,}82 = 142{,}0$$

Portanto:

$$\varepsilon_p = \frac{\sigma_p}{E_p} = \frac{142{,}0}{20000} = 0{,}0071 = 7{,}10 ‰$$

Entrando com esse valor no diagrama tensão-deformação (Figura 4.14), trecho AB, obtém-se:

$$\sigma_p = 190\,(-0{,}0097 \cdot 7{,}10^2 + 0{,}218 \cdot 7{,}10 - 0{,}342) =$$

$$= 136{,}20 \text{ kN/cm}^2$$

Consequentemente, a resultante de tração valerá:

$$R_{pt} = 12,12 \cdot 136,20 = 1650,72 \text{ kN}$$

$$R_{st} = 12,0 \cdot 43,478 = 521,74 \text{ kN}$$

$$R_t = 1650,72 + 521,74 = 2172,45 \text{ kN}$$

$$2172,45 = 346 \cdot 1,82 \cdot x_r \quad \therefore \quad x_r = 3,45 \text{ cm}$$

O momento máximo do qual a seção é capaz vale:

$$M_d = A_s f_{yd}(d_s - x'_{Rcc}) + A_p \sigma_p^o (d_p - x'_{Rcc})$$

$$M_d^u = 521,74 \cdot (76 - 3,45/2) + 1650,72 \cdot (70,5 -$$

$$- 3,45/2) = 152280,51 \text{ kNcm}$$

Como

$$152280,51 < 1,4 \cdot 128330,56 = 179662,79 \text{ kNcm},$$

a segurança à ruína não está verificada na seção 5. Devem-se tomar providências para resolver isso, conforme indicações no fim deste exercício.

Conclusão sobre os dimensionamentos com os valores adotados: os dimensionamentos nos estádios Ib, IIa e IIb não foram satisfatórios. É preciso, portanto, tomar uma ou mais das seguintes providências, para então refazer o dimensionamento estádio a estádio:

a) aumentar a armadura passiva A_s;

b) aumentar a protensão A_p;

c) aumentar o f_{ck} do concreto;

d) aumentar a altura da seção transversal A_c.

10.11 REVISÃO DOS CÁLCULOS COM O AUMENTO DA ARMADURA PASSIVA

Adotou-se agora a armadura passiva de 7 barras de ∅ = 20 cm (A_s = 21,98 cm²), mantendo-se a mesma armadura de protensão, a mesma seção transversal e o mesmo f_{ck} do concreto.

10.11.1 Nova verificação no estádio Ib

Entra-se na equação (4.19) com os valores já conhecidos e com o novo valor de A_s:

$$S_x = 4740x + 15x^2 - 35550$$

$$A_{ct} = 2400 - 30x$$

$$\sigma_p^{(0)} = 126,31 \text{ kN/cm}^2$$

$$P^{(0)} = 1530,87 \text{ kN}$$

$$A_p = 12,12 \text{ cm}^2$$

$$A_s = 21,98 \text{ cm}^2$$

Obtêm-se os valores:

$$x = 30,49 \text{ cm}$$

$$x_t = 49,51 \text{ cm}$$

$$A_{ct} = 1485,28 \text{ cm}^2$$

$$\sigma_c = 0,53 \text{ kN/cm}^2$$

$$\sigma_s = 5,90 \text{ kN/cm}^2$$

$$\sigma_{px} = 5,18 \text{ kN/cm}^2$$

$$\sigma_p = 131,48 \text{ kN/cm}^2 < f_{pyd} = 140,22 \text{ kN/cm}^2$$

(atende ao valor máximo)

Os braços de alavanca internos são:

$$Z_t = 45,08 \text{ cm}$$

$$Z_s = 65,84 \text{ cm}$$

$$Z_p = 60,34 \text{ cm}$$

Com esses valores, o momento de fissuração (momento resistente) vale M_r = 124037,08 kNcm, menor que o momento fletor atuante na seção 5: 128330,56 kNcm. A seção, portanto, irá fissurar. O seu equilíbrio se dará no estádio seguinte (IIa).

10.11.2 Nova verificação no estádio IIa (fissuração da zona tracionada)

Entra-se na equação (4.36) com os valores já conhecidos e com o novo valor de A_s:

$$S_x = 4740x + 15x^2 - 35550$$

$$P^{(o)} = 1530,87 \text{ kN}$$

$$r_f = 83,8285 \text{ cm}$$

$$\alpha = 15$$

$$A_p = 12,12 \text{ cm}^2$$

$$A_s = 21,98 \text{ cm}^2$$

Com o auxílio de planilha eletrônica, a partir de um x arbitrado no primeiro membro da equação (4.36), deve-se chegar ao mesmo valor no segundo membro. O gráfico da Figura 10.10 mostra o resultado desse processo.

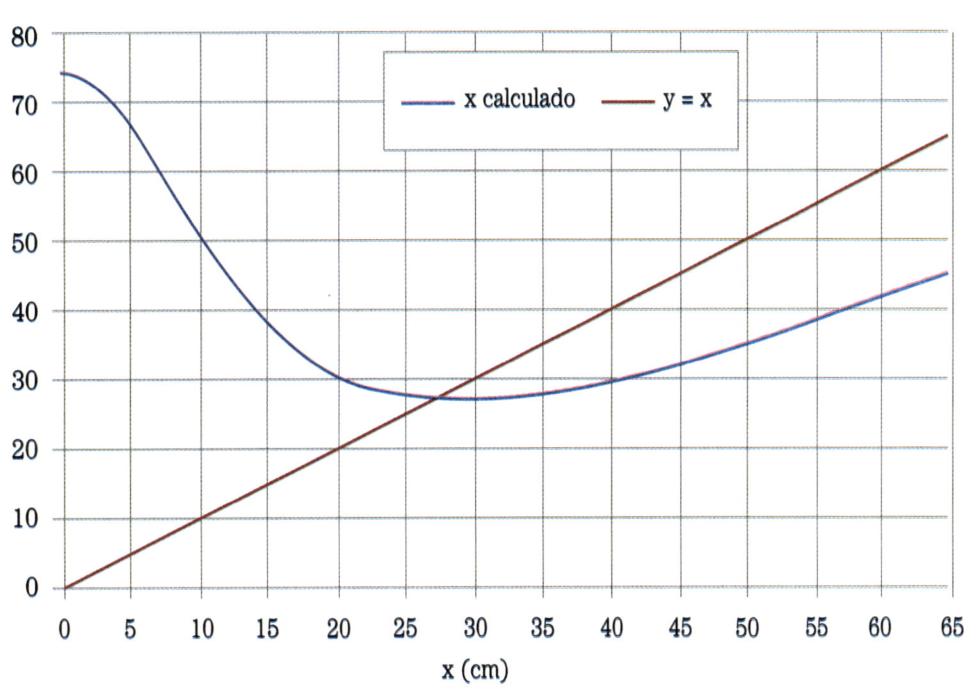

Figura 10.10 Resultado do cálculo de x por planilha eletrônica.

Obtém-se, assim, o novo valor de x:

$$x = 27,155 \text{ cm}$$

As tensões resultantes são:

$$\sigma_c = 0,52 \text{ kN/cm}^2$$

$$\sigma_s = 13,98 \text{ kN/cm}^2$$

$$\sigma_{px} = 12,40 \text{ kN/cm}^2$$

$$\sigma_P = 138,71 \text{ kN/cm}^2 < f_{pyd} = 140,22 \text{ kN/cm}^2$$

(atende ao valor máximo)

10.11.3 Nova verificação no estádio IIb (segurança à ruína)

Com o novo valor de A_s, calcula-se a resultante de tração:

$$R_{pt} = 1699,46 \text{ kN}$$

$$R_{st} = A_s f_{yd} = 21{,}98 \cdot 43{,}47 = 955{,}64 \text{ kN}$$

$$R_t = R_{pt} + R_{st} = 2655{,}10 \text{ kN} = 346 \cdot 1{,}82 x_r$$

A resultante de compressão valerá:

$$R_{cc} = A_{ccr} \cdot f_{cd} = 346 \cdot x_r \cdot 1{,}82 = 629{,}72 \cdot x_r =$$

$$= 2655{,}10 \quad \therefore \quad x_r = 4{,}21 \text{ cm}$$

$$x = \frac{x_r}{0{,}8} = 5{,}27 \text{ cm}$$

Como x < 15 cm, a LN está dentro da mesa da seção transversal.

Sendo:

$$M_{g_3 5} = 128330{,}56 \text{ kNcm}$$

$$\text{e} \quad W_{cp5} = 58609{,}07 \text{ cm}^3$$

e considerando a perda de protensão $\Delta\sigma_{p5}^{csr}$ = 16,82 kN/cm² (conforme item 10.6.2.3), tem-se:

$$\sigma_p = \sigma_P^{(0)} + \sigma_{px} - \Delta\sigma_p =$$

$$= 125{,}97 + 15 \cdot \frac{128330{,}56}{58609{,}07} - 16{,}82 = 142{,}0$$

Portanto:

$$\varepsilon_p = \frac{\sigma_p}{E_p} = \frac{142{,}0}{20000} = 0{,}0071 = 7{,}10 \text{‰}$$

Entrando com esse valor no diagrama tensão--deformação (Figura 4.14), trecho AB, obtém-se:

$$\sigma_p = 190\,(-0{,}0097 \cdot 7{,}10^2 + 0{,}218 \cdot 7{,}10 - 0{,}342) =$$

$$= 136{,}20 \text{ kN/cm}^2$$

Consequentemente, a resultante de tração valerá:

$$R_{pt} = 12{,}12 \cdot 136{,}20 = 1650{,}72 \text{ kN}$$

$$R_{st} = 955{,}64 \text{ kN}$$

$$R_t = 1650{,}72 + 955{,}64 = 2606{,}36 \text{ kN} =$$

$$= R_{cc} = 346 \cdot x_r \cdot 1{,}82 \quad \therefore \quad x_r = 4{,}13 \text{ cm}$$

O momento máximo do qual a seção é capaz vale:

$$M_d = A_s f_{yd}(d_s - x'_{Rcc}) + A_p \sigma_p^o (d_p - x'_{Rcc})$$

$$M_d^u = 955{,}64 \cdot (76 - 4{,}13/2) + 1650{,}72 \cdot (70{,}5 -$$

$$- 4{,}13/2) = 183622{,}26 \text{ kNcm}$$

Como 183622,26 > 1,4 · 128330,56 = 179662,79 kNcm, a segurança à ruína está verificada na seção 5.

10.12 CÁLCULO DO ALONGAMENTO DOS CABOS (SOLUÇÃO APROXIMADA)

10.12.1 Comprimento real do cabo (desenvolvimento da parábola)

$$L_1 = L\left[1 + \frac{8}{3}\left(\frac{f}{L}\right)^2 - \frac{32}{5}\left(\frac{f}{L}\right)^4\right] =$$

$$= 1580\left[1 + \frac{8}{3}\left(\frac{41{,}075}{1580}\right)^2 - \frac{32}{5}\left(\frac{41{,}075}{1580}\right)^4\right] \quad \therefore$$

$$\therefore \quad L_1 = 1582{,}84 \text{ cm}$$

10.12.2 Cálculo do expoente ($\mu\alpha$ + kx) de e para x = 15,82 m

$$\mu = 0{,}20 \qquad k = 0{,}0016 \qquad \Sigma\alpha = 0{,}203 \text{ rad}$$

$$\mu\alpha + kx = 0{,}20 \cdot 0{,}203 + 0{,}0016 \cdot 15{,}82 = 0{,}0659$$

Do nomograma mostrado na Figura 8.2, tira-se que $P_\alpha = 0{,}94 \cdot P_o$ e $P_m = 0{,}970 \cdot P_0$, e sendo P_o = 1666,14 kN/cabo, vem:

$$P_m = 0{,}97 \cdot 1666{,}14 = 1616{,}15 \text{ kN/cabo}$$

com o que se tem:

$$\lambda_p = \frac{P_m \cdot L_1}{A_p \cdot E_p} = \frac{1616{,}15 \cdot 1580}{12{,}12 \cdot 20000} = 10{,}53 \text{ cm}$$

O alongamento teórico do cabo será, pois, de 10,53 cm. O procedimento na obra (alongamento real) e as pressões manométricas obedecem ao que foi exposto no Capítulo 8.

10.13 EXERCÍCIO PROPOSTO

Procure o cálculo exato do alongamento conforme indicado no Capítulo 8 e conclua sobre a validade da solução do item 10.12.

Fotografia 29 Ponte do Tamarindo (Blumenau/SC). Ponte construída pelo processo de segmentos empurrados. Projeto estrutural de Projeth Estruturas, M. Schmid Engenharia Estrutural e EGT Engenharia. Protensão: Sistema Rudloff. Fotografia do autor.

TABELAS DE FIOS E CORDOALHAS PARA CONCRETO PROTENDIDO[1]

Fios para Protensão Estabilizados (RB)

Fornecidos de acordo com as normas ABNT NBR 7482, ASTM A 421, ASTM A 881, prEN-10138-2 e BS 5896

Características

- Perdas máximas por relaxação após 1.000 horas a 20 °C para carga inicial de 80% da carga de ruptura:
  - Relaxação baixa (RB) = 3,0%.
- Valor médio do módulo de elasticidade: 205 kN/mm² +/- 5%.
- Correspondência adotada pela NBR 7482: 1 kgf/mm² = 9,81 MPa

Especificações dos produtos – fios para protensão

Produto	Diâmetro nominal (mm)	Área aprox. (mm²)	Área mínima (mm²)	Massa aprox. (kg/1.000 m)	Carga mínima de ruptura (kN)	Carga mínima a 1% de deformação (kN)	Alongamento após ruptura
Fio CP RB (Relaxação Baixa)							
CP 145 RB	9,0	63,6	62,9	500	91,2	82,1	6,0
CP 150 RB	8,0	50,3	49,6	395	74,5	67,0	6,0
CP 170 RB	7,0	38,5	37,9	302	64,5	58,0	5,0
CP 175 RB	4,0	12,6	12,3	99	21,4	19,3	5,0
	5,0	19,6	19,2	154	33,7	30,3	5,0
	6,0	28,3	27,8	222	48,7	43,8	5,0
*CP 190 RB	4,0	12,6	12,3	99	23,4	20,8	5,0
	5,0	19,6	19,2	154	36,5	32,5	5,0
	6,0	28,3	27,8	222	52,0	47,5	5,0

* Os fios podem ser fabricados sob consulta.

1- Todos os fios especificados acima podem ser fabricados lisos ou entalhados.

2- A profundidade do entalhe pode ser especificada pelo cliente.

Acondicionamento

Diâmetro nominal do fio CP RB (mm)	Peso nominal (kg)	Diâmetro interno (cm)	Diâmetro externo (cm)	Largura do rolo (cm)
4,0 - 5,0 - 6,0 - 7,0 - 8,0 - 9,0	1.100	180	210	30
4,0 - 5,0 - 6,0 - 7,0 - 8,0 - 9,0	2.200	180	230	40

1- O peso do produto final depende do rolo de fio máquina (matéria-prima), que pode variar até 10%.

2- As medidas do acondicionamento acima são apenas referências, podendo ter variações.

---

1 Reprodução de trecho do catálogo técnico *Fios e cordoalhas para concreto protendido* (ARCELORMITTAL, 2020), disponível em: https://brasil.arcelormittal.com/produtos-solucoes/construcao-civil/fios-e-cordoalhas. A ArcelorMittal Aços Longos é a empresa que atualmente representa o grupo anteriormente denominado Companhia Siderúrgica Belgo Mineira, em atividade no Brasil desde 1921. É o único fabricante brasileiro de aço para concreto protendido.

Cordoalhas de 3 e 7 Fios Estabilizadas (RB)

Fornecidas de acordo com a norma ABNT NBR 7483, ASTM A416, ASTM A886, ASTM A910 e pr-EN 10138-3[2]

Características

- Perda máxima por relaxação após 1.000 horas a 20 °C, para carga inicial de 80% da carga de ruptura: 3,5%
- Valor do módulo de elasticidade: 200 kN/mm², +/- 5%
- Correspondência adotada pela NBR 7483: 1 kgf/mm² = 9,81 MPa

Especificações dos produtos – cordoalhas nuas para protensão

Produto	Diâmetro nominal (mm)	Área aprox. (mm²)	Área mínima (mm²)	Massa aprox. (kg/1.000 m)	Carga mínima de ruptura (kN)	Carga mínima a 1% de deformação (kN)	Alongamento após ruptura (%)
Cordoalha 3 fios CP 190							
Cord. CP 190 RB 3 X 3,0	6,5	22	22	171	41	37	3,5
Cord. CP 190 RB 3 X 3,5	7,6	30	30	238	57	51	3,5
Cord. CP 190 RB 3 X 4,0	8,8	38	38	304	71	64	3,5
Cord. CP 190 RB 3 X 4,5	9,6	47	46	366	88	79	3,5
Cord. CP 190 RB 3 X 5,0	11,1	67	66	520	125	112	3,5
Cordoalha 7 fios CP 190							
Cord. CP 190 RB 9,5	9,5	56	55	441	104	94	3,5
Cord. CP 190 RB 12,7	12,7	101	99	792	187	169	3,5
Cord. CP 190 RB 15,20	15,2	143	140	1126	266	239	3,5
Cord. CP 190 RB 15,70	15,7	150	147	1172	279	246	3,5
Cord. CP 190 RB 15,20 Entalhada	15,2	143	140	1126	266	239	3,5
Cord. CP 190 RB 15,70 Entalhada	15,7	150	147	1172	279	246	3,5
*Cordoalha 7 fios CP 210							
Cord. CP 210 RB 9,50	9,5	56	55	441	113	102	3,5
Cord. CP 210 RB 12,70	12,7	101	99	792	203	183	3,5
Cord. CP 210 RB 15,20	15,2	143	140	1126	288	259	3,5
Cord. CP 210 RB 15,70	15,7	150	147	1172	303	273	3,5

* Consultar disponibilidade do produto.

2 Para as normas internacionais consultar condições de fabricação antes de especificar no projeto.

Acondicionamento de cordoalhas nuas para protensão

Tipo de cordoalha	Peso (kg)		Diâmetro interno (cm)	Diâmetro externo (cm)	Largura do rolo (cm)
3 e 7 fios	1.800	3.000	76	120	80

1- O peso do rolo pode variar, dependendo da metragem em que foi produzido.

2- O diâmetro externo do rolo depende do peso.

3- Rolos com peso menor ou maior podem ser fabricados, desde que isso seja previamente acordado entre cliente e produtor.

Cordoalhas de 7 Fios Engraxadas e Plastificadas

CP 190 e CP 210

Características

- Fabricadas por meio de processo contínuo
- Possuem camada de graxa e são revestidas com PEAD (polietileno de alta densidade) extrudado diretamente sobre a cordoalha já engraxada em toda a sua extensão
- Características mecânicas idênticas às das cordoalhas sem revestimento (vide tabela Especificações dos produtos – cordoalhas para protensão engraxadas e plastificadas)
- Norma ABNT NBR 7483/20
- Revestimento plástico e graxa, de acordo com as especificações do PTI (Post-Tensioning Institute)

Características do revestimento extrudado

- PEAD com espessura mínima de 1 mm, que permite o movimento livre da cordoalha em seu interior
- Durável e resistente a danos provocados pelo manuseio habitual nas obras, bem como durante o corte, enrolamento e posicionamento
- Impermeável
- Em função do grande peso desses conjuntos e para evitar danos às suas capas plásticas, as bobinas e os feixes de cordoalhas enroladas não devem ser suspensos por cabos de aço ou correntes, mas sim com o auxílio de cintas de poliéster
- Sob consulta, pode ser produzido um revestimento apto a resistir aos raios ultravioleta. Por exemplo, no caso de aplicação da cordoalha externamente ao concreto

Especificações dos produtos – cordoalhas para protensão engraxadas e plastificadas

Produto	Diâmetro nominal (mm)	Área aprox. (mm²)	Área mínima (mm²)	Massa aprox. de aço (kg/1.000 m)	Massa aprox. da cordoalha plastificada e engraxada (kg/1.000 m)	Carga mínima de ruptura (kN)	Carga mínima a 1% de deformação (kN)	Alongamento após ruptura (%)
Cordoalha 7 fios CP 190								
Cord. CP 190 RB 12,70	12,7	101	99	792	890	187	169	3,5
Cord. CP 190 RB 15,20	15,2	143	140	1126	1240	265	239	3,5
Cord. CP 190 RB 15,70	15,7	150	147	1172	1310	279	246	3,5
Cordoalha 7 fios CP 210								
Cord. CP 210 RB 12,70	12,7	101	99	792	890	203	183	3,5
Cord. CP 210 RB 15,20	15,2	143	140	1126	1240	288	259	3,5
Cord. CP 210 RB 15,70	15,7	150	147	1172	1310	303	273	3,5

Acondicionamento de cordoalhas engraxadas e plastificadas para protensão

Tipo de cordoalha	Peso (kg)		Diâmetro interno (cm)	Diâmetro externo (cm)	Largura do rolo (cm)
Cordoalhas de 7 fios engraxadas e plastificadas	1.500	2.500	76	130	79

1- O peso do rolo pode variar, dependendo da metragem em que foi produzido.

2- O diâmetro externo do rolo depende do peso.

3- Rolos com peso entre 1.000 kg e 2.500 kg podem ser fabricados, desde que isso seja previamente acordado entre cliente e produtor.

Características do agente inibidor de corrosão

- Graxa com peso mínimo de 37 g/m (para cordoalha ø 12,70 mm) ou de 44 g/m (para cordoalha ø 15,20 mm e 15,70 mm) oferece:
  - Proteção contra corrosão da cordoalha
  - Lubrificação entre o revestimento de PEAD e a cordoalha, reduzindo o coeficiente de atrito para 0,06-0,07

Cordoalhas especiais para pontes estaiadas

Características

- Produzidas com três camadas protetoras contra a corrosão:
  - Galvanização dos fios a quente, com gramatura de zinco de 190 a 350 g/m², antes do encordoamento e tratamento térmico.

  - Filme de cera de petróleo – 5 g/m mín.
  - Encapadas na cor preta, com polietileno de alta densidade resistente aos raios ultravioleta, não deslizante sobre a cordoalha e com espessura mínima de 1,25 mm.

- Relaxação após 1.000 horas, máx.= 2,5% para carga inicial de 70% da carga de ruptura.
- Módulo de elasticidade nominal: 195 kN/mm².

Especificações dos produtos – cordoalhas especiais para pontes estaiadas

Produto	Diâmetro nominal (mm)	Área aprox. (mm²)	Área mínima (mm²)	Massa aprox. (kg/1.000 m)	Carga mínima de ruptura (kN)	Carga mínima a 1% de deformação (kN)	Alongamento após ruptura
Cordoalhas de 7 fios CP 190							
Cord. CP 190 RB 15,70	15,7	150	147	1.290	279	246	3,5

Acondicionamento

Em carretéis de madeira com øi = 1.000 mm e até 3 t de cordoalhas.

REFERÊNCIAS

BACHMANN, Hugo. From full to partial prestressing. *In:* TECHNISCHE FORSCHUNGS- UND BERATUNSSTELLE DER SCHWEIZERISCHEN ZEMENTINDUSTRIE. *Vorgenspannter Beton der Schweiz.* [*S.l.*]: Wildegg, 1982. p. 11-18. Disponível em: https://fib-ch.epfl.ch/pubs/FIP/FIP_Stockholm1982.pdf. Acesso em: 11 abr. 2021.

CÁRDENAS, Alexandra Silva. *Masp:* estrutura, proporção e forma. São Paulo: ECidade, 2015.

COSTA NETO, Reinaldo Alves. *Cidade Administrativa Presidente Tancredo Neves.* Belo Horizonte: [*S.n.*], 2012.

FRITSCH, Erwino. *Concreto protendido.* Notas de aula. Porto Alegre: UFRGS, 1985.

HELENE, Paulo; HARTMANN, Carine T. Edifício e-Tower. Record mundial en el uso de hormigón coloreado de altas prestaciones. *Ingenieria Estructural*, v. 27. p. 8-13, 2003.

LEONHARDT, Fritz. *Spannbeton für die Praxis.* Berlin: W. Ernst u. Sohn, 1962.

LEONHARDT, Fritz. *Vorlesungen über Massivbau – Spannbeton.* Berlin: Springer, 1980.

PORTO, Cláudia Estrela. Soluções estruturais da obra de Oscar Niemeyer. *Paranoá*, v. 15, p. 25-51, 2015.

VASCONCELOS, Augusto Carlos. *Manual prático para a correta utilização dos aços no concreto protendido em obediência a normas atualizadas.* São Paulo: Livros Técnicos e Científicos, 1980.

NORMAS E CATÁLOGOS TÉCNICOS

ARCELORMITTAL. *Fios e cordoalhas para concreto protendido.* 2020. Catálogo. Disponível em: https://brasil.arcelormittal.com/produtos-solucoes/construcao-civil/fios-e-cordoalhas. Acesso em: 24 maio 2021.

ASSOCIAÇÃO BRASILEIRA DE NORMAS TÉCNICAS (ABNT). *NB 1: Projeto e execução de obras de concreto armado.* Rio de Janeiro, 1978.

ASSOCIAÇÃO BRASILEIRA DE NORMAS TÉCNICAS (ABNT). *NBR 6118/ NB1:* projeto e execução de obras de concreto armado. Rio de Janeiro: ABNT, 1978.

ASSOCIAÇÃO BRASILEIRA DE NORMAS TÉCNICAS (ABNT). *NBR 7191*: projeto de estruturas de concreto protendido. Rio de Janeiro: ABNT, 1982.

ASSOCIAÇÃO BRASILEIRA DE NORMAS TÉCNICAS (ABNT). *NBR 7482*: fios de aço para estruturas de concreto protendido – especificação. Rio de Janeiro: ABNT, 2008a.

ASSOCIAÇÃO BRASILEIRA DE NORMAS TÉCNICAS (ABNT). *NBR 7483*: cordoalhas de aço para estruturas de concreto protendido – especificação. Rio de Janeiro: ABNT, 2008b.

ASSOCIAÇÃO BRASILEIRA DE NORMAS TÉCNICAS (ABNT). *NBR 6118:* projeto de estruturas de concreto. Rio de Janeiro: ABNT, 2014.

ASSOCIAÇÃO BRASILEIRA DE NORMAS TÉCNICAS (ABNT). *NBR 8953:* concreto para fins estruturais. Rio de Janeiro: ABNT, 2015.

ASSOCIAÇÃO BRASILEIRA DE NORMAS TÉCNICAS (ABNT). *NBR 8522:* concreto – determinação dos módulos estáticos de elasticidade e de deformação à compressão. Rio de Janeiro: ABNT, 2017.

EURO-INTERNATIONAL COMMITTEE FOR CONCRETE/INTERNATIONAL FEDERATION FOR PRE-STRESSING (CEB-FIP). *Practical design of reinforced and prestressed structures.* London, 1978.

COMITÉ EURO-INTERNATIONAL DU BÉTON. *Code Modèle CEB-FIP pour les structures en beton*, 1978.

COMITÉ EURO-INTERNATIONAL DU BÉTON. *Code Modèle CEB-FIP pour les structures en beton*, 2010.

DEUTSCHES INSTITUTE FÜR NORMUNG (DIN). DIN 4227. *Bauteile aus Normalbeton mit beschränkter oder voller Vorspannung Spannbeton*, 1995.

VSL INTERNATIONAL. *Post-tensioning.* 1981. Catálogo.

SOBRE O AUTOR

Manfred Theodor Schmid é engenheiro civil graduado em 1957 pela Universidade Federal do Paraná (UFPR). De 1958 a 1962, estudou engenharia estrutural em Stuttgart (Alemanha), onde foi aluno do professor Fritz Leonhardt. Desde então, sua atuação é voltada às estruturas de concreto protendido. Atuou como diretor da empresa Engenharia Brasileira de Protensão (EBP), na década de 1960, foi responsável pela vinda da empresa suíça VSL para o Brasil, na década de 1970, e atualmente dirige a empresa M. Schmid Engenharia Estrutural. Foi professor nos cursos de Engenharia Civil e Engenharia Florestal durante trinta anos na UFPR e na Pontifícia Universidade Católica do Paraná (PUC-PR). Em parceria com outros importantes engenheiros e construtoras, atuou em diversas obras e projetos de grande destaque no país.

SOBRE A REVISORA TÉCNICA

Maria Regina Leoni Schmid Sarro é engenheira civil graduada em 1995 pela Universidade Federal do Paraná (UFPR). Atuou como engenheira de estruturas entre 1995 e 2020 e atua como docente em cursos superiores desde 2008. Desde o final de 2020, dedica-se exclusivamente à docência e à pesquisa, como professora de Sistemas Estruturais no curso de Arquitetura e Urbanismo da UFPR.